产业强镇研究系列丛书

产业强镇空间生产

杨明俊　张　立　著

中国建筑工业出版社

图书在版编目（CIP）数据

产业强镇空间生产 / 杨明俊，张立著. -- 北京 ：中国建筑工业出版社，2024. 12. --（产业强镇研究系列丛书）. -- ISBN 978-7-112-30867-5

Ⅰ. F279.243

中国国家版本馆 CIP 数据核字第 2025TP1357 号

改革开放以来，国家采取放权式改革，农民按照“离土不离乡、进厂不进城”的方式，抓住短缺经济的机遇大力发展乡镇企业。部分小城镇率先崛起，形成了各具特色的产业强镇，以珠三角模式、苏南模式、浙江模式最为典型。

本书创设“土地开发运作”概念，提出“国家治理-社区权利-经济转型-土地开发运作”的解释框架，认为国家治理、社区权利和经济转型三要素通过土地开发运作机制，共同塑造了产业强镇的空间生产。

研究发现，产业强镇的空间生产特征存在与区位无关的一般性、区际和区内三个维度的差异；其中，国家治理层面的规划权力介入时点形成空间生产特征的一般性差异，社区权利层面的社区把控土地开发能力导致空间生产特征的区际差异，经济转型层面的空间再生产能力导致空间生产特征的区内差异。同时，由于国家制度变迁和各地社会机制差异，不同阶段不同地区存在差异化的土地开发运作机制，影响了建设用地产权构成、扩张速度等阶段性土地开发逻辑。

我国产业强镇空间生产既遵循一般规律，又体现了国情特征和体制因素。为此，推动产业强镇健康发展应统筹“国家治理、社区权利、经济转型、土地开发运作”四大关系，即健全国家治理方式，优化空间生产品质；提高社区组织能力，降低空间再生产成本；推动产业转型升级，增强空间再生产动力；创新土地开发运作，强化空间再生产的用地保障，努力走出一条高效、包容、可持续的发展道路。

责任编辑：张　瑞　万　李

责任校对：赵　力

产业强镇研究系列丛书

产业强镇空间生产

杨明俊　张　立　著

*

中国建筑工业出版社出版、发行（北京海淀三里河路 9 号）

各地新华书店、建筑书店经销

北京科地亚盟排版公司制版

建工社（河北）印刷有限公司印刷

*

开本：787 毫米×1092 毫米　1/16　印张：11¾　字数：289 千字

2025 年 1 月第一版　　2025 年 1 月第一次印刷

定价：**49.00** 元

ISBN 978-7-112-30867-5

（43070）

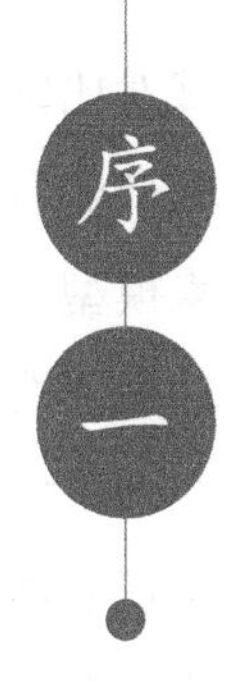

序一

改革开放以来，随着国家逐步实施放权式的改革，乡镇地区凭借其特有的政策支持和地理优势，迅速吸引了大量的资本和劳动力等要素，发展成为产业的重要集聚地，在20世纪90年代全国已形成了乡镇企业“三分天下有其二”的格局。部分乡镇在短短几十年的时间里，从默默无闻的小镇发展成为了产业强镇，不仅推动了地区经济的腾飞，也为中国城镇化进程提供了一个重要的实验场和样本。

产业强镇不仅承载了工业化发展和产业集聚的任务，也通过产业带动就业和城镇化，成为新生中小城市的重要培育对象。然而，产业强镇在成长的过程中因深受城乡治理结构体系特别是乡村社会的影响，仍带有明显的城乡二元属性。这种二元性不仅表现出产业与空间的混杂和空间品质不高，还体现在用地低效、基础设施薄弱和产业链条短缺等方面。这些问题在产业强镇逐渐进入高质量发展的新阶段后，愈发成为制约其健康发展的重要瓶颈。

党的十八大以来，以习近平同志为核心的党中央提出了生态文明建设、新型城镇化与高质量发展的战略，要求各地在发展中更加注重环境保护、资源节约和发展质量的提升。对于产业强镇而言，这一战略导向意味着其发展思路必须转向全面优化空间布局、提高用地效率、提升空间品质和推动可持续发展。如何在新的政策环境和发展要求下实现有效转型，已成为当前产业强镇发展亟需解决的核心问题。

基于此背景，自2018年起，中国城市规划学会小城镇规划分会秘书长、同济大学张立副教授团队对珠三角、浙江省、苏南等地区的产业强镇发展实践和学术脉络开展了持续的追踪性研究。这项研究从温州这一具有典型产业结构和空间特征的区域开始，力图揭示该地区产业强镇在发展中的空间逻辑和实践经验。2020年，研究团队进一步拓展了研究的范围和广度，对全国5省26镇进行了深入的田野调查，在全国范围内的多类型样本中，总结出了产业强镇在空间特征、人居环境、产业组织、人口特征和城镇治理等方面的基本特征，并进一步梳理了其成功经验和所面临的现实挑战，为提出产业强镇的转型策略奠定了坚实的基础。

从理论角度，产业强镇的空间生产特征和形成机制研究并非一个简单的过程，而是包含多维视角、跨区域样本和跨学科交叉的系统性分析。本书的研究在大量田野调查和跨区域对比研究的基础上，深入探讨了产业强镇空间生产的全过程，提出了一套颇具理论价值的产业强镇空间生产的解释框架，即“国家治理-社区权利-经济转型-土地开发运作”四要素模型。这一模型创新性地提出了国家治理、社区权利和经济转型分别形成空间生产特征的一般性、区际和区内差异，而土地开发运作则在不同阶段和地区背景下塑造了产业强镇空间生产的地方性和阶段性。这一解释框架作为理解产业强镇生产空间特征的核心工具，不仅有助于更好地理解产业强镇的空间生产机制，还进一步深化了对产业强镇空间布局、资源配置、土地利用效率和发展动力的理解。

从实践角度，本书的研究具有很强的现实价值。随着我国经济社会发展进入新阶段，产业强镇的转型需求愈加迫切，尤其是在生态文明建设、新型城镇化与高质量发展的政策背景下，产业强镇的发展不仅要关注经济效益，还必须更加注重空间品质、生态环境、资源利用效率等问题。本书在深入总结各地产业强镇发展经验的基础上，提出了一系列面向转型的政策工具，包括健全国家治理方式、提升社区组织能力、推动产业转型升级、创新土地开发运作方式等。这些政策工具从多个维度为产业强镇的转型发展提供了系统性的实践指导。

本书的两位作者山东建筑大学杨明俊副研究员（在读同济大学城乡规划学博士研究生期间）和同济大学建筑与城市规划学院张立副教授以扎实的理论基础和丰富的实践经验，对产业强镇的空间生产进行了全面而深入的研究。本书的出版不仅凝聚了作者多年来的研究积累，也代表了当前我国产业强镇研究的重要成果。这一研究成果在理论上拓展了产业强镇空间生产的研究框架，填补了该领域在跨区域、跨学科综合性研究方面的空白。在实践上，该成果提供了有价值的指导，对地方政府和产业强镇的管理者具有极大的参考价值。希望此书的出版，能为各地在产业强镇的研究、规划、治理和转型方面提供理论借鉴和实践指导，助推我国产业强镇在生态文明建设、新型城镇化和高质量发展的道路上迈出更加坚实的步伐。

未来，随着我国经济和社会发展环境的不断变化，产业强镇也将面临更加复杂的挑战和机遇。希望本书的研究成果能够成为未来进一步深化研究的基础，并激发更多学者在产业强镇空间组织、资源配置、治理模式等方面开展更深入、更系统的探索，为产业强镇的发展提供更加完善的理论支持和政策指导。

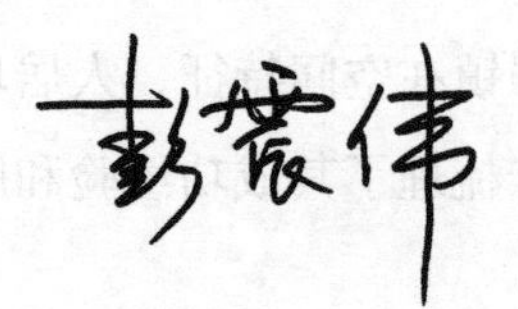

中国城市规划学会小城镇规划分会主任委员

同济大学建筑与城市规划学院教授

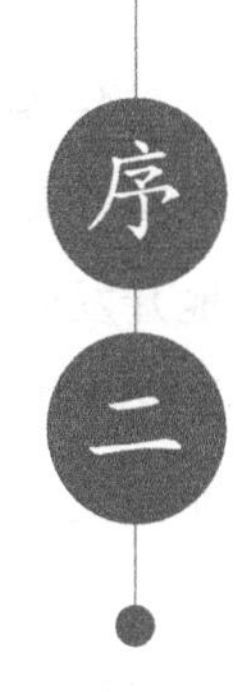

改革开放以来，乡镇企业的长足发展和城乡二元结构相交融，催生了我国独特的乡村工业化道路，并诞生了一批产业强镇。产业强镇是我国工业化和城镇化的重要载体，新生中小城市的重要培育对象；但由于脱胎于乡村社会，产业强镇具有强烈的城乡二元属性，普遍存在空间品质不高的问题，空间混杂、用地低效成为健康发展的桎梏。党的十八大以来，习近平总书记先后提出生态文明建设和高质量发展的战略决策，这必然要求产业强镇全面审视自身情况和发展环境，提出科学的转型策略。

2018 年以来，同济大学张立副教授团队从温州市产业强镇的研究和规划出发，深入村镇地区开展田野调查，试图探索产业强镇空间生产特征与形成机制。2020 年，研究团队借助住房城乡建设部的《产业强镇案例研究》课题，开展了覆盖全国 5 省 26 镇的大范围、多类型的田野调查，从空间特征、人居环境、产业组织、人口特征、城镇治理等方面总结产业强镇的基本特征，梳理其成功经验与面临困难，进而提出了产业强镇的转型策略，奠定了深入研究的基础。

杨明俊博士本科、硕士就读于北京大学，博士就读于同济大学，又曾长期工作于山东省城乡规划设计研究院，兼有扎实的理论基础和丰富的实践经验。在博士生导师张立副教授的指导下，对产业强镇的空间生产进行了全面、深入的研究。

1. 本研究进行了大范围、多类型的全面探索。既有研究多以某一区域或个案为对象，或某一方面的跨区域比较研究为主，较少突破区域局限、进行大范围、多类型、全方位的比较分析。本研究在扎实的田野调查基础上，充分吸收既有研究成果，从空间生产特征与形成机制两个方面，对珠三角地区、苏南地区和浙江省的产业强镇进行了全面的分析和研判。

2. 本研究具有很强的理论价值。本研究通过跨区域大样本的比较研究，指出产业强镇空间生产特征存在与区位无关的一般性、区际和区内三个维度的差异。创设“土地开发运作”概念，并提出“国家治理-社区权利-经济转型-土地开发运作”四要素解释框架；其中，国家治理、社区权利和经济转型分别形成空间生产特征的一般性、区际和区内差异，而土地开发运作造成空间生产的阶段性和地方性。这是产业强镇空间生产机制的一次全新解释。

3. 本研究具有很强的现实价值。当下我国经济社会发展进入新的阶段，产业强镇转型发展需要高品质的城镇空间做支撑。本研究统筹“国家治理、社区权利、经济转型、土地开发运作”四大关系，针对产业强镇存在问题和成功经验，从健全国家治理方式、提高社区组织能力、推动产业转型升级、创新土地开发运作等角度，系统性地提出一个适应产业强镇空间转型政策工具包。

山东建筑大学杨明俊副研究员和同济大学建筑与城市规划学院张立副教授领衔的《产业强镇空间生产》是一项颇具特色的研究成果，对相关研究、规划、管理等工作具有很强的现实价值。本书的出版凝聚了作者的辛勤努力和汗水，在此表达敬意。也希望此书的出版，对于各地产业强镇开展更加广泛深入、长期持续的规划研究起到助推的作用。

北京大学城市与环境学院城市与区域规划系主任、教授

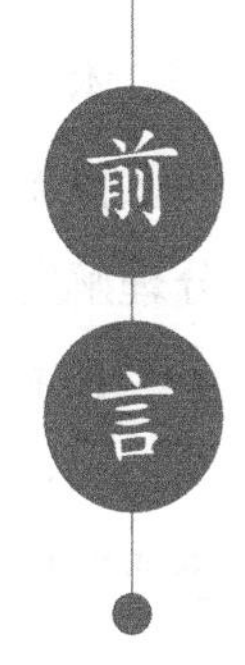

前言

改革开放以来，随着社会主义市场经济体制的建立，在国际、国内双重市场的刺激下，我国的工业化爆发出巨大的活力。国家在对地方政府采取放权式改革的同时，对农村剩余劳动力进程选取逐步放开的政策，城乡二元结构仍在很长时期影响了我国的工业化和城镇化。农民按照“离土不离乡、进厂不进城”的方式，抓住短缺经济的机遇大力发展乡镇企业，推动小城镇成为国民经济的重要力量；部分小城镇率先崛起，形成了各具特色的产业强镇，以珠三角模式、苏南模式、浙江模式最为典型。

本书基于三大典型模式的 18 个案例镇，充分考虑了区位特征、城镇规模、工业规模、主导产业等不同的属性维度，首次从全方位的视角来审视典型产业强镇整体发展特征，按照“空间生产特征-形成机制-转型策略”的组织逻辑，形成了如下的研究内容框架：

第 1 章 绪论。介绍选题的研究背景，总结产业强镇空间特征的研究进展，界定重点关注的研究问题，提出理论和实践两方面的研究意义，分层次界定研究对象，介绍了研究的基本方法。

第 2 章 理论建构。在系统梳理空间生产理论研究进展的基础上，提出产业强镇空间生产机制研究的逻辑起点，创设“土地开发运作”的概念，提出“国家治理、社区权利、经济转型、土地开发运作”四要素空间生产解释框架。

第 3 章 产业强镇的空间生产过程与动态特征。基于我国土地开发运作的阶段性演化，把产业强镇的空间生产分为三个阶段，分别详述珠三角、苏南地区和浙江省产业强镇的空间生产过程和阶段性特征。

第 4 章 产业强镇的空间类型与形态特征。从空间结构和空间类型两个角度，分析产业强镇的空间特征，及其在不同空间维度上的差异性。

第 5～7 章 产业强镇空间生产的形成机制。分别从国家治理、社区权利、经济转型三个要素入手，分析不同要素对产业强镇空间生产的影响。

第 8 章 土地开发运作与产业强镇的空间生产。系统总结土地开发运作的理论原理、政策基础、适用范围，深入分析其对产业强镇空间生产的作用机制在不同时空的属性。

第 9 章 新时期产业强镇的空间优化策略。根据产业强镇面临的时代背景和发展要求，从国家治理、社区权利、经济转型、土地开发运作四个角度，分别提出空间优化的策略。

本书通过跨区域、大样本、多类型的案例比较研究，指出产业强镇空间生产特征存在与区位无关的一般性、区际和区内三个维度的差异。在系统回顾国内外既有研究脉络，充分理解空间生产理论的基础上，做了三个方面的创新探索：

1. 提出土地开发运作的理论视角。根据中国经济社会特征和产业强镇兼具城乡二元属性的特点，创设“土地开发运作”概念。以1998年限制农转非和2007年限制“伪乡镇企业”使用集体土地两个政策出台为时间节点，指出国家制度变迁导致土地开发运作呈现三个阶段性转折，呈现不同的土地开发逻辑，包括土地用途转变、空间扩张速度、建设用地产权构成等方面。

2. 构建产业强镇空间生产的四要素机制解析框架。基于空间生产理论和我国国情，提出“国家治理-社区权利-经济转型-土地开发运作”的解释框架，认为国家治理、社区权利和经济转型三要素通过土地开发运作，共同塑造了产业强镇的空间生产。其中，国家治理视角下的规划权力介入时点、社区权利视角下的社区把控土地开发能力和经济转型视角下的空间再生产能力分别形成空间生产特征的一般性、区际和区内差异，而土地开发运作造成空间生产的阶段性和地方性。这是产业强镇空间生产机制的一次全新解释。

3. 发现两个新范畴的产业强镇空间生产特征和形成机制。（1）根据规划权力介入时点，发现了自上而下型产业强镇。该类型由于发展之初纳入规划管控，较少空间混杂现象。（2）根据空间再生产能力，发现了自下而上型产业强镇中的空间生产路径重构型。现有研究主要聚焦自下而上型产业强镇中空间生产路径依赖型，经济转型动力不足，容易陷入空间混杂的路径依赖；部分产业强镇经济转型动力足，容易完成空间再生产，摆脱空间混杂状态。

在此，要特别感谢赵民教授。赵民教授是业内德高望重的前辈，在整个研究过程中，从城镇化发展到小城镇建设等相关领域，多次给予深刻的指导。尤其是研究中提出“土地开发制度”的概念，作为重要的创新点，并是解释产业强镇空间生产特征的要素；但作为一个学术概念存在明显的不严谨性，却又长时间找不到好的替代术语。赵民教授借用吉登斯的结构化理论，提出“土地开发运作”的概念，使得研究的科学性和严谨性提升了一大步。

另外，本书部分内容参考了大量的公开资料和网络上的资源，对他们的工作致以深切的感谢。需要指出的是，产业强镇研究是一个宏大的主题，因此编写一本完美的产业强镇专题著作绝非易事。由于水平有限，书中难免存在疏漏或者错误，希望广大读者不吝赐教。如有任何建议、意见或者疑问，请及时联系作者，以期在后续版本中改进和完善。

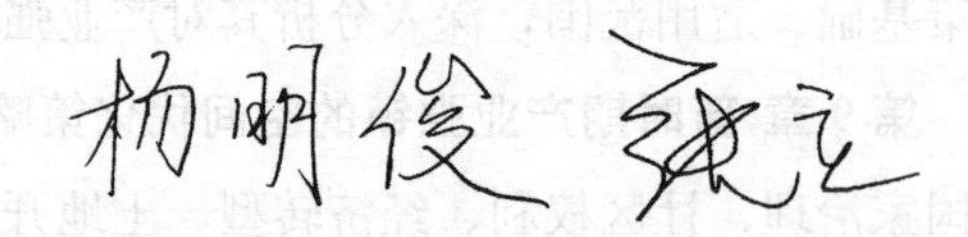

目录

第1章　绪　论

1.1　背景

1.1.1　产业强镇异军突起，成为城镇化和工业化的重要载体

1978年以来，在放权式改革和短缺经济的共同作用下，我国乡镇企业发展取得长足的进步，壮大了农村集体经济实力，推动了国民经济的健康发展，改善城乡失衡和推动乡村振兴，为实现农村城镇化发挥了不可替代的重要作用。在这一过程中，产业强镇异军突起，成为城镇化和工业化的重要载体。例如产业强镇的代表千强镇，具有较强的经济实力和人口集聚能力，其人口、经济规模远超过一般建制镇，城镇建设和建成环境已初具城市形态和特征。从2019年千强镇镇区常住人口来看，规模在2万以上的占62%，规模在5万以上的占23%，规模在10万以上的占6%。从经济基础来看，部分产业强镇经济规模超越中西部地区一般地级市，如2021年佛山市南海区狮山镇GDP（地区生产总值，下同）高达1226亿元，一般公共预算收入达到52亿元。工业总产值过千亿的千强镇超过15个。

1.1.2　产业强镇经济发展状况内嵌于所处区域环境

经济总量受区域产业环境和中心城市能级影响。区域产业环境和中心城市能级对产业强镇经济总量产生重要影响。能级越大的区域中心城市，其对区域产业体系整体发展和升级的带动力越强，对知识、技术、人才等高端生产要素的集聚能力越强，且能对周边区域产生较强辐射、创新要素溢出，并能够提供专业化服务。所以，围绕中心城市的近郊范围内，不仅集聚着多数产业强镇，且产业强镇的经济水平与中心城市能级密切相关。从中心城市能级来看，珠三角和江苏省水平最高，浙江省其次，河南省等内陆省份最弱，产业强镇经济实力整体上呈现出类似的空间特征。

产业经济特征基本与区域整体产业环境相匹配。多数产业强镇以制造业为主，少数以特色资源为依托。东南沿海经济发达地区，尤其是长三角、珠三角强镇产业以制造业为主，多是劳动密集型制造业，从业人员规模也普遍较大。内陆省份的千强镇多数依托当地资源，例如矿产、自然景观等特色资源。产业强镇产业类型分布基本与区域整体产业类型相匹配。东北和中部地区重工制造业和资源型产业较为突出，东部和西部地区则呈现轻工和重工制造业同步发展。

1.1.3　多重二元属性决定产业强镇空间特征的复杂性

一般来说，产业强镇脱胎于乡村社会，因农村社区居民利用集体土地招商引资或兴办企业而崛起，其出身带有很强的“乡村性”。在持续发展的过程中，产业强镇基本上处于基于国有土地的统一开发和基于集体土地的个体开发两种状态，从而奠定了其空间特征二元属性的基础。经过40多年的发展，产业强镇已具有较大的经济和人口规模，往往达到小城市的量级。但乡镇的行政层级，决定了产业强镇的行政权能不强，如政府事权弱，审批权等独立权限不足；发展资源有限，财政不独立、新增土地指标较少等矛盾突出，优化城镇空间的能力不足。

经过长期的历史积淀，产业强镇形成复杂的城乡二元特征，表现在产业布局、人口结构、交通组织、城镇建设、空间风貌和土地制度等多个方面。第一，产业强镇的产业布局呈现二元特征，各级园区工业的集中布局与村中工业的零散分布并存。第二，产业强镇的人口结构呈现二元特征，充沛的就业机会带来大量的外来人口，外来人口占比普遍超过50%，甚至数倍于本地人口，如茶山镇为4.5倍，新塘镇为2.3倍，角直镇为2.6倍。第三，产业强镇的城镇建设呈现二元特征，新镇旧镇并存，新镇按规划标准建设，具有一定的现代城市特征；旧镇自发形成特征较重，建设密度高，更新改造难度大。第四，产业强镇的空间形态呈现二元特征，规整与混杂的空间特征并存，破碎空间往往比重较高，产业和居住混杂、生活交通与物流交通矛盾突出。第五，产业强镇的空间品质呈现二元特征，普遍与其经济实力不匹配，城镇风貌呈现半城半乡特征；新镇建设突破小城镇尺度，整体风貌与原镇区较为割裂；旧城镇空间破碎、功能混杂，风貌较混乱，且缺乏对村庄的管控。第六，产业强镇的土地权属呈现二元特征，土地的集体产权和国有产权交织，2016年对全国121个镇的调查显示，镇区集体建设用地占比为60%以上。总体而言，产业强镇兼有“城市性”和“乡村性”双重属性。

1.1.4 产业强镇亟待优化空间生产路径，提升城镇空间品质

改革开放40多年来，以乡镇企业为动力的产业强镇已成为我国高速发展的重要载体、城镇化和工业化的重要组成部分。珠三角、苏南地区、浙江省的产业强镇先后通过“三旧改造”“三集中”“三优三保”“小城镇环境综合整治”“美丽城镇建设”等政策和实践，逐渐从以生产空间为主导的产业镇转向宜居宜业的生活城镇。然而，多数产业强镇仍然面临产城融合不足、改造更新推进难度大、人居环境品质不高的问题。当前，国家积极推进生态文明和治理现代化，加快实施“中国制造2025”，构建国际国内双循环发展格局。产业强镇需要承担起提升产业质量、优化人居环境、拓展内需规模的功能，推动存量建设用地更新、提升城镇空间品质成为产业强镇转型的工作抓手。

1.2 文献综述

从国际经验来看，产业强镇是全球现象，如德国、法国、英国、日本和韩国等国家都非常注重通过产业引领来带动中小城镇的发展，因而诞生了诸多专业化的产业小镇，且这些产业小镇相对大都市而言更具活力（Henderson，2010），产业门类也更为广泛（包括高新技术、金融业、农业、旅游业等），承担着提高国家产业竞争力的重任。相关研究表明，欧洲的中小城镇承载了27%的人口居住和就业，且就业率高于整体水平（Servillo，et al.，2017）。然而，宏观经济模式的转型（主要表现为去工业化，De-industrialisation）也

让欧洲（以及日本）许多中小城镇面临着经济社会发展和环境保护问题，存在向服务业转型发展、萎缩发展（Shrinkage）等现象（Bartholomae，et al.，2017）。因此，产业强镇的结构转型是当前国际研究的关注重点，大量研究从产业经济、产业结构的视角来讨论产业城镇的发展（退化）（David Bole，et al.，2019），亦有相关研究根据产业强镇的经济表现和社会经济发展指数来探讨产业强镇的分类方式（Meili，Mayer，2017）。

我国产业强镇的形成背景与发展阶段与国外的专业镇不尽相同。20 世纪 80 年代以前我国的小城镇是农村地区的生产生活服务中心，部分建制镇也是本地生活物资的主要生产地之一。20 世纪 80 年代随着我国的改革开放进程，农村大量的剩余劳动力得以解放，小城镇的"三就地"（就地取材、就地加工、就地销售）原则被打破，乡镇企业蓬勃发展起来，催生了一批专业化的产业强镇。费孝通先生是最早关注并研究这些产业强镇的学者之一。费老在其著名的"小城镇、大问题"中，开篇就将基于手工业集散的产业强镇——盛泽镇——作为五种小城镇类型之一，并认为"值得注意和进一步研究"（费孝通，1984）。以费老的研究为原点，学者们对这些新生的（某种意义上，也是基于传统产业发展起来的）产业强镇展开了广泛的研究，形成了大量的研究成果。基于本文的研究目的和范畴，以下从空间特征、空间组织机制、空间演进趋势三个方面通过综述来阐述研究进展和动态。

1.2.1　产业强镇的空间特征

我国产业强镇的发展普遍经历了完整的由"村村点火"到"工业入园"的乡村工业化和城镇化过程，诞生于"珠三角模式""苏南模式""温州模式"等发展路径下的产业强镇，其共同的空间总体特征是"半城镇化"现象较为普遍，即城乡高度混杂、村镇边界模糊，"城中村""城中厂"现象并存，城镇空间依然呈现空间相对破碎、松散、分区不明确的现象，城镇生产生活空间混杂，规模化、标准化产业园区建设推进较慢。基于不同研究问题和研究对象，学者们相继开展了对产业强镇空间特征的具体分析，存在共性描述如下。

在区域格局方面，由于交通基础设施的完善和产业梯度转移与产业升级，长三角和珠三角出现颇具特色的块状经济和专业强镇（吴康，等，2009）。一般来说，都市圈以内、都市圈边缘且与核心城市联系顺畅、都市圈外围且有特殊资源的三类小城镇具有发展优势（克劳兹.R 昆斯曼，2013），长三角强镇有都市一体化型、区域增长极型两种类型（罗震东，等，2013）。浙江省面临三大转型冲突，即大都市多中心空间结构的建立与郊区化无序蔓延、现代农业发展与农业要素结构锁定、县域块状经济转型升级与"浅度城市化"（陈前虎，等，2012）。从中心镇的空间分布形态、县域经济发展水平与县域产业空间分异三个维度来看，浙江省中心镇可以划分为四种地域类型，即核心极核式发展区、次核心密集型发展区、过渡组团式发展区、边缘散点式发展区（黄蕊，2013）。杭州中心城市带动能力强，郊区强镇分为新城模式和特色城镇模式（陈白磊，等，2009）；由于温州市存在"强市场、弱政府"的民营经济主导模式，其城镇化地区呈现多中心（产业强镇）、弱核心（中心城区）特征（李王鸣，等，2006）。核心城市对周边小城市的影响，与经济发展、交通条件、空间距离密切相关（于涛方，等，2005；Fahmi，et al，2014；Runge，2016；Borcz，2017）。

在空间结构方面，由于多阶段碎片式的开发，产业强镇普遍缺少清晰的城镇发展骨架，或沿着对外交通干线等基础设施轴线连绵发展（尤以温州市城镇为典型），或由于自上而下的一些重大投资项目的特殊选址需求，选择在脱离既有建成区（老镇区）的新区片区进行建设，形成“飞地式”拓展（刘婕，胡剑双，2011）。由此所造成的结果是，新、旧镇区（功能区）开发割裂成为产业强镇空间格局上的另一显著特征，浙江省多数城镇形成了“北生产南生活”“西工东居”的大尺度功能分区，导致了城镇居民钟摆式生活和土地资源使用低效等多重困境（陈前虎，等，2017）；东莞市常平镇城镇化率高，但产业、人口在空间上的集聚程度仍比较低，呈现“半城镇化”特征（占思思，等，2014）。广州市新塘镇经历了工业点孕育发展时期（1978—1992年）、专业街区快速形成时期（1992—2004年）和工业园集中建设时期（2004—2012年）三个阶段，分别呈现据点式轴向布局、沿公路轴带拓展布局、面状填充和触角延伸布局三种空间形态（吴丽娟，2015）；由于产业经济比建设用地扩张速度更快，城镇空间由外延扩张逐步转向内部优化，空间结构由居住、服务业和工业用地简单并置，向工业用地环绕城镇中心、沿交通干线拓展转变（吴丽娟，2012）。

在产业空间方面，浙江省城镇工业用地所占比重甚大，用地布局偏散导致用地粗放，乡镇工业用地呈现多种类型的空间布局形态；其中，传统工业点多混杂于居住老区内，作坊街呈现工、商、住“三合一”的状态，工业小区则呈现工业生产功能为主的状态（陈前虎，2000）。在1995年以前，苏南地区农村社区利用集体土地在村域范围内兴办企业，形成了乡镇企业在镇以及更大空间范围内分散布局的态势；在1995年以后，随着乡镇企业的衰落和“三集中”的逐步探索，乡镇企业逐步向镇区集聚（谷人旭，钱志刚，2001）。珠三角乡镇企业以村域为单元在镇域范围内分散布局，在镇区的集中度不高（薛德升，等，2001）。

在居住空间方面，随着乡村型居住向城镇型居住功能的转型，产业强镇出现多样化的居住空间。珠三角大城市外围地区城镇流动人口呈现前店后室型、邻厂租住型、前厂后宿型三种典型聚居形态（张敏，等，2002）。改善居住条件和外来人口需求的双重刺激，促使村民热衷于兴建住宅（罗瑜斌，2008）。各类居住空间无序蔓延、用地不集约现象普遍存在；由于存在居委会和村委会两套管理机构，工厂代管的职工宿舍、村庄里的商品房等居住形态大量存在，进一步强化了居住分异与隔离问题（刘玉亭，等，2013）。在大城市需求的影响下，小城镇形成较多的外销型商品房，构成现代化居住区的主体（赵之枫，等，2007；陈作任，李郇，2018）。

在混杂空间方面，由于城镇空间的无序蔓延，产业强镇存在较多的工业用地与居住用地混杂空间，主要表现为两种形式。一是利用住宅底层的家庭作坊式工业企业，充分利用好房前屋后的底层闲置用地，表现为建筑内功能混合、垂直分工（薛德升，等，2001；吴丽娟，2012；梁励韵，刘晖，2014）；二是工商住“三合一”的作坊街，建筑联排布局形成专业街坊，小散的传统工业点混杂于居住空间中（陈前虎，2000）。混杂空间不仅利用效率不高、用地蔓延，也导致人居环境水平不高（孙明洁，林炳耀，2000；杜宁，赵民，2011；梁励韵，刘晖，2014）。

在空间功能方面，长期存在设施配套相对滞后、景观风貌质量不高等问题，尤其对居住空间、服务空间、生态空间等长期缺乏重视与统筹设计。浙江省部分产业强镇的居住职能在进一步弱化，而工业区特征愈加明显，同时公共服务和设施配置依然滞后（饶传坤，等，2018）。珠三角产业强镇亦有相同结论，在空间形态方面呈现出亦城亦乡、城乡混杂的特征，对城镇特色环境营造与微观空间品质设计的关注严重不足，即使经过了多轮的城镇改造，多数产业强镇仍未实现真正的、高质量的城镇化（吴丽娟，2015）。

在空间演化方面。产业强镇发展早期，建设用地呈现快速增长、在村庄层面散布、居住和工业功能为主等状态（邓世文，等，1999；孙明洁，等，2000；李王鸣，2004）。近年来，空间形态由组团式走向连绵式，仍存在以外延扩张式发展为主导、用地布局杂乱、公建设施与公共空间不足等问题，但城镇面貌改善显著（邓骥中，2014；梁励韵，刘晖，2014；饶传坤，等，2018），工业用地集约化水平较低、乡村工业用地无序蔓延、没有向工业园区有效集中等问题尚未根本解决（邢振华，2008；周扬，等，2018），产业、人口在空间上的集聚程度仍比较低（占思思，盛鸣，2014）。随着乡村发展模式变迁，乡村城镇化发生空间转型（陈晓华，2008），珠三角形成“马赛克”式的土地利用景观现象，苏南地区“三集中”取得显著效果（杨廉，袁奇峰，2012）。

1.2.2 产业强镇的空间组织机制

小城镇空间形态的形成、发展、演变，受政治、经济、社会、文化、自然、交通等多要素影响，由于发展阶段、主导要素的不同而呈现显著的地区差异（朱建达，2014；郑国，2017）。各类要素机制互相作用，共同塑造产业强镇的空间特征与演化。目前研究对产业强镇空间组织机制的解析主要有四个方面。

在政府行为方面，政府通过管理体制、财税政策、土地政策、空间规划等手段，影响产业强镇空间特征，在推进城镇建设的集约化发展、人居环境改善方面起着明显主导作用。政府社会互动、正规非正规制度互动，共同推动强镇空间转型（邓宇，邹鹏，2015；黄颖敏，等，2017；黄耿志，等，2019）。学者们针对苏南地区推行的“三集中”政策、珠三角的“三旧改造”政策开展了大量相关研究（周扬，等，2018；邢振华，2008），讨论园镇管理、行政区划、强镇扩权等管理制度对城镇空间的影响，普遍认为积极的行政管理机制、适当财权与事权的下放等措施能有效打破城镇土地开发资源紧缺、规划实施滞后等瓶颈（蒋新岐，2011；周扬，等，2018；张立，董舒婷，2019），进而产生优化城镇体系、加速工业用地集聚、改善城镇景观风貌等正向的空间效应（占思思，盛鸣，2014；卢道典，黄金川，2012），但亦有可能带来新增用地规模过大、功能类型过于单一等消极问题（邓骥中，等，2014）。珠三角镇政府、管理区和村三级主体追求自身利益是导致乡镇企业分散的重要原因（薛德升，等，2001），扩权强镇带来粗放扩张、功能单一、区域不公等问题（邓骥中，2014）。“三集中”实施不力的主要因素在于村民的集中居住动力不足和调控能力有限（张立，何莲，2017；周扬，等，2018）。

在社区能力方面，政府力-社区力关系的差异是导致地方性土地开发运作形成的主要原因，珠三角乡村的宗族力量最强，村集体对农村土地开发具有强大的话语权；苏南地区乡村的宗族力量最弱，“强政府、弱社区”特征显著，乡村工业化是由地方政府组织、村集体具体实施的结果，地方政府持续把控了农村土地开发的话语权；温州市的乡村宗族自治力量较强，但乡村工业化过程中的利益来源较为多元化，农村社区对开发本村集体土地的意愿不强（林永新，2015）。政社关系和工业化路径的差异，使得各地农村社区对集体土地开发权的掌控程度差异很大，从而造成各地城镇空间的组织主体差异显著；其中，苏南地区呈现出乡镇政府强大的统筹规划建设能力，珠三角农村社区对土地开发具有强大的组织能力，浙江省土地开发呈现很强的个体开发特征（谷人旭，等，2001；杜宁，赵民，2011；杨廉，袁奇峰，2012；朱介鸣，2013；周扬，等，2018；林永新，2015）。

在产业发展方面，产业经济作为产业强镇的主导职能，是影响产业强镇空间组织最重要的因素，经济的快速演变在空间上有直接的反映。乡镇企业的多样性和根植性支撑了产业强镇的发展，产业经济的阶段性特征一定程度上决定了该时期城镇的发展方向和空间结构（邓宇，2015；吴丽娟，2012）。乡镇企业的多样性和根植性影响企业布局的区位选择（谷人旭，钱志刚，2001；周扬，等，2018）。企业变迁、集群模式、经济可行性是影响空间布局特征和用地调整（如小型企业入园）的主要原因（薛德升，等，2001；邢振华，2008；梁励韵，2014；吴丽娟，2012；李明超，2018；陈春生，2018）；产业发展形态的多样性影响城镇形态，如温州市民营经济强劲和特色产业集群导致弱中心现象，民营企业迁移扩张（高级功能迁向大城市、资本外流）强化弱中心现象（陈前虎，2000；李王鸣，等，2004；李王鸣，王纯彬，2006）。特定的产业发展诉求，对空间提出要求，如高科技公司对与城镇生活质量相关的软因素和硬因素有要求（符正平，常路，2016；丘海雄，于永慧，2018；Bruce，Nicole，2019）。总体而言，市场力对于企业集聚起着倍增效应与筛选效应两个作用；一个地区的乡镇企业越发达，增强市场力越可能提高工业企业的分散程度（林永新，2015）。另一方面，亦有学者指出乡镇产业集群与小城镇之间并不存在必然的正向互动关系，小城镇空间伴随着产业集群的发展不会自发演化成合理形态（杜宁，赵民，2011）。类似的研究证明了，要实现产业集群与城镇空间的良性互动发展，必须采取有效的公共干预措施，包括空间规划、公共政策、规则标准等。

在土地制度方面，产业强镇脱胎于农村社区，且兼有城乡二元属性，意味着建设用地产权和开发主体的二元性以农村集体土地为主。集体土地所有制的产权设计，不仅导致城镇空间的碎片化，而且影响集体经济发展和乡村居住空间演化（李广斌，2016）。集体土地产权制度的约束导致经济要素流动受限，使得产业强镇的空间要素破碎化，以村庄为单元的组织形态非常明显，尤其在珠三角和浙江省（杜宁，赵民，2011；郑卫，邢尚青，2012；周扬，等，2018）。

在技术支撑方面，技术进步及其对经济、信息、交通、设施等的影响，都影响产业强镇的空间特征。信息技术增强了信息流对空间结构的作用，进一步强化集聚趋势和扩散趋势，不同网络之间的互动日益重要（甄峰，等，2004；陈曦，等，2010）。互联网不仅改变了乌镇的发展路径，还对城镇主导功能、形象品牌、空间品质等产生重大影响（欧阳鹏，等，2016；赵博，等，2016）。互联网和共享经济的爆发性增长为基于使用权共享的住房分享平台带来了整体的繁荣，以共享社区为代表的新型开放性社区也为城市居住带来了多种可能（陈立群，2018）。在产业强镇层面，TOD（交通导向型开发，下同）模式对于突出主要和支线运输的可达性，改善土地利用强度之间的不平衡仍有重要价值（Nigro，et al.，2019）。

在社会结构方面，地方社会受外来人口、经济发展和政策措施共同作用的影响。流动人口布局、就业机会、保障福利、公共服务、住房门槛等社会属性，影响了产业强镇的空间特征。深圳市平湖镇聚居形态的差异，主要是由流动人口的从业分异造成的（张敏，等，2002）。苏南水镇外来人口的空间分布与非正规就业市场情况和空间布局之间存在密切关系（朱战辉，2019）。随着广州市将工厂和住房搬迁到郊区，镇政府发展乡镇企业，并在村庄中建造了经济适用房，移民工人集中在城市村庄并居住在乡镇企业附近，以缩短通勤时间（Lau Joseph Cho-Yam，et al.，2013）。在英属哥伦比亚（加拿大）内陆中小城市，可负担住房、适宜的工作机会、优质服务和计划，对于新移民融入社区至关重要（Teixeira，et al.，2018）。

在城乡关系方面，城乡经济、空间、政策、利益等关联要素，从不同角度影响产业强镇的空间特征。城乡发展演变是自然环境、开发建设、社会经济和政策实行等因素自组织与他组织共同作用的结果（陆丽，2015），镇域空间演化一般要经历散漫发展、集聚发展、扩展发展和统筹发展四个阶段（朱建达，2012）。城镇化利益分配格局历经"农民为主，政府很少—外资业主为主，农民很少—政府反哺农民，趋于均衡"的阶段变化（范凌云，2015）。

此外，相关研究也从区域经济角度指出，区域格局深刻影响产业强镇的空间组织特征和发展动力（黄蕊，2013），大城市郊区强镇的城镇职能、城镇规模、产业经济、基础设施、空间结构等均明显受中心城市影响（朱东风，2001；Fahmi，et al.，2014；杨莉，等，2015；Runge，2016；Borcz，2017；林善泉，2019）。

1.2.3 产业强镇的空间演进趋势

从宏观趋势来看，产业强镇粗放式规模扩张的历史时期正在逐步结束。我国的发展环境正在发生重大变化，支撑乡村工业化大发展的短缺经济环境不复存在；城镇化进入中后期，精明增长与精明收缩同步，人口流动由跨区域向本地流动为主转变；空间品质要求提升，分散布局的形式不可持续；生产进入IT支撑的时代，经济模式创新层出不穷；消费逐渐进入高档耐用消费品主导，对产业结构和产品质量提出新要求（赵新平，等，2002；王文录，赵培红，2009；赖妙华，2014；朱金，等，2019；刘盛和，等，2019），传统的产业强镇的生产组织形式、空间供给水平和社会治理能力已经难以为继，亟须变革创新。将理论研究和多地规划实践结合来看，产业强镇的空间转型存在四个重要发展趋势。

在产镇空间融合方面，要求产业与城镇功能相融合、空间整合，以实现产业和空间的同步转型升级，其理论内涵包括城市功能融合和结构匹配，就业与居住结构性匹配（李文彬，陈浩，2012）。结合产业强镇的具体情况，学者们提出相应的规划策略，江苏省昆山市千灯镇以产业发展、城镇空间和人居生活三项内容作为产镇融合的核心要素（王海滔，等，2017）；苏南小城镇应当从建立城乡空间新秩序、实现城乡空间与功能同步转型、积极融入区域发展及全面提升城乡空间品质四个方面着手，引导城乡空间健康发展，促进包容性增长（邵祁峰，等，2011）；广东省新塘镇作为传统的产业专业镇，其产镇融合发展策略是涵盖产业、交通、功能、设施四个方面的系统整合（刘卫，凌筱舒，2015）。相关研究基于产镇融合理念，衍生出"产业社区""创新社区"等规划策略（赵民，等，2014；王翔，戴桂斌，2014；袁奇峰，等，2019），即以促进城镇生活模式与现代产业形态相融合为目标的空间规划方式。

在完善空间功能方面，以宜居宜业为导向加强城镇设施配套建设，重点优化城镇发展的"软环境"，包括优质的基础教育、安全的城市住区、多样的生活休闲服务设施、人才教育与服务等。此外，部分研究重点关注了产业强镇社会结构的异质性特征（张敏，等，2002；陈耀，等，2018），外来人口的高占比、高流动性和特征差异性重塑了地方社会结构，也造成了城镇内部不同居住空间、社会空间的分异；而空间规划策略需要对社会结构分异问题予以积极回应，包括以“大混居、小聚居”的方式重组不同人群的居住空间，以街巷开放空间连接各住区等。

在整合工业空间方面，推动从分散型工业点到品牌型工业园区的转型。现代化工业园区是产业强镇在推进工业用地集聚发展方面的主要政策手段，但当前的主要措施是招引增量的外来资本，而对存量的低小散劳动密集型工业企业未作大的布局调整（张震宇，魏立华，2011）。存量工业用地可分为已批未建工业用地、结构更新工业用地以及低效利用工业用地三种，应建立分类、识别、调控的技术体系，推动存量工业用地再开发（沈洋，等，2015），实施“有机集中”的空间转型策略（周扬，等，2018）；作为著名的“牛仔服装专业镇”，广州市增城区新塘镇的主要牛仔裤生产商散布在几个镇区村里，厂房主要依托于三层为主的民宅（吴丽娟，2015），严重影响着产业的进一步扩张和城镇空间品质，对这些大量的劳动密集型工业点的整合是实现未来空间转型的关键，也是难点所在。

在存量更新方面，探索多样化模式。存量更新应划分为子部分进行（Avi Friedman, et al.，2018），探索楼宇经济与城市街区小镇化等新业态（李明超，2018）。产业空间应关注创新型产业发展（周宇英，2018）、产业区建设（徐剑光，2016）等角度，服务空间应关注社区生活圈建设（程蓉，2018；张威，等，2019），交通空间应强调人性化和公共空间转型（戴继锋，2016；Stefan Bendiks，2020），镇区中心可探索游客导向转型（Paradis TW，2000）。关于存量建设用地治理的研究有法团主义视角（郭旭，等，2018）、更新治理模式政策（唐婧娴，2016）。

结合具体案例，学者们针对性地提出了不同空间发展的具体策略，包括强调组团式、网络化、智能型、生态化等（戴德胜，姚迪，2013；熊国平，2016；李明超，2018），亦有对不同空间更新措施加以研究，如关注更新模式、技术体系、更新策略等（李明超，2018；沈洋，等，2015；周扬，等，2018；黄军林，2019）。值得一提的是，北京大学王缉慈（2010，2020）长期关注产业集群的研究，提出了创新空间和创新网络的企业发展战略，虽引用了诸多产业强镇的案例，但未聚焦到其微观的空间组织，也未关注到其空间组织的特殊性。

1.2.4 小结

改革开放以来，作为一个重要的经济社会现象，产业强镇伴随着乡村工业化发展而踏上历史舞台，并成为学者关注的重要领域。综上所述，当前关于产业强镇的空间研究主要聚焦在三个方面。一是产业强镇的空间特征研究，空间特征偏重于空间总体特征和产业空间特征；空间特征差异偏重于珠三角、浙江省、苏南地区等区际比较研究。二是产业强镇的空间组织机制研究，偏重于静态的共性机制研究，主要从政府权力、政社关系、经济发展、乡村产权制度等角度入手，研究产业强镇的空间组织机制，并以社区因素解释区际空间差异。三是产业强镇的空间演进趋势研究，主要聚焦在产镇空间融合、完善空间功能、整合产业空间三个领域。

当前的研究尚存在如下不足之处。①研究案例覆盖面较小。现有研究多以某一区域或个案为对象，较少突破区域局限、进行大范围、多类型、广调查的比较分析。②地方性空间特征差异研究存在空白。产业强镇的空间差异，不仅表现在区际层面，在区内层面也有体现，这一层面的研究较为薄弱。③产业强镇空间特征描述较为主观。当前在对产业强镇空间特征进行描述时较少进行定量分析，对空间特征的精准性把握不足；对空间结构组织，主要空间类型的构成，以及居住空间、混杂空间等的研究较为薄弱。④产业强镇空间组织机制的“个性”因素考虑较少。目前研究充分考虑了多因素的影响，但对政府行为、社区能力、经济发展等要素之间的互动关系考虑较少，对不同情境下空间组织的主导机制的研究尚比较薄弱。

1.3　研究问题

1.3.1　科学问题

梳理产业强镇的空间生产进程和典型特征，阐释产业强镇空间生产的特征与机制。

1.3.2　具体问题

（1）如何识别产业强镇的空间生产的阶段性特征？各区域之间的产业强镇空间生产路径有何不同？

（2）如何提取产业强镇的空间构成要素，度量产业强镇的空间特征和不同维度的差异性？

（3）如何确定产业强镇空间生产特征的主要影响因素，构建空间组织机制的解释框架？

（4）如何阐释产业强镇在不同情境下的空间组织机制，解析产业强镇空间生产特征在不同维度下的差异性？

1.4　研究目的

空间生产理论成熟于西方社会，必然带有西方的印记。而我国学者虽已较多应用空间生产理论，但中国式空间生产理论尚不完善。我国与西方的经济社会运行逻辑有所差别，产业强镇最能体现中国城乡二元体制下的空间生产逻辑。因此，本书试图以产业强镇为研究对象，探析中国二元制度语境下的空间生产特征并进行理论阐释。

1.5　研究意义

1.5.1　理论意义

产业强镇的空间特征及其组织机制是学术研究的热门领域，当前研究集中在政府行为、社区能力、产业发展、土地制度等多要素的影响，但对各要素之间的相互关系缺乏关注。本书打破传统组织机制研究中将产业强镇这一研究对象进行“分项解构”的研究方式，基于“整体综合”的研究方式引入新的视角；借鉴空间生产理论、新兴古典城镇化理论、制度变迁理论和产业组织理论等基础理论和分析方法，注重各种经济社会力量之间的对比关系，深入分析在不同经济社会情境下的空间特征与组织机制和主导因素。同时，引入时间轴的视角，深入分析产业强镇空间长期演化路径和不同阶段的组织逻辑。在借鉴西方的概念和研究方法时，充分考虑中西方体制机制之间的根本差异，抓住中国的城乡二元结构和快速的经济社会变迁，作为透视中国产业强镇内在空间生产逻辑与西方结构差异的突破口，并由此建构中国特色的产业强镇空间组织机制解释框架。研究不仅具有原创性学术价值，可以为中国特色社会主义理论的形成作出积极贡献，还可以推动城乡规划领域相关理论与马克思主义理论的深度交叉。

1.5.2 实践意义

改革开放 40 多年来，我国形成了一批实力较强和规模较大的产业强镇。长期以来我国的产业强镇主要以经济发展为目标，走的是粗放的发展模式，“重经济、轻社会，重发展、轻保护，重建设、轻品质”等问题较为突出，形成了传统“低小散污”的发展路径。当前，产业强镇外延扩张逐步减缓，内涵提升成为新时期的使命，需要较高的空间品质来支撑。在新的发展时期，产业强镇承担着国际国内双循环战略和实现生态文明与高质量发展的重要使命，是新生中小城市的培育重点、新型城镇化的重要抓手。因此，对于产业强镇未来的发展而言，产业转型升级是必然趋势，城乡和区域格局的重构不可避免，这不仅要求产业强镇的治理转型，也推动着其空间组织的有机转变。更好地把握产业强镇的空间生产逻辑，对于优化产业强镇空间治理、推动转型升级具有重要的政策价值。

1.6 研究对象

1.6.1 相关概念

1. 千强镇

千强镇是全国综合实力千强镇的简称。该项研究从 2014 年开始。早期评价仅涉及地区生产总值、城乡居民人均可支配收入和镇本级可支配财政收入三项指标。近年来，评比指标体系拓展到 GDP、一般公共预算收入、规模以上工业企业数、固定资本形成净额、营业面积 $50m^2$ 及以上超市数、城乡居民收入等多项指标。笔者以国家统计局公布的“千强镇”、全国重点镇、各省发展态势较好的镇为基本评价对象，基于上述评价指标体系测算全国建制镇综合实力，得到全国千强镇榜单。

2. 特大镇

2016 年，《国务院关于深入推进新型城镇化建设的若干意见》（国发〔2016〕8 号）提出，赋予镇区人口超过 10 万人的特大镇部分县级管理权限，并允许其按照相同人口规模城市市政设施标准进行建设发展（杨明俊，赵雪琪，2022）。

黄勇等从人口规模和经济规模两个要素来界定特大镇。首先，特大镇要求城镇常住人口大于 10 万、财政总收入大于 5 亿元（黄勇，等，2016）。其次，特大镇应为非城关镇，即县级政府驻地的城关镇应视为城市，而不是建制镇。

3. 专业镇

2016 年，《广东省科学技术厅关于加强专业镇创新发展工作的指导意见》界定了专业镇的概念，并根据产业类型把省级专业镇分为工业类、农业类和服务业类三种类型的专业镇。

工业类专业镇：以全镇工业总产值来界定。其中，珠三角专业镇需达到50亿元，粤东西北地区专业镇需达到30亿元；同时，需满足特色产业产值占工业总产值30%以上。

农业类专业镇：以全镇工农业总产值来界定。其中，珠三角专业镇需达到10亿元，粤东西北地区专业镇需达到5亿元；同时，需满足特色产业产值占工农业总产值30%以上。

服务业类专业镇：以全镇地区生产总值（GDP）来界定。其中，珠三角专业镇需达到30亿元以上，粤东西北地区专业镇需达到10亿元以上；同时，需满足特色产业总收入占服务业总收入30%以上。

4. 小结

综上所述，产业强镇的相关概念主要有千强镇、特大镇、专业镇等。这些概念的界定标准主要涉及较大的人口和经济规模，也涉及产业结构、就业结构、财政保障水平等相关内容。

1.6.2 内涵界定

借鉴相关概念和研究目的得出，产业强镇是指有较强经济实力和较大城镇规模的建制镇（不含城关镇）。本书通过以下几个指标和特征，来确定产业强镇的内涵范畴：一是用地规模方面，镇区建设规模较大，城镇建设呈现出一定的城市格局和风貌；二是经济规模方面，以制造业为主导产业，GDP较高，或接近或达到百亿以上，工业产值占比高，镇一级财政强于一般建制镇，居民收入水平较高；三是产业特色方面，支柱产业优势突出，产品具有较高的市场占有率，镇域往往存在专业市场。

考虑到千强镇内涵与本书中的产业强镇内涵最为接近，且千强镇有明确的对象清单，故以2020年千强镇作为宏观层面上的研究对象，典型案例从千强镇名单中选取。

1.6.3 研究层次

为更好地把握产业强镇的空间特征，本书根据不同空间尺度和调研深度，把研究对象分为3个层次。

1. 千强镇

以千强镇为对象，宏观层面上分析产业强镇的整体概况，包括宏观分布、人口规模、空间规模、经济基础、产业类型、人居环境等。总体而言，千强镇人口、经济、建成环境超过一般镇，但与城市仍有差距。

宏观分布。千强镇主要沿东南沿海经济发达区域分布，尤其以长三角、珠三角为主；其中以江苏、浙江、广东三省数量最多，三省千强镇数量总占比达48%，百强镇数量占比更是高达78%。

人口规模。2019年，62%的千强镇镇区常住人口规模在2万以上；177个镇镇区常住人口规模在5万以上，占比达23%；有47个镇镇区常住人口规模超过10万。

空间规模。2019年，千强镇建成区面积在5km^{2}以上的占54%，比一般镇高出47%；建成区面积2km^{2}以上的占86%，建成区规模远超过一般镇。

经济基础。首先，部分千强镇GDP已经超越中西部地区一般地级市。部分千强镇

GDP超过千亿元，例如佛山市南海区狮山镇2018年GDP已达到1049亿元。其次，千强镇经济总量受区域产业环境和中心城市能级影响。千强镇往往分布在中心城市的近郊，且中心城市能级高的区域，其经济总量往往也高。珠三角、江苏省的强镇受其中心城市能级影响，经济体量普遍较大，浙江省强镇次之，内陆省份强镇与珠三角、长三角强镇相比，则经济实力较弱。

产业类型。首先，多数以制造业为主，少部分以特色资源为依托。东南沿海经济发达地区，尤其是长三角、珠三角强镇产业以制造业为主，多是劳动密集型制造业，从业人员规模也普遍较大；内陆省份的千强镇多数依托当地资源，例如矿产、自然景观等特色资源。其次，以轻型制造业和重型制造业为主，与区域产业特征一致。东北以重型制造业（钢铁、化工、金属制品等）和资源产业为主，东部以轻型制造业、重型制造业为主，中部以重型制造业和资源产业为主，西部以轻型制造业、重型制造业为主。

人居环境。千强镇设施水平总体高于一般建制镇，但相较于城市仍有明显差距。东部地区千强镇设施水平明显优于中部、西部和东北地区千强镇。

2. 18个案例镇

为了尽可能覆盖产业强镇的类型，18个案例镇涵盖了粤、苏、浙三大产业强镇典型分布区域，充分考虑了区位特征、城镇规模、工业规模、主导产业等不同的属性维度，各维度下细分属性类别见表1-1。

案例镇基本情况一览表 表1-1

地区	镇名	微观区位	镇域人口（万人）	镇区人口（万人）	工业产值（亿元）	2021年千强镇排名
珠三角	北滘镇	近郊型	32.5	32.5	2154.7	6
	小榄镇	近郊型	32.9	32.9	515.3	20
	新塘镇	近郊型	25.8	9.7	473.1	21
	茶山镇	近郊型	15.9	15.9	272.6	77
	石楼镇	远郊型	15.2	7.3	173.3	190
	园洲镇	远郊型	15.3	7.6	118	688
	大塘镇	独立型	5	1.5	320.8	756
浙江省	柳市镇	近郊型	28.1	16.15	642.2	13
	瓜沥镇	近郊型	33	15.05	984.1	35
	观海卫镇	远郊型	21.7	8.08	273.8	60
	店口镇	远郊型	14	11.71	705.4	78
	濮院镇	近郊型	8.1	6.0	131.1	505
苏南地区	金港镇	远郊型	30.7	14.7	1161.6	4
	锦丰镇	远郊型	18.2	11.8	2139.6	11
	角直镇	近郊型	13.6	4.87	190.4	56
	新桥镇	远郊型	5.5	4.39	566.3	57
	横林镇	近郊型	10.3	3.72	303.5	241
	天目湖镇	独立型	7.8	1.46	134	270

宏观区位。根据宏观区位，案例镇分别位于珠三角、浙江省、苏南地区三个典型地区。珠三角有7个产业强镇，浙江省有5个产业强镇，苏南地区有6个产业强镇。

微观区位。根据案例镇与中心城区、都市区的区位关系，近郊型产业强镇一般要求距离中心城区≤30km，与中心城区外围近郊型产业强镇相邻、位于交通廊道上的城镇允许距离中心城区 50km；远郊型产业强镇一般要求距离中心城区 30～50km，特大城市周边、沿重大交通走廊允许距离中心城区 100km。其他为独立型产业强镇。根据微观区位，近郊型产业强镇有 9 个，远郊型产业强镇有 7 个，独立型产业强镇有 2 个。

3. 6个典型镇

在珠三角、苏南地区、浙江省三大区域基础上，进一步细分为珠三角核心区与外围区、苏南地区东部与西部、浙江省北部与南部六大地域（表 1-2），在 18 个案例镇中分别选择一个典型镇进行深入访谈、详细剖析，以深度解读产业强镇的空间生产与组织机制。

典型镇名单 **表 1-2**

三大区域	六大地域	
珠三角	核心区：北滘镇	外围区：小榄镇
苏南地区	东部：角直镇	西部：新桥镇
浙江省	北部：瓜沥镇	南部：柳市镇

1.6.4 研究范围

城乡边界相对清晰的产业强镇，以镇区作为研究对象。①部分产业强镇仅有一个清晰的中心镇区。镇区是以镇政府为中心的集中连片地区，如无锡市江阴市新桥镇。②部分产业强镇由多个乡镇合并而来，镇区形成多个中心。镇区包括以撤并前乡镇政府为中心的多个集中连片区，如广州市番禺区石楼镇、苏州市张家港市金港镇、温州市乐清市柳市镇；规模较小、基本无工业基础的片区，可不纳入研究范围，如宁波市慈溪市观海卫镇的鸣鹤片区。

城乡边界相对模糊的产业强镇，镇域城乡建设用地连绵蔓延，镇区不易明确界定，因此将镇域连绵蔓延区作为研究对象，如中山市小榄镇、常州市武进区横林镇。

1.7 研究方法

研究时以田野调查为重点，深入产业强镇获取第一手资料和信息，同时需要结合实地调研和影像图识别，提取绘制产业强镇工业和居住用地分布图，此外还需要相关文献研究和数理分析。需要应用地理信息系统分析工具和 SPSS 数理统计分析工具。研究资料主要来自于各产业强镇提供的统计数据报表、政府工作报告、各类规划资料以及镇志，课题组调研最终形成的调研报告和课题成果，国家住房和城乡建设部村镇建设司乡镇和村庄统计数据资料，各区县政府公布的统计资料和相关信息等。

1.7.1 面上田野调查

按照区位条件、产业类型、城镇规模等因素，选择适当的主导类型案例镇，以田野调查的个案访谈、问卷、座谈等形式为主，辅以统计数据和规划资料等支撑，研判典型产业强镇的空间特征和形成机制。

田野调查主要内容如下。

（1）镇政府座谈：与镇政府主管领导、各分管部门相关人员进行了深度座谈，了解产业强镇发展历程、产业和空间发展现状及特征、发展方向及诉求等，包括城镇发展概况、发展历程、产业现状、空间和土地现状及政策、外来人口治理、事权财权改革情况、公共服务和基础设施建设、智慧城镇、防灾、发展困难和问题、主要发展诉求等多个具体方面。

（2）典型村庄走访：选取典型村庄，主要是镇区内部或周边紧邻的村庄，与村委领导座谈，了解村庄经济发展、宅基地和农房建设、集体土地经营、村庄人居环境整治和美丽乡村建设等方面具体内容。

（3）代表性企业走访：了解企业主要产品、市场份额、行业前景及发展面临的问题、政策诉求、营商环境建议等。

（4）镇代表性地区实地踏勘：根据镇部门访谈，在当地人员陪同下实地踏勘工业镇城镇建设整体风貌、具有代表性的空间和设施等。

（5）问卷发放：选择典型工业镇进行问卷发放，问卷对象包括镇区居民、企业员工、村民，了解乡镇人居环境、设施建设相关情况，受疫情管控影响，问卷采取在线形式，共收到7个案例镇的258份问卷。

1.7.2 历史文献研究

通过系统梳理有关文献材料，理清对某一问题的科学认知和研究方法的历史脉络。本书运用历史文献研究方法，重点讨论了四个问题：一是通过历史文献梳理相关理论和研究，在此基础上构建产业强镇研究的理论基础和逻辑框架；二是通过梳理不同地区产业强镇既有研究的成果，分析我国产业强镇的宏观特征和驱动机制，提炼产业强镇的典型模式；三是基于历史文献梳理产业强镇的发展历程，结合统计年鉴的历史数据，分析我国不同历史阶段的产业强镇发展特点和形成机制；四是通过历史文献研究，梳理和总结产业强镇的发展措施。

1.7.3 影像地类识别

识别空间类型是正确认识空间特征的基础。在产业强镇中，产业和居住空间是重要构成，工业和居住用地空间组织模式、相互影响作用的大小都决定着产业强镇的空间特征。但当前关于产业强镇空间类型的识别，主要有如下途径：①国土部门的土地利用现状图或土地调查数据；②按照国家土地利用分类方法，对遥感影像图进行解译；③根据网络数据、实地调研、规划资料等对影像图进行校正（Peng Gong，et al，2020；李极恒，等，2019）。

但在实际工作中面临如下难题。①解析影像图的地类适度难以满足研究要求。如Peng Gong等（2020）利用2018年10m精度卫星图像、街道图（Open Street Map）、夜间灯光数据、POI（Point of Interest）和社交大数据等，生成了两级分类体系的中国城市土地利用图；图的尺度较小，产业强镇层面两个分类级别都因为精度不足而无法反映空间类型的复杂性，甚至存在较大单块图斑土地利用类型识别错误的情况。②镇级资料的全面性和实效性不足。镇一级现有的资料难以满足复杂的需求，城镇规划等往往较为陈旧，土地现状调查具有滞后性；产业强镇中经常出现的上住下厂、前店后厂等小型企业、工业居住混杂的状态，难以从既有规划和调查等资料中找到充分依据。

因此，本书运用遥感数据和开放式社交数据的结合，通过“人工识别＋多方式校核”的方式，精准识别影像图用地类型。首先，通过 Bigemap 软件获得高清的产业强镇影像图，进行人工初步识别，初步判断图斑地类。然后，结合实地踏勘、百度地图 POI、百度地图街景功能、强镇规划等辅助手段，借助 Arcgis 10.3 进行产业强镇工业、居住、服务等用地分布图绘制和空间组织相关分析，大大提升了对产业强镇土地利用的认知精度。

第2章　理论建构

2.1　逻辑起点

2.1.1　产业强镇具有相似的空间起点

珠三角、苏南和浙江省的乡村工业化具有不同的起点和发展路径。珠三角外向型经济特征显著，珠江西岸具有较好的工商业基础，故选择出口替代的发展路径；而珠江东岸具有毗邻香港特区的先天优势，故以“三来一补”为起点启动乡村工业化（朱文晖，2003）。苏南地区在地方政府的组织和推动下，村集体利用农业剩余积累发展乡镇企业，推动了乡村工业化的兴起。20世纪90年代进入“新苏南模式”阶段后，乡镇集体企业逐步被私营、民营和三资企业所取代（朱文晖，2003）。浙江省的经济主要由内源式动力推动，浙北地区的乡村出现乡（镇）办、村办、家庭办三种乡镇企业所有制类型（黄先海，2008），浙南地区的乡村以个体私营企业、股份制企业等民营经济为主，并与广泛分布的专业市场互动发展（史晋川，等，2008）。

三个地区乡村工业化的起点和发展路径虽然不同，但由于早期的资本主体都利用农村集体土地发展，所以形成相似的空间起点。珠三角的外资和乡镇企业、苏南的乡镇企业、浙江省的乡镇企业和家庭企业，空间上都表现为“村内开发”——企业分布在村域空间、生产和生活空间混杂布局，即“乡镇企业”利用村域内的集体土地进行开发，推动自下而上的乡村工业化进程。

2.1.2　空间特征差异形成于空间生产过程中

城镇空间是城镇物质要素与功能组织在空间上的表现形式，是自然与人工、结构与功能、政策与管理相互作用的结果，其生长与发展是一个具有内在规律的空间生产过程。产业强镇空间生产呈现出很强的生长共性：处于同一发展阶段的城镇，深刻地烙上了鲜明的时代印记，表现出强烈的普遍性特征（陈前虎，2001）；处于不同发展阶段的城镇，空间生产过程具有很强的历史延续性，既继承了上一阶段的空间特征，又表现出新阶段的要素影响。

产业强镇空间特征具有相似空间起点——“村内开发”，当前空间特征的差异，在于各地产业强镇具有不同的经济社会背景，包括土地开发运作、经济转型、政策措施等，从而形成差异化的空间生产路径，进化成不同的空间特征。

2.2 理论基础

2.2.1 空间生产理论

20 世纪 60 年代以来，西方国家进入后工业化社会，资本主导属性由产业资本过渡到金融资本，经济社会运行的内在矛盾带来了城市中心衰败、城市财政危机、城市社会运动等严重的城市危机。20 世纪 70 年代至今，鉴于传统的社会理论重视社会的时间性（历史性）而忽视社会的空间性（庄友刚，2011），部分学者借助马克思主义理论关注形成了空间生产理论，强调资本积累和社会运动、国家干预在城市形成和活动中的重要作用。其主要代表人物有亨利·列斐伏尔（Henri Lefebvre）、卡斯特尔（Manuel Castells）、大卫·哈维（David Harvey）等（高鉴国，2003；张应祥，蔡禾，2006）。

1. 亨利·列斐伏尔的空间生产理论

（1）研究方法

把空间纳入时间和社会。将"空间-时间-社会"三重辩证法，引入社会空间范畴，指出随着人类社会由工业化时代发展到后工业化时代，生产活动已经从"空间中的生产"进化到"空间的生产"（陶文铸，2018），并把城市视为空间、日常生活、资本主义社会关系的再生产三个相关概念的组合（孙施文，2007）。

空间是社会关系的容器。在工业化时代，空间被视为生产活动的容器和"场"。在后工业化时代，空间属性发生了重大转变，据此提出了空间生产理论的核心观点——（社会的）空间是（社会的）产物，将"空间生产"的运行机制呈现为"空间实践（感知空间）""空间表征（想象空间）"与"表征空间（日常生活空间）"三种境况（孙江，2008；孙全胜，2017），分别对应物质空间、精神空间和社会空间三个维度（陶文铸，2018）。

城市空间是生产的对象。城市空间是资本主义生产和消费活动的重要对象，是政府、社会、资本等要素共同作用下空间生产的结果（叶超，等，2011）；空间生产就是空间被开发、设计、使用和改造的全过程，空间生产成为现实利益角逐的产物（吴细玲，2011）。

（2）资本积累

城镇化过程本质上成为一种空间的生产。进入城市社会后，资本积累的途径由工业资本向金融资本转移，曾经的"不动产"被动产化（建筑、金融投机），并居于资本主义的中心地位；制造业也被新支柱产业——建筑行业和休闲业所取代。空间的交换价值替代了使用价值（亨利·列斐伏尔，2012），呈现同质性、支离性、等级性等特征，并被纳入商品生产和资本积累轨道，不断扩大资本的生存空间（高鉴国，2007）。

区分资本循环的第一循环和第二循环。第一循环指资本在生产领域的流通，主要涉及制造业等非空间产品的制造和销售；第二循环指资本在空间领域的流通，是资本对房地产、基础设施等方面的投资（王华桥，2014）。当第一循环因过度积累而导致产生利润减少危机时，第二循环的投资提供了一种暂时的解决方案，并成为城镇发展的重要动力（马克·戈特迪纳，雷·哈奇森，2018）。

资本积累造成空间不平衡。资本主义的生产依赖于对空间的占据和生产，科层化地控制消费、划分中心和外围地区、国家渗透日常生活等手段，有助于实现资本主义的生产目标（吴宁，2008）。空间生产是重要的利益来源，各利益集团为了争夺对空间的生产和占有权利而产生复杂的矛盾和冲突（高鉴国，2007）。随着政治权力机构和商业功能越来越向大城市或城市中心集中，越来越多的日常生活空间被迫向外围地区置换，从而造成外围地区对城市中心的依附性，不发达地区与大城市之间的分化越来越明显（吴宁，2008）。

（3）国家干预

国家权力具有等级性。资本主义国家实现空间生产有三种具体形式，即政治空间生产、社会空间生产和精神空间生产（占有）（高鉴国，2007），国家权力在空间中由于不平衡分布而产生一定的等级性，通过上下组织的中心-边缘关系，国家权力塑造了次级的空间同质化（吴宁，2008）。

国家多形式加强干预。国家要实现对社会的控制，不能单凭自身体系；国家职能需要通过各种形式和子系统来行使，包括教育、医疗和卫生等子系统，时间和空间的组织体系等。政府通过控制想象空间而实现对生活空间的控制，技术手段至关重要，社会关系在经验的尺度上被空间化（Kirsch. S，1995）。

国家权力破坏社会空间。随着资本主义生产关系的全面扩展，其影响逐步渗透到日常生活的各个方面，人们的日常生活面临严重的异化危机（吴宁，2008）；国家权力日益渗透到社会的方方面面，使得空间组织具有很强的政治意图，空间矛盾很大程度上反映的是政治矛盾。国家权力塑造了行政和经济统治的抽象空间，使得社会空间偏离大众的日常生活，造成了社会空间的破坏，国家权力成为日常生活的敌人（高鉴国，2007）。

（4）社会运动

恢复和健全新的“日常生活”是空间生产的重要目标。在传统社会，“日常生活”是人类社会的本来属性。进入现代资本主义后，整个空间逐步服从于资本主义的运作，“日常生活”被商品空间和国家权力所限制和“异化”（高鉴国，2007）。要恢复和健全新的“日常生活”，需要充分践行“城市的权利”和“差异的权利”，对资本主义政治经济关系进行“批判”与反思，从而使新型社会空间实践获得足够的合法性（吴宁，2008）。

推动空间生产关系由资本主义向社会主义转型。由于资本主义通过创造自己空间的方式实现自身再生产，所以只有通过一种包含空间成分的政治实践，将社会运动与空间剥夺相联系时，空间政治经济关系的转变才可能实现（高鉴国，2007）。列斐伏尔把自治原则作为空间生产的重要目标，即反对资本主义政治经济关系和“国家社会主义”控制居民的日常生活空间，摆脱技术和消费对日常生活空间的异化（高鉴国，2007；张佳，2020）。

2. 资本积累研究进展

（1）资本的城镇化理论

大卫·哈维指出，城镇化是资本积累的重要形式，构成资本主义再生产的基本条件（刘怀玉，2017；David Harvey，1973）；资本主义城镇化的主要动力是资本积累，是资本家受利益驱使的产物（魏开，许学强，2009；David Harvey，1989）。资本主义城镇化和资本积累过程中仍有尖锐的矛盾，资本主义社会必然要按照自己的设想创造一种物质景观（David Harvey，1985）。

城市建构环境是按照资本的生产目标，生产和创建的人文物质景观。大卫·哈维以此提出了“资本三重循环”模型（图 2-1），从工业生产、城市建设和科技与社会投入三个层面解释空间生产现象（魏开，许学强，2009）。其中，第一资本循环是指资本用于普通商品生产，第二资本循环是指资本用于固定资产和消费基金项目，第三资本循环包括科学和技术投入、教育卫生等改善劳动力素质投入和意识形态、军队等镇压力量投入三个方面（肖长耀，2009；大卫·哈维，2017）。第一资本循环着眼于成本，常常选址于有着廉价住房的地方；第二资本循环着眼于高租金的城市地区，常常拒绝向较贫困的地区投资。其中，空间消费的概念和占有的实践构成当今城镇空间生产理论化的两种范式实践（Marasco，Matteo，2013）。

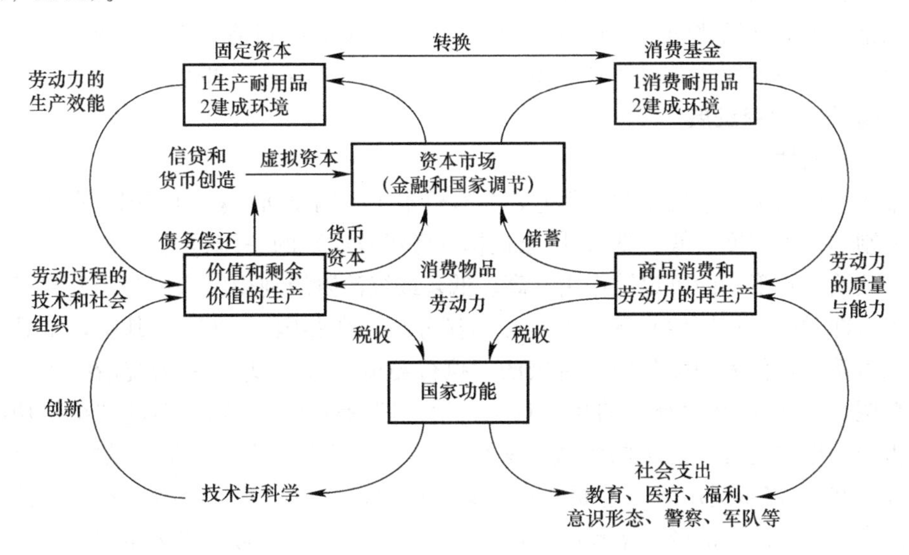

图 2-1　第一、第二和第三资本循环的关系结构

（2）地理不平衡理论

大卫·哈维的地理不平衡理论。由于技术进步和市场竞争，“时空压缩”“弹性积累”和资本全球化构成资本全球性空间生产的基本逻辑（郑国，2017）。受先天和后天要素共同作用的影响，地理不平衡成为资本全球性空间生产的基本逻辑。其中，“空间规模生产”和“地理差异生产”共同构成了资本主义空间生产的先天要素；通过“时空压缩”与“时空修复”的双重手段在世界范围内进行规模更为庞大的资本流通和资本积累，构成了资本主义空间生产的后天要素。两者共同造成地理不均衡现象进一步恶化（吕明洁，2020；刘鹏飞，2017）。从而，资本主义形成中心、半边缘和边缘三个地带的全球系统和类似于核心与边缘的分工关系的城乡系统（David Harvey，1989）。地理（空间）扩张、地理（空间）转移和地理（空间）重组是三位一体的综合系统，将不平衡地理发展作为运动中轴（付清宋，2015）。

沃勒斯坦的世界体系理论。该理论于 20 世纪 70 年代由美国学者沃勒斯坦提出，认为世界体系是资本主义生产内在逻辑充分展开的结果，资本主义的延续性质是由它的深层社会经济结构的基本因果联系所决定，并规定世界面貌的形成。在资本主义世界经济体中，“一体化”与“不平等”是两个最主要的特征，经济、政治、文化等领域都存在“中心-半边缘-边缘”的层级结构。其中，“中心”拥有生产和交换的双重优势，对“半边缘”和“边缘”进行经济剥削；“半边缘”既受“中心”的剥削，又反过来剥削更落后的“边缘”；而“边缘”则受到前两者的双重剥削（赵可金，2021；杨林静，2021）。

新城市理论的“国际劳动分工”。美国新城市理论的代表人物乔·R·费金和迈克尔·

史密斯指出，国际贸易主体由具有不同国际归属的中型公司转变为跨国公司，贸易形式由跨国中型公司之间的国际贸易，转变为跨国公司在许多国家进行巨额投资和相互之间开展的国际贸易，或由跨国公司的子公司与其他大公司在世界各地区和城市的组织系统进行的贸易（Feagin，Joe R，1998），改变了过去不发达国家生产原料而发达国家生产制造品的“旧式”国际分工。

英国学者梅西的“劳动的空间分工”。由于现代生产技术的改进，制造业所需要的技能水平大幅度下降（洪北嶼，2018），某些产业部门或生产制造品在特定地理区域集中，劳动力变得具有地方性和专用性（Mike Savage，Alan Warde，1993）。

3. 国家干预研究进展

（1）国家属性

城市政治机构是国家机器的一部分，具有资本主义国家所发挥的作用，在国家不受统治阶级控制的自主程度（低、高）、国家机构（各级政府）的一体程度（高、低）、外部力量对城市政治（政策）的决定性作用（高、低）或统治阶级利用国家服务于其自身利益的方式特点（即时性、长期性）等方面存在明显分歧（高鉴国，2007）。其中，工具主义认为，国家本质上是代表和服务资产阶级的“执行委员会”，将政府视为统治阶级的一种工具（洪燕妮，2019）。普兰查斯的相对自主（治）理论认为，国家机器的“结构功能”既服务于占统治地位的资产阶级的利益，又相对独立于资产阶级的“结构功能”（杨怡雯，2021）。法国学者洛基运用国家垄断资本主义理论进行分析，认为垄断资本完全控制生产部门和国家机构，国家的经济干预由于资本主义生产利润率下降而更为重要，国家主要代表和保护资本主义现阶段垄断资本的利益（Kieran McKeown，1987）。

（2）地方国家（政府）

增长机器理论。美国学者哈维·莫洛奇将资本主义城市称为一种增长机器，认为城市实际上是由商业、政治和专业经营控制的机器；这些占人口少数的经营者在城市增长中养肥了自己，而不是给其他社会阶层带来真正的利益（马克·戈特迪纳，雷·哈奇森，2018）。

地方国家理论。英国学者科伯恩的著作《地方国家》，提出地方政府除了负责地方民众的需求之外，非常注重维护整个资本主义制度的合法化；地方政府机构从性质上还是“资本主义国家”的“地方国家”（否认完全的地方自决或自治），从属于服从“资本整体利益”的“资本主义国家”（否定任何独立于资本的国家或政府自治），而不是维护地方性统治阶级的利益（高鉴国，2007）。

（3）国家干预方式

结构主义认为国家干预资本主义空间生产主要有三种方式，即国家提供“集体消费”、国家投资基础设施项目和国家介入城市土地利用开发（高鉴国，2007）。大卫·哈维在资本三次循环模型中提出，金融体制和国家干预体制的建立与完善是第二资本循环的重要前提（大卫·哈维，2017）。卡斯泰尔认为，城市是维持劳动再生产的平台。国家通过区划法规、金融刺激和集体消费等手段进行干预，但国家干预有两个局限性：第一，国家不能改变所有关系；第二，不能直接干预生产过程。在相当程度上改变了私有财产权利的不可侵犯性（高鉴国，2003）。奥康纳揭示了资本主义通过社会投资、社会消费和社会开支所履行的干预职能（刘守刚，2020）。

曼纽尔·卡斯特尔的集体消费理论。当经济发展到发达资本主义阶段，生产和交换在城市功能中的地位下降，而消费功能的重要性不断上升，深度影响劳动再生产的集体消费作用尤其突出。作为一种空间组织形式，城市引导人口围绕服务设施集中布局，降低劳动力再生产的成本，成为集体消费最有效、最方便的空间载体（肖长耀，2009）。集体消费具有投资大、回报慢的特点，私人资本往往无力或不愿投资这类产品。因此，政府往往采用各类行政、金融、税收等措施鼓励私人投资，或与资本共同生产各类集体消费品，从而深度介入集体消费的生产和供给，使得集体消费项目高度政治化。因此，集体消费既发挥了国家的规范引导作用，又体现了国家的主体责任（高鉴国，2007；陶文铸，2018）。

国家投资基础设施项目。该干预方式有助于降低生产成本，直接或间接地促进了资本主义生产，供水排水设施、道路、电力等可视为国家补贴私人公司成本的例子（孙允铖，2014）。

城市规划。城市规划是国家干预资本主义空间生产的重要方式之一，反映了资产阶级整体利益而不是个别资本家的利益，兼顾社会整体利益（高鉴国，2003）；作为一种意识形态是对社会问题和社会改革的特殊反映，是对推动资本主义发展的经济和社会矛盾的调节（高鉴国，2007）。大卫·哈维认为，土地商品具有位置的不可移动性和使用上的公共性两个属性，需要通过城市规划的调整来保持土地的价值和使用价值，协调不同社会和集团的利益冲突，消除垄断空间资源所带来的地理竞争（高鉴国，2003；Harvey David，1985）。法国学者弗兰克斯·拉马切将整个城市规划/国家干预与流通领域以及生产一种“促进资本、商品、信息循环的空间组织”的需要联系在一起，城市规划是“房产资本”集团目标和活动的补充和扩展（Foglesong，Richard E，1986）。法国学者洛基肯提出，大量政府城市开支集中在城市区中心或大的工业联合企业，逐渐被垄断集团占有，而被忽视用于劳动力再生产的支出，国家城市政策的结果是“基本生产条件的离散化分布”（McKeown，Kieran，1987）。但是，国家干预存在两个局限，即国家不能改变所有关系，也不能对生产进行直接干预（高鉴国，2003）。

进一步拓展内涵，国家干预空间生产主要有三种方式，即开发制度、空间政策、公共工程。其中，开发制度主要确定国家干预的约束性规则，包括土地制度、经济产权、金融制度等方面。空间政策体现了各级政府的空间开发意图，包括宏观区域政策、微观城镇规划、行政区划调整等。公共工程反映在公共服务（集体消费）、大型设施、建设工程等方面。

4. 社会运动研究进展

（1）大卫·哈维：侧重于劳资矛盾

大卫·哈维指出，资本和劳工之间的权力关系是基本的社会关系，是构成社会阶级结构的主要动力因素。现代城市生活的重要特点是工作地点与居住地点的分离，由于劳动分工和岗位专业化的演变，社会群体分化为无产阶级和资产阶级两大阶层，并呈现出两种典型的政治地理现象，即社区阶级利益为代表的地域分化和城市阶级同盟为代表的行业分化（David Harvey，1985）。由于缺乏足够的共同利益，在资本主义城市中存在社区阶级关系与工场阶级关系相互对立的奇怪现象（David Harvey，1985）。

（2）卡斯泰尔：侧重于消费矛盾

卡斯泰尔指出，在发达资本主义城市中，集体消费取代生产过程成为城市的主要功能，社会运动的主要领域由生产转向消费、由工厂转向社区。为消除集体消费的限制和不公平，城市居民进行了不懈的抗争，并深刻影响了集体消费的提供模式（高鉴国，2007）。

（3）戴维·戈登：企业选址理论

资本家为工厂选择的区位不但受到经济需求的影响，而且受到迁移他们的工人离开工会组织地区这个愿望的影响（章晶晶，2012），企业的所有者偏向选址于工人缺乏战斗精神的地方。

（4）Kevin R. Cox 和 R. J. Johnston："地盘"政治

空间生产既是资本主义生存和发展的重要条件（吴宁，2008），又包含着资本主义基本矛盾和社会冲突。生产关系中的权力关系通过对生活空间的不同占有和使用水平而表现出来，现代城市条件下的社会运动不仅表现在工作地点（工厂、办公室）的竞争，也表现在城市空间利用的竞争；地方居民组织的围绕邻里或社区利益而对市政当局的抗议活动（即"地盘"政治），即是一种典型的空间冲突，且具有阶级特征（Kevin R. Cox, R. J. Johnston，1982）。

5. 其他领域研究进展

苏贾"第三空间"。苏贾试图打破真实空间和想象空间的二元论框架，将社会空间视为反抗统治秩序的"第三空间"（陶文铸，2018）；空间辩证法可理解为三个基本方面，即社会关系中的事件通过空间而形成、社会关系中的事件受到空间的限制、社会关系中的事件受到空间的调解（庄友刚，2011）。社会生活既是空间性的生产者，又是空间性的产物，资本、权力和阶级等政治经济力量共同塑造了城市空间问题（李凌月，等，2022）。

米歇尔·福柯权力实践。米歇尔·福柯（Michel Foucault）以微观空间和个体关系为研究重点，重点关注权力发挥作用的方式和在空间中的实践。空间是权力运作的基础，或者说是权力的容器（何雪松，2005），权力主要通过特殊化、风险化和知识化取得干预的合法性，而又通过监视、照料或隔离等手段确保对异端的治理（王丰龙，刘云刚，2017）。

吉登斯权力控制辩证法。吉登斯从时空角度关注权力与资源的紧密关系，提出控制辩证法的基本逻辑，指出在实现特定目标的过程中，权力通过实践途径获得不断的再生产，配置性和权威性两类资源对这一实践过程起到举足轻重的作用（陶文铸，2018）。

布迪厄权力空间论。布迪厄将"社会空间"与资本和阶级联系起来（陶文铸，2018），认为社会空间在本质上就是权力空间，这种权力空间形成了具有约束力的场域，可以影响资本的可进入性和流动性（司亮，钟玉姣，2018）。

6. 国内相关研究进展

自20世纪90年代以来，中国城镇空间发生重大变化，动力机制趋向多元化，资本、权力、阶级等政治经济要素在重塑城市空间的过程中成为关键性要素。虽然空间生产理论是基于西方社会的经验提出的，但该理论在中国也有一定的适应性，我国学者结合中国国情开展一系列研究。

经济发展角度。应从"全球化"的视角对资本主义逻辑进行研究（王秋艳，汪斌峰，2019），在全球性尺度上重构地理空间和开拓虚拟空间客观上加速了资本化进程，实施社会主义制度成为去空间资本化的现实路径（熊小果，李建强，2016）；20世纪70年代以来，新自由主义引导了各国的改革方向，重构了全球空间体系，深度改善了资本积累的空间条件，并加强了上层阶级和商业精英的经济力量（孙江，2012）。中国经过20世纪80年代经济资本化、90年代中后期资本空间化，2000年以后进入空间资本化阶段、推动城镇化加速阶段（陈建华，2018），在空间资本化、消费化和景象化的趋势下（孙全胜，2017），城镇化风格先后经历了工业塑城和资本塑城两个时期（胡博成，等，2019）。乡村投资应着眼于消除区域发展两极分化、抵制资本纯粹追逐利润的项目（周尚意，许伟麟，2018），市场资本介入乡村倾向于构建符合自身需求的新空间形态（杨洁莹，等，2020）。

社会运动角度。空间生产的市场化趋势在客观上有促进经济发展和社会进步的一面，也造成了众多社会矛盾和问题（庄友刚，2017；陈建华，2018），主要有空间不均衡（吴细玲，等，2011）、社会贫困（王红阳等，2017）、社会排斥（刘铭秋，2020）等。市场资本介入乡村重构社会关系网络，并逐步将村民主体排挤出乡村决策体系，导致乡村空间非正义等冲突越来越严重（杨洁莹，等，2020）。由于不同的生产目的和资本配置机制，在政府、企业和个人等多元利益主体实现各自增值效应的同时，形成与之相应的城镇化发展特征（冀福俊，宋立，2017）。城市户外广告媒体（谢加封，沈文星，2012）、故宫紫禁书院（王宇彤，等，2020）等研究，阐述了后消费时代政府、市民、资本之间的利益博弈。

政府行为角度。由于我国政府在经济社会发展中的积极作用，各类新城新区主要体现了权力意志。政府权力的演变对新城发展的重点、方向和时序产生深远的影响，也带来新城空间的无序拓展（包蓉，等，2015）。国家级新区反映了政府选择产业空间的行政偏好，反映了为深度融入全球经济体系，国家在城市-区域尺度上构建的空间组织（殷洁，等，2018）。飞地经济被视为国家空间重构中的另一种空间手段，同其他空间或非空间政策相衔接，引导区域发展格局（李鲁奇，等，2019）。上海世博园从权力博弈、资本运作和招商引资三个维度，体现了各级政府及其平台企业在资本积累中的角色和互动（李凌月，等，2022）。

总体而言，我国城市现代性的空间实践体现了资本、权力和社会互动下的城市现代性与空间生产逻辑（潘泽泉，等，2019）。相对于资本主义国家的城镇化，中国资本空间生产逻辑主导的城镇化过程更为复杂、更具国情特色，充分体现了政府、资本与空间三种要素相互交织的结果（冀福俊，等，2017）。权力、资本、社会三种力量在不同层级的城市空间呈现出不同的博弈关系，体现了不同的发展模式（王佃利，等，2017），如南京高新区转型过程中，权力和资本对空间的生产起到了决定性作用，社会理论影响较小（梁晶，等，2014）。

7. 小结

（1）空间生产理论已形成清晰研究脉络

随着全球化、城市化的不断深度发展，资本主义生产关系深刻反映在城乡空间的方方面面。列斐伏尔突破传统社会研究缺乏空间维度的不足，引入空间辩证法重新解读了资本主义空间矛盾，进一步拓展了资本积累、政府干预、社会运动为主的三个研究领域。在此基础上，大卫·哈维、卡斯泰尔、福柯等以空间的思维重新审视城市的发展，对资本、权力、社会和空间的互动展开了深入的探讨，为空间理论的发展开辟了新的道路（图 2-2）。

（2）空间生产理论的应用需要一个中国化过程

当前，我国整体上处于工业化阶段，部分发达城市进入后工业化阶段。基于西方社会经验提出的空间生产理论，作为一般性原理对中国也有较强的指导性；但由于社会背景的差异性，其具体应用必然需要充分考虑我国的具体情境。

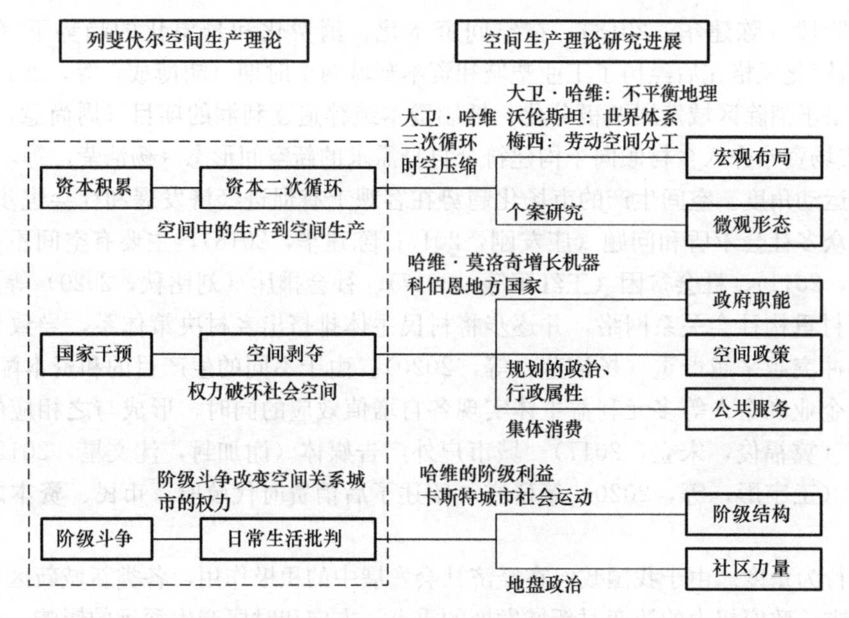

图 2-2　空间生产理论研究脉络

2.2.2　新兴古典城镇化理论

1. 新兴古典城镇化理论概述

20 世纪 80 年代以来，以澳大利亚莫纳什大学华裔经济学家杨小凯为代表的经济学家采用超边际分析法，将古典经济学中分工和专业化的思想形式化，创造性地开创了新兴古典经济学。不同于新古典经济学聚焦于稀缺资源的最优配置，新兴古典经济学聚焦于技术与经济组织的互动关系及其演进过程（张志敏，何爱平，2013）。新兴古典城镇化理论对城市出现和分工具有更强的解释力，其层级结构模型对城市规模和分工水平关系的解读极具洞察力。

农业生产力的提高带来了更多的剩余产品，大量的产品交换提高了市场交易效率，市场交易逐步从过去的自给自足演化到局部分工状态，分工水平的提升使农业和工业均呈现出半专业化状态。非农职业者居住在一起可以节约相互之间的交易费用，城市由此而产生。城市居民相对于农村居民在空间分布上更为集中，从而使得交易效率和分工水平提高，这是提高城乡之间生产效率和产业分工水平的重要原因，也是造成城乡差别的内在动力。在充分竞争的市场经济环境下，由于城乡之间人员自由地迁居、择业等，城乡居民的空间分布更符合资源禀赋，从而带来真实收入的均等化。但必须看到，并非所有集中交易都有利于节约交易费用，分工水平对节约交易费用的影响很大。一般来说，分工水平越高，集中交易的成本越低。

由于交易效率和成本更多取决于分工水平，而非城市规模，所以分层城市结构在市场机制的作用下可以自发达到最优状态。分工水平越高贸易品越多，部分贸易品适合就地交易，而部分贸易品适宜集中交易，有利于实现不同类型贸易品在交易效率与交易费用之间的平衡。可把城市分为几个层次，就近交易发生在附近的小镇，与邻省交易主要发生在中等城市，而与邻国交易主要发生在大城市（杨小凯、张永生，2000）。

2. 新兴古典城镇化理论启示

产业强镇的出现可视为区域层面产业高度分工的结果，产业强镇多是市场自发的产物，难以简单地通过行政力量培育而成。产业强镇的发展有两个可能的方向，即向外扩张或内部升级。向外扩张意味着通过扩大市场规模，争取广阔的资源边界；内部升级强调通过知识积累和制度创新，推动体制内分工不断演进，突破城镇化过程中资源边界的瓶颈（缪军，2003）。

新兴古典城镇化理论虽然强调市场的自发调节作用，但并不排斥政府积极的调控功能。当前城乡人员之间的流动障碍是我国城镇化的重要瓶颈，未来应加强城乡人员的统一管理，消除城乡户籍的社会福利效应，消除针对流动人口的各类政策性和社会性歧视。同时，应加强城乡规划的积极引导作用，优化工业、商业、居住等不同功能的空间分区，协调新老城区的功能和关系，应对流动人口带来的管理压力，加强城市的环境保护等。

2.2.3　制度变迁理论

1. 制度变迁理论概述

长期以来，对于经济增长进行解释主要从劳动力、资本、技术、人力资本等各种生产要素入手。但长期经济史研究表明，经济的持续发展需要一个健康的制度环境。20 世纪 70 年代，道格拉斯·诺思在新经济史学的研究中引入制度因素，把经济增长解释推到一个新的高度。制度因素又包括正式制度（如法律、规划）和非正式制度（如文化、宗教），正式制度、非正式制度及其实施共同界定了经济社会的激励结构。围绕交易成本，新制度经济学家深入研究了企业起源、产业组织和外部性等问题，试图建立一种能对生产的制度结构的决定性因素进行分析的理论（邹薇，庄子银，1995）。

制度变迁是制度供给主体通过追求变迁红利的一个理性行为。制度变迁受各种客观条件的制约，只有变迁收益大于变迁成本时，制度的替代、转换与交易过程才可能完成（陈艳文，2007）。道格拉斯·诺思通过分析技术演变中的自我强化现象的形成机制，认为决定制度变迁路径的力量来自不完全市场和报酬递增两个方面，从而提出了制度变迁的路径依赖问题。

根据不同的标准，制度变迁方式可进行不同的分类。根据制度变迁速度可分为渐进式与突进式制度变迁，根据制度变迁主体可分为诱致性与强制性制度变迁（黄继坤，2010；袁庆明，2014），这是目前影响较大的一种分类。其中，诱致性制度变迁是指由于约束条件的变化，制度变迁主体根据获利机会自发推动现行制度的转变，形成新的制度安排（陈艳文，2007；林毅夫，1991）；强制性制度变迁是由政府命令和法律引入和实现的制度变迁，可以纯粹因在不同选民集团之间对现有收入进行再分配或重新分配资源而发生（陈艳文，2007）。在社会实际生活中，诱致性与强制性制度变迁难以清楚区分，从不同方向影响着制度变迁过程。

制度变迁把成本与收益之比作为重要的考量因素，只有当预期收益大于预期成本时，行为主体才会推动制度演进直至最终实现制度变迁（黄继坤，2010）。要素和产品相对价格的变动、技术进步、其他制度安排的变迁、市场规模、偏好的变化和偶然事件等因素，均可能影响制度变迁需求。先发秩序和规范性行为准则、制度设计的成本和实施新安排的预期成本、科学进展带来的制度选择及改变、上层决策者的净利益等因素，则不同程度上影响制度变迁供给（高中亚，2012）。

通常，制度变迁过程主要存在以下三种现象，即时滞、路径依赖和连锁效应。①时滞。由于认知和组织、发明、菜单选择、启动四部分的时滞，从认知制度非均衡、发现潜在利润的存在到实际发生制度变迁之间存在一个较长的时期和过程，造成制度变迁过程中的时滞现象（黄继坤，2010；袁庆明，2014）。②路径依赖。长期的制度传统是当前选择的重要依据。一种发展路径一旦建立起来，往往形成制度的报酬递增作用，部分与现有制度共生的利益集团会加强而不是改变现有制度，从而使得发展路径难以改变（卢现祥，2003）。③连锁效应。制度变迁都会存在某些外部性，同时它也受到其他制度变迁的外部性的影响。这种制度之间的相互关系形成“制度连锁”的机制，制度连锁又分为前向连锁和后向连锁两类（王飞，2008）。

2. 制度变迁理论启示

引导诱致性制度变迁与强制性制度变迁良性互动。强制性制度变迁重视制度创新中的精英式人物的设计，具有“自上而下”的强制性，能相对快速地推进制度变迁，还能通过强制执行来降低制度变迁成本，可以弥补制度供给不足；但往往忽视了制度创新中的自然演化力量，很容易形成既得利益集团。诱致性制度变迁强调“自下而上”的个人选择和民间力量的推动作用，优点是遵循一致性同意原则和经济原则，人们一般都能自觉遵守；缺点是由于路径依赖而降低效率，易出现“搭便车”、外部效应以及寻租等现象。

充分认识制度变迁过程中的路径依赖问题。识别不同行为主体在改革中的地位和作用以及“自上而下”和“自下而上”的地位和作用，对指导中国改革具有重要价值。制度变迁理论主要是围绕解释西方世界的兴起而展开的，由于中国和西方历史的差异，其在中国的适用具有一定的局限性（魏崇辉，王岩，2009）。虽然市场化改革已被实践证明是正确的，但也必须直面“路径依赖”问题。

2.2.4 产业组织理论

1. 产业组织理论概述

产业组织理论主要研究市场结构、市场行为与市场绩效（朱焕，2004），是西方产业经济学的核心理论。西方产业组织理论体系中的经典理论流派包括：20 世纪 30 年代哈佛学派所创立的现代产业组织理论的三个基本范畴，即市场结构、市场行为、市场绩效（SCP 范式）（刘传江，李雪，2001；胡志刚，2011）；20 世纪 70 年代开始芝加哥学派、新制度学派等研究学者提出的新产业组织理论，强调企业行为对市场结构的反作用和经济绩效对企业行为进而对市场结构的影响（牛丽贤，张寿庭，2010；王忠宏，2003）；至 20 世纪 80 年代中后期，新制度产业经济学创立，将研究重点深入企业内部，研究企业内部产权结构和组织结构的变化（牛丽贤，张寿庭，2010），为研究企业行为提供了新的理论视角。

除微观研究外，英国古典经济学家马歇尔（Alfred Marshall）所提出的产业集聚理论开创了产业组织理论向空间维度的拓展，由此诞生出了众多经典的产业集聚理论，如工业区位理论、增长极理论、新经济地理学理论等（江金启，等，2015）。产业集聚理论的核心观点是，同一产业内的关联企业、不同类型生产活动在一定区域的集聚，会通过地方化和城市化效应带来递增规模收益，进而强化这一产业向该区域的集聚（江金启，等，

2015），某种程度上可以理解为地区的产业专业化。而关于形成产业集聚的动因，国外经济学者们已进行了大量的学术争鸣，具有代表性的研究观点有美国经济学家波特的企业竞争角度（陆淳鸿，2007），克鲁格曼（krugman）的产业政策影响产业集聚观点（胡健，董春诗，2012）等。除此之外，新近研究开始从合作中的竞争（Stamer，2002）、创新环境（李丹，2019）、创新活动和网络（周灿，等，2019；李俊峰，等，2021）等视角来分析产业集群。国内相关领域的重要学者例如王缉慈和童昕（2001）结合经济全球化与本地竞争优势，提出企业集群与区域发展的关系；梁琦（2004）从三个层面解释了产业集聚过程的内在规律。

随着产业集聚理论在国内的发展，大量研究尝试以相关理论来剖析我国的产业集聚案例，如浙江省的“块状经济”，广东省、浙江省和江苏省的“一镇一品”，以及专业化的工业园区等，均成为重要的研究对象。值得注意的是，浙江省提出的“特色小镇”也是基于某一特定产业门类的产业集聚推动区域经济发展的具体实践（卫龙宝，史新杰，2016）。产业组织与产业集聚理论为理解产业分工和布局提供了重要的理论基础，然而大多数研究囿于区域经济学的视角，仅关注到了产业（企业）集聚的规模、经济效益、产业联系等，尚未拓展到产业集聚的微观空间特征，较少研究产业集聚与整个城镇空间的互动关系。从研究对象上来看，区域（省、流域地区）的研究居多，而具体到以市县乡镇为单元的研究仍少见。

2. 产业组织理论启示

产业集群的组织形式与演进趋势对城镇空间组织具有很大影响。产业组织存在两个层面的演进，一是企业内部的市场集中，二是企业之间的空间集聚（杜传忠，2009），进而分别影响城镇空间规模和组织形态。企业空间集聚相对于纵向一体化的产业组织形式，更有利于降低空间性交易成本，推动产业组织空间形态的变迁（鲍伶俐，2010），进而影响城镇空间组织。而区域层面的产业集群网络，有利于深化产业分工、放大创新效应，创造一种具有生产效率和创新效应的经济空间组织模式（余斌，等，2007）。

2.3　理论构建

2.3.1　中国产业强镇空间生产的三大动力要素

我国的经济社会背景和发展阶段与西方均有所不同，随着经济快速增长和公众的社会参与意识越来越强，产业强镇空间生产的动力机制呈现显著的中国特色。政府行为的方式由传统的单向的管理走向多向的治理，这对政府行为的内容和方式提出了更高的要求。各地区社会利益群体权利结构不同，在产业强镇层面主要表现为农村社区对土地发展权的争夺。经济转型是产业强镇空间生产的内在驱动力，支撑着产业经济与城镇空间的联动发展。因此，在中国的环境下，产业强镇空间生产呈现出“国家治理-社区权利-经济转型”三大动力要素。

在国家治理方面，产业强镇层面表现为权力末端的政策落实和灵活处理。乡镇政府位于国家权力体系的末端，上级政府的政策意图必须给予充分落实；在不违背上级意图的前提下，乡镇政府可以灵活地争取地方利益。产业强镇干预空间生产有两个显著特征：①治理方式的逻辑多变性。由于乡镇政府和上级政府的行政关系没有政治和法律保障，因此乡镇政府干预产业强镇空间生产的方式必然随着上级的意图而变，甚至发生干预逻辑的转变。②获取发展资源的有限性。以建设用地为代表的发展要素是产业强镇的重要保障，但其指标按照行政级别每年统一分配、逐级下发，导致产业强镇获得的新增资源严重不足，在总量锁定的背景下获得增量指标的可能性越来越小。

在社区权利方面，产业强镇层面表现为农村社区获得集体土地的开发利益。由于长期以来“强政府、弱社会”的传统，我国各地均缺乏强大的社会自治组织，即在产业强镇空间生产方面较少呈现出马克思主义意义上的“社会运动”。在城乡二元土地制度下，产业强镇呈现城乡结合的社会属性，土地开发涉及所属的农村社区。即使在政府拥有土地管理权和征地权的前提下，其进行土地开发仍必须获得农村社区的支持；农村社区作为集体土地的所有者，拥有或多或少的集体土地发展权。在乡镇层面，利益群体的斗争实际上表现为“地盘政治”的特征，即农村社区通过斗争获得集体土地开发利益。

在经济转型方面，产业强镇层面表现为地方性的产业经济结构变迁。空间生产理论诞生于20世纪60年代，西方国家进入后工业化社会，资本主导属性由产业资本为主过渡到金融资本为主。我国虽已进入工业化后期，但产业强镇工业化发展阶段明显晚于中心城市，因而资本形态表现为产业资本为主、金融资本为辅，而非西方社会背景下以金融资本为主。不同于城市围绕居住和集体消费的空间组织机制，产业强镇的空间组织围绕产业经济开展。因此，经济转型在产业强镇层面表现为地方性的产业经济结构变迁，推动城镇空间沿着与之相适应的路径来演进。

2.3.2 引入土地开发运作作为解释框架的新要素

产业强镇空间生产是多重要素共同作用的结果，其中国家治理、社区权利、经济转型是最为重要的三个要素。以往关于空间特征形成机制的研究，侧重于影响因素直接作用于空间对象；但影响要素发挥作用不是在“真空”环境中，而是需要借助一定的社会结构。吉登斯认为，社会结构是行动的中介，对行动具有使动性和制约性；另一方面行动对于结构也具有调节或重塑作用（黄辉祥，刘骁，2021）。土地开发运作是正式制度和非正式制度共同作用的结果。一方面，正式制度是政府治理的重要内容，是国家干预空间生产的政策工具，反映了上级政府对下级政府和地方政府的土地开发的管控意图。另一方面，非正式制度在不同地区广泛存在，又各不相同，适应并修正正式制度的作用机制。正式制度（例如法律）、非正式制度（例如习俗、宗教等）以及它们的实施，共同界定了社会的尤其是经济的激励结构（吕日，2006），使得不同社会治理共同体呈现不同的“结构”与“行动”的互动关系。

在不同的经济社会情境下，正式制度和地方性的非正式制度融合，从而形成地方性规则。由于我国幅员辽阔，各地区之间政治、经济、社会等情况差异较大，故在国家统一的宏观土地开发运作之下，对于嵌入到地方社会、实际运行的土地开发运作，必然会作出适应性修正。随着发展背景和阶段性任务的变迁，国家的土地开发运作也处于持续的演化过程中。因此，土地开发运作规则呈现出很强的动态性和空间性。

2.3.3 构建产业强镇空间组织机制的四要素解释框架

在我国的经济社会情境下，产业强镇空间生产呈现出“国家治理-社区权利-经济转型”

三大动力要素。同时，快速的经济发展和政策适应性变迁，使得土地开发运作具有动态性。引入土地开发运作，作为影响空间生产的第四要素。最终，构建产业强镇空间生产和组织机制的“国家治理-社区权利-经济转型-土地开发运作”的四要素解释框架（图 2-3）。

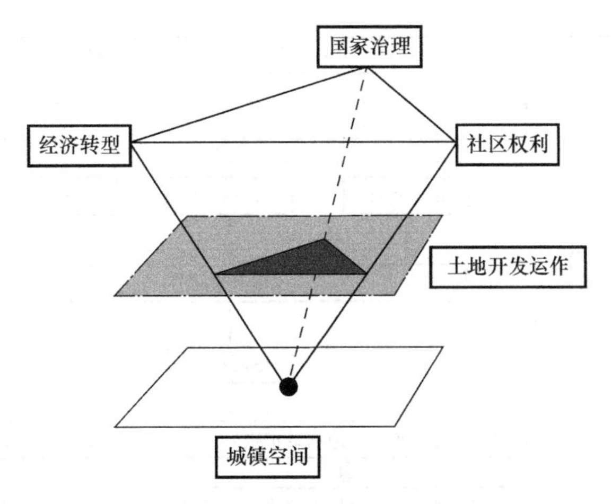

图 2-3　产业强镇空间组织机制的四大解释要素

2.4　逻辑框架

2.4.1　研究思路

城镇空间首先是一种物质空间，同时又承载着一定的社会关系，反映了当前社会的生产关系。产业强镇空间生产的表象是城镇功能不断重构的空间，其本质也是社会生产关系的变迁。产业强镇空间生产实质是权力主导、资本参与和社会建构三方面相互影响和作用的过程。产业强镇空间生产是一个持续的过程，随着社会生产关系的变迁，空间生产路径呈现两种情况。第一种情况是社会生产关系相对稳定，空间生产呈现路径依赖，可称为空间生产。第二种情况是社会生产关系出现大的变化，导致空间生产呈现路径重构，可称为空间再生产。

国家治理、社区权利和经济转型三个动力要素通过土地开发运作，共同塑造产业强镇的空间特征。土地开发运作作用机制具有明显的阶段性，必然导致城镇空间扩张呈现很强的阶段性。国家治理、社区权利和经济转型要素具有不同的空间属性，作用于阶段性的土地开发机制，必然造成不同时空属性下的产业强镇具有不同的空间特征和组织机制。

因此，本书立足土地开发运作的阶段性，界定产业强镇空间生产过程和国家治理、社区权利和经济转型三要素发挥作用的阶段。首先，分析产业强镇空间形态生产过程和阶段性空间特征。其次，采用对比分析方法，阐释产业强镇空间特征的区域差异。最后，从时空双重维度，分析不同情境下，国家治理、社区权利和经济转型发挥不同作用所塑造的产业强镇空间生产特征和空间组织机制。

2.4.2　技术路线

不论处于哪个区域，起步较早的产业强镇均具有相似的空间起点，即生产和生活功能的空间混杂。但在空间产生过程中，不同阶段土地开发逻辑有所不同，不同地区国家治理、社区权利、经济转型三要素又有所不同，从而导致各地产业强镇的空间生产路径发生分化，呈现出多样化的空间特征和组织机制（图 2-4）。

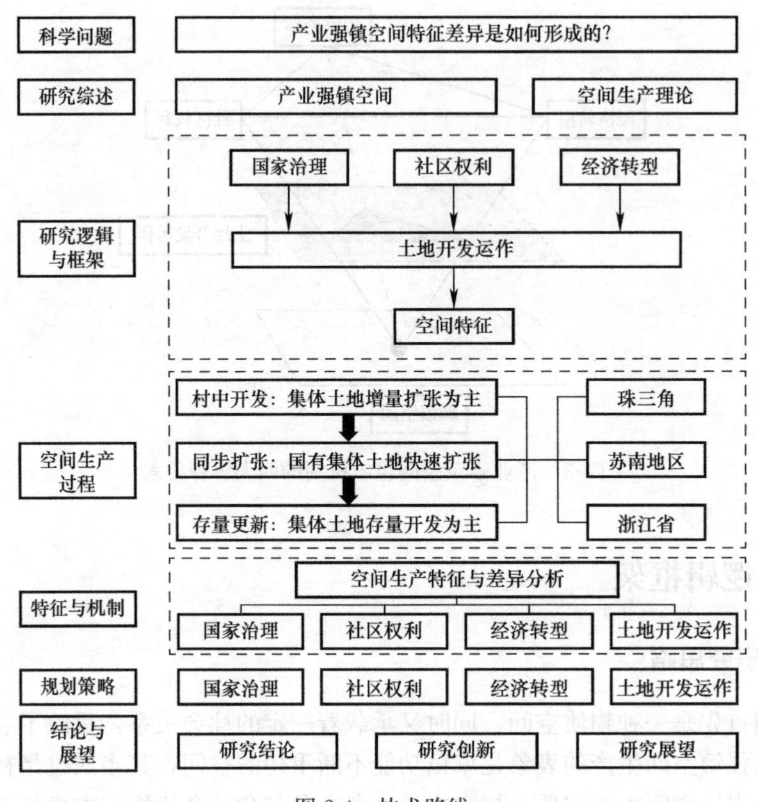

图 2-4 技术路线

首先，对三大区域产业强镇的空间生产过程进行梳理，精准把握各地产业强镇的空间生产路径，为分析空间生产特征和组织机制奠定历史基础。

其次，在宏观认识产业区空间特征的基础上，从不同维度对产业强镇空间特征及其地区差异进行比较研究，并判断典型地区中的“特例”，以深度解读产业强镇空间生产特征在不同情境下的差异性。

最后，分别从国家治理、社区权利、经济转型角度探索产业强镇的空间生产特征和空间组织机制，探析空间特征在不同维度下差异的解释机制，并据此提出城镇空间优化策略。

2.5 本书的结构

第 1 章，绪论。介绍本书的研究背景，总结产业强镇空间特征的研究进展，界定重点关注的研究问题，介绍研究目的，提出理论和实践两方面的研究意义，分层次界定研究对象，介绍了研究的基本方法。

第 2 章，理论建构。在系统梳理空间生产理论研究进展的基础上，提出产业强镇空间形成机制研究的逻辑起点，立足于土地开发运作和国家治理、社区权利、经济转型四要素，建构本书的逻辑框架。

第 3 章，产业强镇的空间生产过程与动态特征。基于我国土地开发运作的阶段性演化，把产业强镇的空间生产分为三个阶段，分别阐述珠三角、苏南地区和浙江省产业强镇空间的生产过程和阶段性特征。

第 4 章，产业强镇的空间类型与形态特征。从空间结构和空间类型两个角度，分析产业强镇的空间特征，及其在不同空间维度上的差异性。

第 5～7 章，分别从国家治理、社区权利、经济转型三个要素入手，分析不同要素对产业强镇空间生产的影响。

第 8 章，土地开发运作与产业强镇的空间生产。系统总结土地开发运作对产业强镇空间生产的影响，并从国家治理、社区权利、经济转型、土地开发运作四个要素入手，总结不同时空属性下产业强镇的空间生产机制。

第 9 章，新时期产业强镇的空间优化策略。根据产业强镇面临的时代背景和发展要求，从国家治理、社区权利、经济转型、土地开发运作四个角度，分别提出空间优化的策略。

第3章 产业强镇的空间生产过程与动态特征

改革开放早期，短缺经济和城乡二元结构赋予乡村空前机遇，产业强镇利用集体土地发展乡镇企业，推动乡村工业化的巨大发展。在弱管制的土地政策下，乡村集体建设用地快速无序扩张，导致产业强镇早期空间呈现以村为单元、分散布局的特征。三个典型地区的产业强镇均以“村内开发”作为空间生产的起点，但发展动力、生产路径方面却表现出一定的差异。

3.1 第一阶段：集体建设用地开发导致分散空间生产（1978—1997年）

改革开放后，为推动地方经济发展和降低中央财政负担，中央政府积极推行政性分权，财政上实施“分灶吃饭”，经济上把发展权交给地方，从而使地方政府开始获得辖区土地资源的实际掌控权（王会，2020）。同时，地方政府的职能也从“政权代理者”变成“谋利型政权经营者”，逐步具有了自己的经济利益。1978—1993年，各地政府把土地作为推动经济发展的重要生产要素，积极兴办乡镇企业和招商引资（黄颖敏，薛德升，2016；王会，2020）。在城乡隔离的二元制度下，乡村与城市两个地域的工业化难以相融，乡村地区只能走“离土不离乡”的道路（朱华晟，盖文启，2001），从而诞生了一批产业强镇。随着分税制的推进，地方政府把土地财政作为新的财税来源，通过开发区、房地产等大规模城镇化建设将掌控的土地资源变现，推动了城镇化的快速发展和城镇空间的扩张（王会，2020）。

3.1.1 珠三角：点状开发逐步转向村域适度聚集

在强大的外来投资和市场需求刺激下，产业强镇的工业异军突起，工业企业数量由少到多、企业规模由小到大，并在极大程度上塑造了产业强镇的空间生产特征。在传统乡村聚落和农耕空间的基础上，发育出各类工业区、居住区、商业区等新型空间要素，这些空间要素在城乡地理空间交错分布，导致村镇空间形成了亦城亦乡的功能混杂现象。

1. 依托土地办企业带来城镇空间的无序发展（1978—1991年）

改革开放以来，珠三角积极推动乡村工业化进程，以土地换效益，走上快速城镇化道路。这一时期，村集体与村民在集体土地开发方面，形成一个坚固的利益共同体，由村集体统一负责村域土地经营。此时的工业生产工艺和产品系列较为简单（梁励韵，刘晖，

2014），乡镇企业主要与镇外的母厂存在生产的垂直联系（薛德升，等，1999），因此集中布局的内在诉求不强。整体而言，城镇空间整体呈现如下特征。

第一，工业企业布局各自为政，呈现点状分散特征。由于对"以地生财"发展模式高度依赖，以及 1986 年《土地管理法》允许农民利用集体土地创办乡镇企业，工业企业大多规模小、效率不高，较少集中连片分布于独立工业用地，多数零散地分布在村域单元中。为争取自身利益，县、镇、村创办的企业均位于自身所属用地，但镇村企业对土地空间形态影响最大。镇办企业较多分布在城镇边缘，相对集中而形成一定的工业片区；村办企业则在村域沿干道零散分布（邓沁雯，2019）。镇村企业在村镇地域各自为政，形成一种"村村点火、处处冒烟"的零散布局，工业企业难以实现集聚效益（孙明洁，林炳耀，2000），城乡建设用地无序低效非常严重。

第二，城镇建设以运输为导向，呈现线性布局态势。产业强镇早期的产业布局与交通网络关系非常紧密，城镇和工业基本沿交通线路布局；交通方式由水运为主转为陆路为主后，城镇扩展的主导方向随之改变。随着工业用地快速扩张，镇区空间沿着交通干线无序蔓延。如增城区新塘镇随着纺织服装和水泥产业迅猛发展，沿东江、铁路、公路呈据点式轴向布局（吴丽娟，2015）；顺德区北滘镇镇级工业用地主要布局在老 105 国道（现工业大道）两侧。随着城镇空间形态的无限拉长，空间形态越来越不经济，空间必然逐步向纵深方向生长，形成纵横交织的网络式格局（梁励韵，刘晖，2014）。

第三，城镇空间无序现象突出，建设品质普遍不高。虽然到 20 世纪 80 年代末期，城镇规划中开始注重划定城镇功能区，引导工业、居住、商业等功能合理分区，引导工业从零散走向集聚（薛德升，等，1999），但整体而言，快速的工业化进程带来大量的无序建设，城乡空间建设治理水平不高。由于缺乏统一的规划管控，村集体大量开发物业厂房，村民则兴建了大量的居住建筑，镇村混杂现象非常明显（孙明洁，林炳耀，2000）。

2. 土地流转开发推动城镇空间适度聚集（1992—1997 年）

20 世纪 90 年代，乡镇企业逐步衰落，村集体难以继续从企业经营中获利。由于外来投资非常旺盛，村集体改变兴办企业的获利路径，由村集体统一流转集体建设用地、统一对外招租，土地流转成为新时期开发模式的典型特征（杨廉，袁奇峰，2012；朱旭辉，2015）。1994 年实行分税制后，土地一级市场对地方政府的财政贡献更加重要，城镇外围用地的开发进入快车道。集群经济的形成和人居环境的诉求，都要求城镇空间适度集聚发展。整体而言，城镇空间呈现如下特征。

第一，相对集聚的产业区块快速形成。随着工业集约化和集群化发展，工业企业逐步向相对集聚的产业区块集中，以对抗早期分散的产业布局方式。这一时期"一镇一业"的专业镇模式在很多地方趋于成熟，集群经济逐步成型，工业企业基于产品或产业链条上的关联性而产生分工与合作的动力，驱动企业发生空间上的集聚。相对于前一时期的面向企业的点状土地开发模式，以村为单元的土地流转更具整体性和组织性。至此，沿交通线扩展的产业区块成为该时期工业布局的主要特点，如北滘镇的三大镇级工业园区（梁励韵，刘晖，2014）、新塘镇的纺织服装和汽车摩托产业（吴丽娟，2015）。

第二，社区经济导致城镇空间碎片化。乡镇企业以镇村集体产权为主体，社区属性非常显著，其布局必然服从于社区所属的土地，从而导致以村域为单元的分散布局态势。虽然产权制度改革催生了较多具有相当规模的工业企业，但大部分企业的集体产权属性并未彻底改变（梁励韵，刘晖，2014）。规划管理难以短期改变既成的历史局面，镇域范围内空间破碎化必将持续存在。各镇往往围绕几个主导行业形成专业功能，形成龙头企业与相关企业集聚发展的态势，致使镇与镇之间各自独立发展，县域层面以镇级层次的分散布局为主。镇、村集体具有不同的利益取向，因而形成各自的工业产业区块（薛德升，等，2001）。

第三，城镇居住空间品质有所改善。这一阶段，珠三角产业强镇已达到一定发展水平，产业强镇政府开始重视城镇居住空间品质建设，生活环境、居住条件大有提升，文化娱乐设施开始逐步完善（曲硗泳，2008），以碧桂园为代表的专业房地产企业快速发展，部分大型企业参与当地的房地产开发，有力地推动了城镇空间品质的改善（杜宁，赵民，2011）。

第四，村级单元的开发格局略显雏形。在市-镇-村-组的行政架构下，珠三角形成一个地方政府和基层社区共同参与、重心在基层社区的“发展联盟”。各地政府纷纷采取鼓励招商引资的政策，支持利用“非正规”的集体土地发展乡村工业化（黄颖敏，等，2017）。村级权利意识强烈，极大影响甚至主导了村级存量土地的开发，形成发达的村级工业小区。

3.1.2 苏南地区：就地分散向城镇集聚的初步转型

1.“苏南模式”下乡镇企业以村域为主就地分散发展

苏南地区有着悠久的工商业传统，人民公社时期各地创办的社队企业，为后来的乡镇企业发展奠定了资本、技术和人才基础。改革开放以来，在良好的市场环境和上海的辐射带动下，以乡镇企业为特色的“苏南模式”快速崛起。由于企业投资主体主要来源于村、镇两级社区，利用农村集体土地兴办企业，加之受“离土不离乡、进厂不进城”的政策导向和“三就地”（就地取材、就地加工、就地销售）布局原则的限制，村办企业只能分散布局在所属的行政村范围（谷人旭，钱志刚，2001），选择工业散状布局下的“村村点火、处处冒烟”模式，从而造成在镇及镇以上更大空间范围内乡镇企业分散布局的态势（岳芙，2016）。

专栏1　常州市武进区某镇乡镇企业分散布局

20世纪80年代起步，产业发展早，村村发展，企业围绕村布局起来，当时方便企业员工上班，但现在厂、居混杂严重，对居住环境和风貌有一定影响。

工业区管道影响附近居住片区

老工业区内工业和生活混杂

资源来源：2020年9月15日某镇访谈。

2. “新苏南模式”下乡镇企业向“退村进园”初步转型

20 世纪 90 年代，随着传统乡镇企业的衰落和全球化带动的多元经济的发展，村办企业发生总体衰退，镇办企业的规模扩大，苏南经济环境发生了巨大变革。政府适时推动“三集中”和工业布局园区化进程，探索土地统一开发，工业企业逐步转移到镇区集中。但由于各类型生产要素流动性存在差异，向小城镇集聚的程度并不相同。乡镇企业的土地、厂房、设备及资金等生产要素具有很强的社区属性，因此村办企业较难脱离所属农村社区而向城镇园区大量集中。反之，由于镇办企业比村办企业经济效益好，企业家、劳动力等流动较为自由的人力资源向城镇不断集中（谷人旭，钱志刚，2001）。整体而言，镇区和镇域同步发展。

必须看到，该阶段产镇分离特征较为突出。工业的快速发展推动开发区成片建设，城镇快速扩张导致周边大量土地被征用。但是，城镇就业吸纳能力不足，难以满足农民“离土又离乡，进厂又进城”的新要求；统筹土地开发的水平不高，导致建设用地空间不接近、功能不融合、风貌不协调等问题非常突出，进镇人口未能实现完全城镇化，产镇分离较为突出（张丹，2017）。

3. 乡镇企业的根植性决定了分散化的延续性

乡镇企业是从传统的社队企业和农村集体经济中衍生出来的，难以简单摆脱自然属性及社区属性，必然呈现很强的根植性。在当时的发展情境下，乡镇企业的根植性主要受三个方面的影响。农村集体用地转为工业用地成本低、手续简单，企业与村集体之间的内部交易仍然存在，仍存在很大的土地红利；大量的外来职工既为乡村闲置住宅提供了市场需求，又为企业提供了丰厚的劳动力红利；乡村广泛存在的厂房为发展不稳定的企业提供了灵活的厂址（薛德升，等，2001），这些因素对小企业尤其重要，极大程度上降低了投资风险。村集体基于自身经济利益的追求，无意愿也无能力推动村内工业企业集中布局，尤其是“退村进园”。

4. 村内遗留了较多的早期形成的乡镇企业

20 世纪 90 年代后期，苏南地区在传统乡镇企业衰落和新动力迸发之际，探索开展“三集中”（农民向社区集中，工业向园区集中，土地向规模集中）。乡镇政府积极创建各种工业园区，外资企业取代乡镇企业成为新的发展引擎，并逐步形成“一镇一园”“一镇多园”的空间格局。尽管地方政府一直推动工业进园，并限制村办工业企业的发展，乃至停止村办工业企业的审批，但历史上形成的大量私营企业仍滞留在村组内部（李红波，2018）。乡镇企业分散化布局保障了一定程度的乡村工业化活力，但造成了工业空间粗放发展、无序蔓延的负面效应，使得工业进园策略因缺乏内在动力难以奏效（周扬，等，2018）。

3.1.3　浙江省：密集分散布局的艰难集聚转向

1. 乡村工业化引领下的分散城镇化（1978—1991 年）

长期以来，浙江省较少干预民间的生产经营活动，企业、市场、政府和民间组织各自发挥作用的领域往往相对独立。改革开放以来，以个体私营企业为特色的浙江经济获得长足发展，呈现出很强的根植性、内生性和群众性。浙江省主要通过加快乡村工业化来促进城镇化发展，形成以小城镇为重点的分散型城镇化道路，小城镇数量大幅度增加，城镇规模显著扩大，环杭州湾地区和温台地区涌现出富有活力的小城镇密集带。到20世纪80年代中后期，乡镇企业为了扩大规模、降低生产成本、加强对外经济联系，积极向小城镇转移、集聚，省委、省政府出台了一系列有利于乡镇企业发展的政策措施（赵莹，2013）。整体而言，城镇空间呈现如下特征。

第一，镇域产业以村为单元分散布局。改革开放早期，乡镇企业成为乡村工业化的先导力量，无论是浙东北的村办、家庭工业，还是浙东南以一家一户为生产单位的家庭作坊，均由经营主体利用村级用地进行生产经营活动，呈现出以村为单元的分散布局状态（李王鸣，等，2004；王银飞，2012）。一方面，经营主体在所在社区范围内布局企业，以家庭作坊为主的生产单位在一定的地域范围内自然集聚，强化了企业的散点分布；另一方面，为了生产经营活动的便利，乡镇企业选址倾向于沿江、沿河、沿路、沿平原的空间区位。20世纪80年代中后期，以传统模式为主的块状经济规模不断扩大（史晋川，等，2008），基于村域单元的乡村工业化加快发展，分散布局的态势强化。

专栏2　杭州市萧山区某镇产业空间生产过程
某镇是萧山区的缩影，原来的产业基础非常牢固，转型有困难，萧山区原来的传统产业底子太厚。 20世纪80年代开始兴办集体企业。 20世纪90年代开始兴办集体企业转制，民营企业发展起来，村村办厂。 2000年开始，镇镇有工业园。
资源来源：2020年9月3—4日某镇访谈。

第二，镇区产业呈现点状和沿街道分布两种形式。改革开放早期，镇区工业企业数量较少、产品种类单一，主要生产酱油、纱布等基本的生活日用品。这些工业企业的主要起源有二：①在传统手工业和近代工业基础上，诞生了大批小型企业；②在20世纪五六十年代全民大办工业时，新建了数量可观的中小型工厂和街道工厂等。这些小型工业企业以点状形式散布于镇区。到20世纪80年代末90年代初，城镇家庭作坊沿主要道路分布成为工业布局的主体形式，充分发挥了“门口市场”的优势。当地百姓纷纷买地造房办企业，成为形塑城镇空间形态的主要力量，也带来街道交通乱、居住环境差等弊端（陈前虎，2000）。

第三，专业市场引导乡村工业初步集聚。随着乡镇企业异军突起，产业转型升级和专业市场的发展都带来了分散企业向镇区集聚的趋势。浙江省小城镇商品生产、流通进程加快。尤其是20世纪80年代中后期，各地积极发动社会力量兴建各类专业市场，推动专业市场类小城镇规模迅速扩大，工业企业逐步集聚；全省60%以上的新兴城镇是伴随着市场发展而形成的。专业市场的发展也引导部分工业企业向镇区集中。乡镇企业和专业市场协同发展，推动浙江省产业强镇形成工商联动的城镇特色经济（赵莹，2013），涌现出“中国农民第一城”龙港镇、“东方第一纽扣市场”桥头镇、“全国最大低压电器城”柳市镇等全国知名的产业强镇。

第四，小城镇数量迅速扩张。浙江省乡村工业化较为发达，且以家庭作坊式的小微企业为代表，推动了以小城镇为主体的城镇化进展。改革开放到20世纪90年代初期，既是浙江省乡村工业化发展最为迅速的时期，也是小城镇数量迅猛增长的主要阶段。浙江省建制镇数量从 1978 年的 160 个剧增到 1997 年的 993 个（表 3-1）。小城镇数量的快速增长，受众多因素的影响，如建镇标准的放宽、交通状况的改变、人口流动控制逐渐减弱等（赵莹，2013），但非农产业化水平才是根本性原因。

1978—2020 年浙江省建制镇数量　　表 3-1

年份	数量（个）	年份	数量（个）
1978	160	2000	971
1982	184	2005	758
1985	506	2007	750
1990	750	2010	728
1995	861	2015	641
1997	993	2020	618

资源来源：历年《浙江统计年鉴》。

整体来看，此阶段的产业强镇处于民间自发造城阶段（史晋川，等，2008），空间扩张比较粗放，镇区规模偏小、布局过密等问题突出，基础设施、社会服务设施建设水平低，城镇集聚能力不强。乡村工业化带来的分散城镇化成为此阶段的最大空间特征。

2. “二次创业”引领产业向镇区集聚（1992—1998 年）

20 世纪 90 年代初期和后期，国内市场有效需求不足，企业纷纷拓展国外市场，工业品出口增长较快。20 世纪 90 年代中后期，乡镇企业进入一个兼并重组和优化升级的“二次创业”阶段，企业开始组成企业集团，走社会化的专业分工和协作大生产之路（张红宇，王锋，2001），企业去地域化逐步显现。乡村企业逐步向小城镇集中、乡镇骨干企业经营中心逐步向大中城市迁移、城区企业有步骤地向郊外易地改造，各地的经济开发区成为集聚三资企业、乡镇骨干企业、城区搬迁企业、高新技术企业的新兴工业基地，成为日趋重要的工业增长点。

第一，小城镇从数量增长转向质量提升。小城镇逐步走向理性增长阶段，政府不再盲目地增加小城镇的数量，而是开始关注小城镇成长的整体质量和系统绩效，其中尤为重要的是城镇的规模效应问题（张红宇，王锋，2001）。一方面，很多小城镇缺乏一定人口规模和相对完善的公共设施，增长后劲明显不足，整体的建设品质也较差。另一方面，乡镇工业“低、散、小”的发展格局受到城市开发区建设的严峻挑战，大中城市作为大规模生产的理想场所逐步被确立。各种生产资料和市场资源开始向城市地区大范围集中，城市开发区和城市周边地区取代广大乡村小城镇成为产业集聚的重要空间载体。1992 年，浙江省全面开展“撤区扩镇并乡”工作，以小城镇为中心的农村经济新格局形成（赵莹，2013）。

第二，产业园区成为镇区新的集聚力量。产业集聚是产业强镇城镇发展的基本要求。随着全省工业经济向以提高产品技术含量和竞争力为主攻方向的转变，乡镇企业与民营企业开始了产权转制和企业重组，尤其是沿海地区的乡镇企业加快了兼并重组和优化升级，生产布局开始由原来较为分散和简单的块状经济区向现代工业园区集群转变（史晋川，等，2008）。城镇产业园区成为发展工业企业、引导各类要素向城镇集聚的重要力量。

第三，工业用地沿城镇对外道路分散布局。早期小城镇缺乏统一的规划安排，工业企业发展质量不高、基础设施建设落后，企业呈现沿重要交通干道零散布局的特征，城镇建成区与交通干道基本连为一体。随着乡镇企业的快速发展，工业用地成了产业强镇空间扩展的领头羊。城镇空间无序的连片蔓延带来交通拥挤、用地低效、功能混杂等严重的后果，对工业区发展和城镇整体功能体系均产生不良影响（陈前虎，2000）。

第四，弱组织化下的工业用地密集分散布局。相对于珠三角和苏南地区，浙江省政府和村集体对乡村工业用地开发干预较少，企业家以个人的身份在村庄的土地上从事经营，工业集中布局动力不足；镇级工业区发育不充分，大量的工业企业分散地布局在村里，并逐步形成少量的村级小微园区。总体而言，浙江省产业强镇工业空间较为分散。

3.2　第二阶段：二元建设用地开发带来快速空间生产（1998—2007年）

3.2.1　珠三角：村级单元组织模式逐步形成

1. 集体物业成为土地开发主流形式

加入WTO（世界贸易组织，下同）之后，珠三角工业化进入飞速的推进状态，虽然土地利用效率有所提升，但土地的需求仍很旺盛。1998年《土地管理法》修订，要求非农建设占地必须先进行农转非征地，为新增建设用地的统一规划管理奠定了基础。国家大力加强对地根的管控，村集体已难以通过合法途径获得新增建设用地，传统的土地流转难以保障集体经济的可持续发展。在不改变集体产权的前提下，村集体、村民或社会投资者等多元主体选择改变出租土地的传统做法，转为利用集体土地建设并出租物业（杨廉，袁奇峰，2012）。

专栏3　佛山市顺德区某镇林头村集体收入
20年前村委会和村小组签了框架合同，村小组出土地，委托村委会管理。目前村委会主要收入来自村级工业区，包括土地出租、物业收入。现在这个体系落伍，只有2个村是这个体系，另一个是广滘村。 2019年收益2550万。股份分红912万，每股1000元。分红相差大，民间矛盾比较大。提留地是20年前征地的历史遗留问题，现在取消了提留地政策。
资料来源：2020年8月6日某镇访谈。

2. 工业用地独立的诉求越来越强

伴随着工业化水平的提高，企业发展规模和配套需求不断扩大。企业用地和生活配套用地的扩张，对城镇空间品质的要求越来越高，城镇呈现面状填充和触角延伸布局（吴丽娟，2015）；而基于房前屋后或镇区闲置用地形成的工业布局发展空间越来越有限，工业企业为满足发展需求而逐步与生活空间分离，外迁至城镇边缘或工业园区（梁励韵，刘晖，2014）。以北滘镇为例，城镇空间沿105国道分为三个片区：老镇区以龙头企业美的为中心环绕布局，东部片区围绕滨江工业园和碧桂园两个功能板块布局，新镇区则围绕企业总部园区展开布局（杜宁，赵民，2011）。这些大型片区通常兼有集约式工业园区和各类生活服务设施，进一步弱化了对镇区的依赖性（梁励韵，刘晖，2014）。但是，由于产业强镇过于注重工业发展，且乡镇企业聚焦于制造环节而研发、销售两头在外，第三产业普遍发展不足，镇区服务功能往往不强。

3. 多重权利主体造就土地无序开发

随着城乡空间互动和行政管控理论的加强，上级政府对全域土地开发的重视程度不断增加，自上而下的各级政府和自下而上的自发生长对村镇土地资源的争夺愈演愈烈。城市政府不但加强对乡村土地的规划控制，而且通过规划权上收、限制建设用地功能等手段逐步剥夺乡村各种非正规的土地发展权。由于集体土地开发利用长期缺乏清晰的管理制度，土地开发权益的分配关系界定不清，农村社区面对巨大的集体利益展开广泛抗争，使得乡村地区的空间政策极难得到实施（朱旭辉，2015）。以居住管理体系为例，居委会和村委会形成两套不同的管理体系，镇域范围的村庄内存在大量的管理盲区，小城镇建设管理只能涉及居委会和村里商品房等，工厂代管的职工宿舍进一步加剧了管理体系的复杂性（刘玉亭，等，2013）。

4. 工业企业“退村进园”困难重重

整体而言，珠三角产业强镇人口和土地的半城镇化现象较突出（占思思，盛鸣，2014），非城非村、用地粗放普遍存在。第一，村社企业以小微企业为主，且具有很强的根植性，得到乡村地方政府各种非正式制度性的支持；第二，企业办在村社区里，有利于满足增强集体经济力量、提高社区福利的需要；第三，村社企业多是以个体或股份合作制产权为主的小规模企业，抗风险能力较弱（梁励韵，刘晖，2014）。因此，工业企业“退村进园”遇到很多阻力，企业分散布局的状态仍会延续很长时间。

5. 村级单元组织土地开发正式形成

由于 1998 年修订版《土地管理法》对集体土地农转非有了严格限制，村集体在国家地根收紧的情况下难以获得新增土地指标，且政企分开使得村集体基本上不再经营企业。村集体为继续维持集体经济收入，主要采取两种途径。一是允许外来企业注册在村内，以乡镇企业名义获得集体土地开发权，这是维护集体经济的前提。二是村集体、村民或企业等多元主体在集体土地上建设厂房、集贸市场、出租房等物业，物业租金成为农村集体收入的主要来源。由于村集体对集体土地开发权具有强大的话语权，不同主体开发集体土地，都需充分体现村集体和村民的意愿，并局限于村级单元范围内，从而呈现村级尺度的空间组织模式。

3.2.2　苏南地区：城镇逐步形成多中心空间结构

1. 乡镇合并奠定了多中心空间结构的基础

1998 年，江苏省人民政府开始启动乡镇合并。1999 年，江苏省出台《关于进一步加快小城镇建设的意见》，提出择优培育小城镇的发展思路，小城镇建设重点逐步由数量扩张转向品质提升（谈静华，2006；赵莹，2013）。2001 年，江苏省委提出优先培育小城市和重点中心镇的新目标，各县（市）加快行政区划调整、加大资源整合力度，集中发展中心镇。由于苏南地区小城镇乡镇企业起步较早，乡镇撤并后又逢入世后的“黄金十年”，继续保持快速发展。传统的单中心空间结构被打破，原有的各镇区、功能区成为新城镇的功能组团，奠定了产业强镇多中心空间结构的基础（赵莹，2013）。

专栏 4　苏州市张家港市某镇区划调整

改革开放以来，某镇经过多轮区划调整，奠定了多中心、组团结构的基础。

1986 年 3 月，后塍乡并入后塍镇；同年 12 月，将中兴、双山、南沙三乡合并设立港区镇（现金港镇政府所在）。

1988 年 4 月，撤港区镇，恢复南沙、中兴、双山三乡，将中兴乡张家港村、滩上村与南沙乡的长江村、巫山村合并另设港区镇。

1991 年 6 月，南沙乡改镇。

1993 年 12 月，中兴、双山二乡改镇。

1999 年 8 月、2000 年 7 月、2002 年 8 月，中兴、双山、南沙三镇分别撤销，并入港区镇。

2003 年 8 月，港区镇、后塍镇、德积镇和晨阳镇的长埭、晨西、新村、高科、晨阳五个村合并，置金港镇。

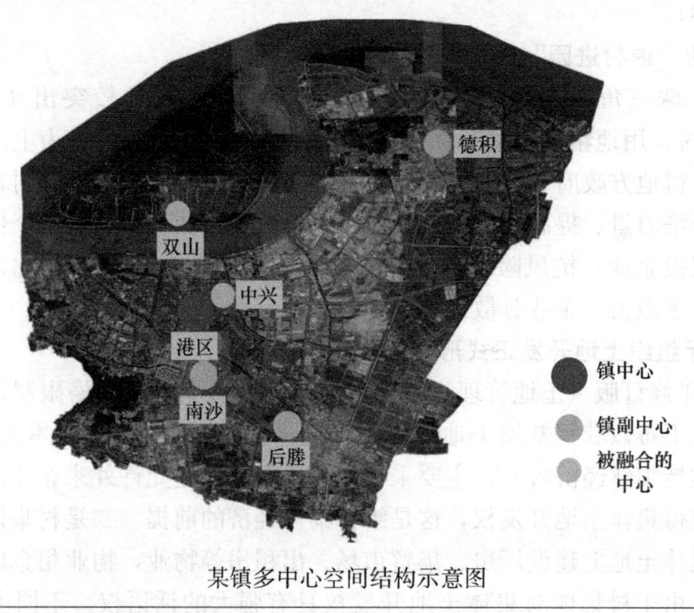

某镇多中心空间结构示意图

资源来源：根据调研资料整理。

2. 乡镇企业向以镇区为主的空间集中

全面进入“新苏南模式”后，早期散布在村内的乡镇企业大幅减少；在镇级园区建设和强烈的政策激励下，存量企业集中的成本大大降低。各地政府推进乡镇企业由行政村向乡镇工业小区集中，乡村企业由村域分布为主逐渐向以镇区集中为主演化。同时，外商投资高歌猛进，外向型经济迅猛发展；诸多改制后的乡镇企业以生产配套的方式参与到上海大开发中，并受到外资企业的青睐（王海平，2012）。而众多外来的新兴工业企业从一开始就更易于被纳入政府的统一管控，被引导在镇区的工业园区集中布局。总体而言，镇域逐步形成各种类型和形态的功能空间——农业空间呈现面状，工业空间呈现块状，服务业空间呈现点状（岳芙，2016）。

3. 产镇空间融合发展态势初步显现

21 世纪以来，苏南地区开始重视产镇融合发展。城镇建设者更加注重结合产业发展、资源禀赋、地理环境等自身特征，推动产业结构转型升级，提高建设用地集约化利用程度（赵莹，2013）。通过“三集中”推动镇域国土整治，镇域工业在镇区的集中程度有很大提高，镇区工业区和居住区逐步均衡布局，城镇基础设施和生态环境得到改善，产镇空间关系出现初步融合（张丹，2017）。

4. 土地开发由工业园区引导转向城镇化引导

在“新苏南模式”发展早期，建设工业园区集聚产业和招商引资成为产业强镇发展的重点之一，也是城镇化工作的重要抓手。1994年分税制改革撬动了地方发展热情，住房商品化启动了土地开发从“空间中的生产”向“空间生产”的转型，土地财政继工业税收之后成为产业强镇新的财政支柱。城镇空间扩张建立在工业园区扩张的基础上，商品住房为主的城镇化扩张成为新的增长点。在工业园区和商品住房的双重扩张之下，城镇建成区面积快速上升（罗震东，胡舒扬，2014）。

3.2.3　浙江省：中心镇引领的工业进园能力不足

1. 中心镇引领小城镇块状密集区

经过20多年的发展，浙江省小城镇规模扩大、数量增多，经济活动影响力增强，使得小城镇密度增大，城镇之间的相互关系更加密切，经济发达地区的城镇密集区逐步增多（徐强，2007）。尤其是温台地区，发达的企业集群密集地分布在有限的发展空间中，如温州市瑞安、乐清等经济发达地区（洪波，2004）。随着交通运输网络的逐步完善，生产力高度集中与城镇逐步扩展同步，城镇化地域逐步由城镇向更大范围延伸，中心城市外围兴起了一批发达的小城镇和工业区，并形成密切的经济社会联系，出现了密度大、联系紧、实力强的城镇群体。大量的民营企业集聚在小城镇块状密集区，形成了浙江省县域“弱中心”的发展格局（李王鸣，王纯彬，2006）。

2. 镇区用地快速向工业主导扩张

加入WTO之后，乡镇企业进入快速发展时期，对产业强镇的空间组织产生多方面的影响。一是城镇以外延式扩张为主。柳市镇从村庄企业起步，形成沿道路辐射蔓延的城镇，与西部北白象镇绵延发展；20世纪90年代到21世纪初，城镇空间扩张最为迅速；2009年之后，城镇空间规模基本上趋于稳定（田雯婷，2018）。2001年以来，浙东北的观海卫镇城镇空间快速扩张，且3个镇区（2001年10月撤销观城、师桥、鸣鹤三镇，合为观海卫镇）均表现出向周边发展的态势。二是城镇主导职能由居住转变为工业。2001年观海卫镇镇区居住用地比重达到58.5%，而工业用地比重仅为15.6%；到2015年工业用地比重上升到30.0%，而居住用地比重下降到49.6%。工业在城镇职能中的地位不断上升，镇域二产比重高达59.8%（饶传坤，韩烨子，2018）。

3. 村中乡村企业退出工作效果不明显

1998年《土地管理法》修订，要求建设主体使用土地必须依法申请国有土地；虽然兴办乡镇企业仍可使用乡村集体土地，但已受到很大制约。浙江省政府推出了一系列政策措施，推动农村土地整治、引导乡村企业退出并逐步向开发区（园区）集中。乡镇、行政村等多个主体相继兴建工业小区，通过土地和税收优惠政策培育新企业、留住当地企业，工业园区出现多个等级；由于企业发展内嵌于集体土地产权属性，跨越集体土地权限范围将产生很大成本，跨行政村或乡镇的迁移行为较少出现（朱华晟，等，2005）。由于以乡镇企业名义进行农村集体土地非农建设行为“被默许”，众多集体经济组织为了吸引投资而低价出让土地，城镇较高的土地成本难以吸引乡镇企业集中布局，甚至可能使乡镇企业离开城镇（汪晖，2002）。

3.3 第三阶段：存量建设用地更新推动空间再生产（2008年至今）

3.3.1 珠三角：产业转型驱动存量建设用地更新

1. 城镇发展更加强调空间品质

金融危机后，伴随着经济转型和结构调整，产业强镇转型升级成为转变经济发展模式、强化县域经济品质、促进区域协调发展的重要途径，生产性服务业得到快速发展（朱桂龙，钟自然，2014），城镇空间逐步从工业园区模式转型到宜居宜业模式，现代化产业园区和居住空间成为城市重要的竞争力来源。20世纪初国家逐步推动以人为核心的新型城镇化，从公共服务设施和共享权利角度，对产业强镇的公共服务功能提出新的要求；且人居环境成为吸引高端人才和技术工人越来越重要的因素。部分产业强镇开始由“专业生产”向“专业生产与专业服务并举”转型（张震宇，魏立华，2011）。

2. 产业强镇空间再生产进度分化显著

由于发展路径、动力机制的差异，产业强镇发展路径开始出现显著的分化。按照动力来源，珠江东岸的外生型和珠江西岸内生型为主的产业强镇发生分化（张震宇，魏立华，2011），外生型更有动力实施“腾笼换鸟”“三旧改造”，内生型更倾向于走“升级转型”“微改造”的发展道路。从后续动力来看，后续动力强劲的产业强镇更有信心实施“腾笼换鸟”“三旧改造”，如内生型的佛山市由于后续动力较强，对推动“三旧改造”信心十足；后续动力偏弱的产业强镇则对“三旧改造”信心不足，倾向于微改造，如珠江东岸外生型的园洲镇和珠江西岸内生型的小榄镇。由于城镇对制造业功能的定位不同，广州市的产业强镇对“工改商住”管控较松，而东莞、佛山、中山等地区则管控较严。

因此，广州、佛山、东莞等地区为推动转型升级，有较强的动力推动二次开发；而中山和惠州受制于产业基础，维持经济稳定和优化空间布局成为一个长期的两难选择。

专栏5　产业发展轨迹塑造不同的“三旧改造”诉求

以佛山为代表的新生高级产业旺盛地区，由于对经济前景信心十足，原有土地权益人的利益诉求容易得到满足，故“腾笼换鸟”“三旧改造”得以较好地推进（张斌，张宏斌，2018）。

以中山市为代表的升级转型地区，只能在传统产业基础上升级转型，由于新生动力不足，“三旧改造”中的原有权益人难以得到权益满足，所以产业升级难以推行，空间又进一步限制了产业升级。

以惠州市为代表的产业承接地区，积极面对珠三角核心区低端产能转移，抓住机遇推动地方工业化发展，个别小城镇快速崛起为产业强镇，并逐步进入“用地不足”而需要进行“三旧改造”和“腾笼换鸟”的阶段。

资料来源：根据调研资料和相关研究整理。

3.3.2　苏南地区：政府强力推动产镇融合发展

2008 年以来，为应对世界金融危机的冲击，苏南地区积极发挥科教资源和人才资源丰富、与全球市场联系紧密的优势，以创新经济驱动产业链向高端升级，推动特色产业区域化布局、专业化生产。

1. 工业空间从镇域进一步退出

随着政府推动城乡统筹发展的进行，苏南地区乡村地域逐步形成新的空间格局形态。“万顷良田建设工程”“三优三保”等工程措施持续实施，进一步促使乡村工业企业从乡村空间退出而向城镇集中，乡村空间中的工业与居住功能进一步分离，农业生产趋向于适度规模经营，新型服务业涌现而构成新的产业空间。进而，工业空间逐步从村域退出，工业与居住混杂的矛盾得到很大程度的改善（岳芙，2016）。

专栏 6　苏州市张家港市某镇推动“三优三保”工作
2017 年制定了“三优三保”三年指标共 4700 亩；在保税港区外再建设产业集中区，大项目集中于保税港区、国家级化工园区；小微企业在保税区外产业集中区整合发展；工作推进力度很大，难度很大。
资料来源：2019 年 12 月 27 日某镇访谈。

2. 产镇融合水平进一步提升

乡镇合并释放了大量的空间重组红利，苏南地区小城镇逐步摆脱低小散的发展状态，进入集聚和提升发展的新时期。但产业强镇镇级的行政管理权能无法满足“城市”级别的管理诉求。江苏省在深度总结“区镇合一”“强镇扩权”等经验的基础上，授予产业强镇部分县级管理权限，根据管理需要推动审批、规划、财政、人事等领域的扩权，推进城乡功能和空间统筹规划，如张家港冶金工业园与锦丰镇、张家港保税区（金港镇）等，产业强镇的产镇融合发展水平不断提高（雷诚，等，2020）。

3. “腾笼换鸟”促进城镇空间转型

经过长期的粗放扩张，后备用地不足成为创新发展的重要瓶颈。即使在集中工业园中，乡镇仍然集中了大量的低端制造业企业。苏南地区由政府出面在外找地，以引导本地企业走出去。苏州市产业强镇通过镇级资产经营公司大量收购存量用地，在多数低端产业转移出去之后，即可对存储的土地进行集中开发，从而实现产值空间的重大转型（王海平，2012）。

4. 个别产业强镇未能摆脱空间混杂状态

苏州市的产业强镇初步实现了功能分区，而常州市的横林镇仍有大量的中小微企业留在村庄难以退出。武进区横林镇和江阴市新桥镇都是 20 世纪 80 年代就已起步，均以发展劳动密集型的乡镇企业和就地城镇化为特征。2000 年以来，江苏省大力推进“三集中”，两个镇在空间再生产时发生分化。横林镇迄今未能摆脱空间混杂状态，建设用地无序蔓延严重，工业用地利用效率低下（李君，2019）。从某种程度上看，低品质的城镇空间和产业体系相互制约，导致城镇空间生产陷入路径依赖，难以走出空间混杂状态。

<table><tr><td>

专栏 7　苏州市吴中区某镇存量建设用地更新困难重重

存量建设用地更新财权受限和事权受限。未来考虑设置镇级平台公司，通过政府向平台公司购买服务的形式，带动片区更新。更新只能通过片区投融资的方式，这样才能有利益动力；政府希望坚持片区一体化开发思路，但引入市场主体有困难和阻碍。另外在中心城区进行一些“退二进三”（退出二产，进入三产），通过土地出让金去平衡全镇域内的存量建设用地更新的利益。

存量建设用地更新目前只能以拆迁、政府回购方式进行，但同时回购代价大，财权受限较大；如果让社会主体参与，需要政府向其让渡利益才能推动。“退二进二”对政府而言，利益剪刀差比较大，每年能收储 3～4 家企业用地约 200～300 亩。

</td></tr><tr><td>资料来源：2020 年 9 月 15 日某镇访谈。</td></tr></table>

3.3.3　浙江省：城镇空间走向品质化和特色化

2008 年以来，中国城镇化发展逐步进入“降速-提质”的发展阶段，尤其是 2013 年新型城镇化的实施，给处于区域分工和城乡联系节点地位的小城镇带来了巨大考验。为此，这一时期的政策供给继续强调“以物质更新（新空间、新环境）促功能复兴（新功能、新业态）”的基本思路持续深化政策供给的丰富性和针对性。这一阶段，浙江省在“八八战略”路线方针的指引下，推进“扩权强镇”等治理现代化，通过综合环境整治、建设“五美”城镇等措施，提高产业强镇空间品质，并把特色小镇培育成产业创新的空间载体。产业强镇整体提质转型发展，城镇空间发展呈现新特征。

1. 镇区空间扩展趋于缓慢增长

2008 年后，随着经济进入新常态和国家加强城镇土地开发调控，产业强镇土地开发特征发生很大转变。总体而言，无论浙南还是浙北地区，产业强镇的建设空间扩张均迅速放缓。观海卫镇建设用地扩张速度相对前一时期明显下降，年均增量降低到 28ha（饶传坤，韩烨子，2018）。2012—2016 年，柳市镇城镇建设用地扩张趋于平稳，大规模、组团式的空间拓展较为少见，小组团内部土地集约利用成为主流方向，并推动建设用地集约度提高（田雯婷，2018）。

2. 城镇建设用地利用效率南高北低

浙北地区建设用地条件远好于浙南地区，资源禀赋的差异导致建设用地开发效率呈现显著的区域差异，资源禀赋约束较大的浙南地区建设用地效率高于浙北地区（图 3-1）。浙南地区的柳市镇受自然条件的限制，新增用地缺乏，主要依靠存量土地再开发，以更高的建设强度供给产业用地，小微园区建设方面颇见成效；建设用地利用效率远高于乌镇和濮院镇（田雯婷，2018）。浙北地区的观海卫镇建设用地条件较好，工业用地在镇区周边四面开花，降低了城镇建设用地的利用效率和产业集聚程度；工业发展速度放缓带来城镇发展动力不足，使城镇空间扩张迅速放缓，也使得空间再生产受到制约（饶传坤，韩烨子，2018）。

3. 美丽城镇建设取得显著成效

经过多轮城乡人居环境改造，浙江省产业强镇人居环境已经达到相对较高的水平。在美丽城镇建设过程中，各地立足自身特点，探索出卓有成效的发展道路。一是进一步提升

图 3-1　温州市乐清市某镇（左）和绍兴市诸暨市某镇（右）典型标准厂区示意图

城镇人居环境。夯实基础设施、生活服务设施的“补短板、强弱项”工作，注重城镇历史文化保护与城镇风貌塑造，推行微更新微改造，打造富有地域风格的人文景观风貌，提炼最能彰显地方文化特色的符号和标志，运用到民居、特色街区和美丽乡村建设中。二是推动美丽城镇集群化建设。以破除各自为政为出发点，选择文化、习俗、地理位置等方面相似的美丽城镇集群，推动配套设施和产业区域统筹，协同配置高等级的公共服务设施，形成各有分工、组合发展的互补格局。

专栏 8　宁波市慈溪市某镇美丽城镇建设思路
立足资源禀赋、人文底蕴、产业基础和区位条件，围绕“智造卫城·国药古镇”的总体定位，打造宁波北部智能制造基地、杭州湾南翼文化旅游目的地、慈溪东部副中心城市，推动浙江省县域副中心型美丽城镇建设。 构建“三生融合、城乡融合”的城镇发展空间格局。 （1）生产：富美兴旺的农业空间。镇域北部，依托优越的农业资源和滨海生态优势发展现代优质农业创新示范园。 （2）生活：城乡融合的发展空间。镇域中部，由东西两片工业园区和老、北新城组成，进一步发展商贸居住服务、现代产业等其他服务业。 （3）生态：山水环绕的空间。镇域南部，依托鸣鹤古镇、五磊山景区杜湖白洋湖等特色人文资源和优质水源进行建设。
资料来源：慈溪市某镇美丽城镇建设行动方案（2020 年 6 月版）

4. 空间再生产进展不理想，工业用地整体破碎

相对于珠三角和苏南地区，浙江省产业强镇属于典型的内生型发展模式，空间再生产的社会成本较高；由于“块状经济”下小企业集群的乡村工业化本底，“工改工”的动力不足；相对独立则导致难有强大的商业资本推动“工改商住”。这些因素决定了浙江省推动空间再生产的产业支撑能力较弱，且政府和村级社区的组织能力偏弱，从而导致浙江省产业强镇建设用地的空间再生产进展不理想；虽然形成一定的小微园区，但村内工业的退出程度最低，工业用地空间形态也最为破碎，产业空间形态破碎的特征未有根本性改变。

专栏 9　宁波市诸暨市某镇村内工业企业
42 个村和社区中有 12 个有小微园区。大部分村都存在家庭作坊，它们也有存在的必要性，小企业没有能力全部搬到小微园区，土地指标也无法满足，12 个村的小微园

<table><tr><td>区都在村内。目前小微园区的土地通过工业地产整理出来，独立于村庄。上级提倡工业向园区集中，但小微园区通过规划审批难度较大，未来真要落地就会遇到问题。在规划中将3个小微园区安排在村中，但还是无法满足需求。家庭作坊还是比较普遍。</td></tr><tr><td>资料来源：2020年9月1—2日某镇访谈。</td></tr></table>

3.4 小结

改革开放以来，在乡村工业化的推动下，产业强镇的空间生产取得了很大的成就，城镇空间生产在规模和效率方面均有很大进步。由于产业经济转型和土地管控政策变迁，产业强镇的空间生产呈现出显著的阶段性和空间性。

1997年以前，产业强镇在乡村工业化的推动下，利用乡村集体土地发展经济，取得巨大的成就。以集体产权为主的建设用地快速扩张，空间布局呈现分散为主、初步集聚的特征。三类典型的产业强镇均呈现"村内开发"的特征，但发展动力、生产趋势方面又呈现出一定的差异。

1998—2007年，国家逐步加强土地的统一规划建设，国有土地成为产业强镇的重要开发载体；同时，农村集体土地进入建设用地市场虽然受到很大制约，但仍有较大规模的集体土地以乡镇企业的名义进行非农开发。其中，珠三角农村社区以集体物业方式统筹开发集体土地，村级开发略显雏形；苏南地区通过乡镇合并、"三集中"等政策措施，使城镇逐步形成多中心空间结构；浙江省启动了低效建设用地整治，但企业"退村进园"效果并不理想。

2008年以来，随着国家严控新增建设用地指标，产业强镇更是较少获得增量指标，存量建设用地开发成为主导方向。珠三角通过产业转型升级，以村为单元开展空间再生产；苏南地区积极推动"万顷良田建设工程""三优三保"等工程措施，产镇融合工作取得良好进展；浙江省积极推动综合环境整治和特色小镇等举措，产业强镇空间逐步走向高品质和特色化。

第4章　产业强镇的空间类型与形态特征

产业强镇空间特征是多要素共同影响的结果，自然地理、规划管控、社会文化、经济发展、自然地理、技术进步等均是重要影响因素，而这些影响因素呈现一定的地域性。因此，地区之间影响要素有所差异，使产业强镇空间特征存在差异。

4.1　城镇空间的分类视角

4.1.1　城镇空间的核心要素

城镇具有一定的功能，是聚集了一定数量的人口、以非农产业为主、区别于乡村的社会组织形式；要求有合理的空间结构与组织，保持良好的生态环境，以发挥其工作、生产、交通与游憩的功能（孙春晓，2012）。波恩指出，城镇系统有三个核心概念：①空间形态，是指城镇各要素（包括物质实施、社会群体、经济活动和公众机构）和空间分布模式；②功能联系，城镇各要素的相互作用，要将城镇要素整合成一个功能实体；③空间结构，以一套组织法则，连接城镇形态和城镇要素，并将它们整合成一个城镇系统（周春山，2007）。

根据波恩的观点，从物质形态角度来看，城镇空间包括三种空间特征。城镇系统在物质形态上表现为空间形态、空间结构两个系统性要素，构成城镇系统的城镇要素在物质形态上则体现为空间类型。其中，空间形态受自然地理、规划管控、社会文化、经济发展、技术进步等多种因素的影响，呈现很强的地域性，城镇之间可比性较差；而空间结构和空间类型主要基于城镇要素之间的功能系统而形成，城镇之间可比性较强。因此，空间特征研究主要从空间结构和空间类型两方面展开。

4.1.2　现有的空间要素分类

空间要素是城市功能体系的反映，划分为不同的用途。按照《雅典宪章》，城市具有居住、工作、游憩、交通四大功能。在长期的历史变迁中，城市构成要素曾有不同的分类方法与用途名称，并随着城市功能的演变而有所改变（严亮，2004）。

1. 国内空间要素分类

城乡规划时代对城镇空间要素进行了详细分类。我国早年城市用地功能地域划分为住宅区、工业区、商业区及文教区等类型。2012年实施的《城市用地分类与规划建设用地标准》GB 50137—2011把城市建设用地分为8大类、35中类、42小类（严亮，2004），2007年实施的《镇规划标准》GB 50188—2007把镇用地分为9大类、30小类（表4-1）。

从界定的初衷和标准来看，城乡规划对城镇空间要素的界定着眼于功能具体的地类，而非偏向于综合性的功能区。

城市和镇用地大类划分 **表 4-1**

建设用地	用地类型
城市建设用地	居住用地、公共管理与公共服务设施用地、商业服务业设施用地、工业用地、物流仓储用地、道路与交通设施用地、公用设施用地、绿地与广场用地
镇建设用地	居住用地、公共设施用地、生产设施用地、仓储用地、对外交通用地、道路广场用地、工程设施用地、绿地、水域和其他用地

来源：《城市用地分类与规划建设用地标准》GB 50137—2011、《镇规划标准》GB 50188—2007。

国土空间规划时代的空间要素反映了从地类向功能区的转变。根据《市级国土空间总体规划编制指南（试行）》（简称《市级规划指南》），城镇集中建设区的空间要素分为居住生活区、综合服务区、商业商务区、工业发展区、物流仓储区、绿地休闲区、交通枢纽区、战略预留区。在国家尚未提出统一的乡镇国土空间分类标准时，各省立足省情并根据自身理解，先后出台了乡镇规划指南，并提出了地方性的分类标准，主要是在《市级规划指南》《镇规划标准》GB 50188—2007 基础上进行了一定修正。其中，北京市、河南省、四川省主要体现了对《镇规划标准》GB 50188—2007 的继承，而浙江省、山东省体现了对《市级规划指南》的传承（表 4-2）。

各省乡镇国土空间规划中城镇集中建设区空间类型 **表 4-2**

省市	空间要素类型
北京市	居住用地、产业用地、公共管理与公共服务设施用地、绿地与广场用地、道路用地、交通设施用地、市政设施用地、特殊用地、城市水域、其他建设用地
湖南省	居住用地、公共管理与公共服务用地、商业服务业设施用地、工业用地、物流仓储用地、道路与交通设施用地、公用设施用地、绿地广场用地
四川省	居住用地、公共管理与公共服务用地、商业服务业设施用地、工矿用地、交通运输用地、公用设施用地、特殊用地
浙江省	重要绿地水系区、历史文化紫线区、重要交通与枢纽区、居住生活区、公共服务设施集中区、商业商务区、工业物流区和特色功能区
山东省	居住生活区、公共服务区、商业商务区、工业物流区、绿地休闲区、交通枢纽区、战略预留区

来源：各省市乡镇国土空间规划编制指南。

2. 国际空间要素分类

各个国家的城镇用地分类方法并不一样。如日本将市街化区域的用途地域分为八种：①第一种居住专用地域；②第二种居住专用地域；③居住地域；④近邻商业地域；⑤商业地域；⑥准工业地域；⑦工业地域；⑧工业专用地域（李德华，等，2002）。美国的纽约区划条例将城市用地分成居住区、商业区和工业区三个基本类型，每个分区又分为若干个次区（王卉，2014）。英国建设用地分类有两个层次，第一层次分类用于界定规划许可体系中“开发行为”的构成，分 A、B、C、D 四类；第二层次是用地政策分类，用于编制开发规划（结构规划和地方规划）。其中，A 类分为 A1 亚类商店、A2 亚类金融和专业服务设施、A3 亚类餐馆和咖啡馆、A4 亚类饮品店和 A5 亚类外卖热食店，B 类分为 B1 亚类商务设施、B2 亚类一般工业、B3～B7 亚类特殊工业以及 B8 亚类仓储和物流，C 类分为 C1

亚类旅馆、C2 亚类有居住的机构和 C3 亚类住宅，D 类分为 D1 亚类无居住设施的机构以及 D2 亚类集会和休闲（高捷，2012）。

4.1.3　空间要素的分类构想(图 4-1)

1. 空间结构分类构想

空间结构是指构成城镇经济、社会、环境发展的主要要素，在一定时间内形成的相互关联、相互影响与相互制约的关系在土地使用上的反映（袁大昌，何邕健，2009；华晨，曹康，等，2018）。在空间结构层次，主要关注新镇旧镇建设情况。

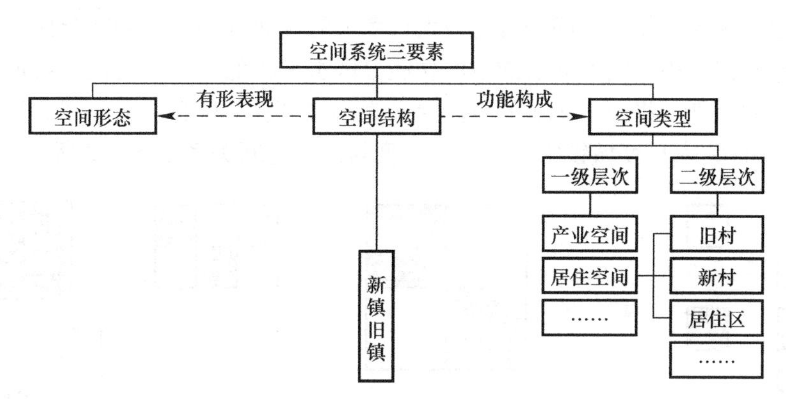

图 4-1　空间系统三要素构成图

新镇旧镇：随着对空间品质要求的提高，产业强镇通过新建或旧镇更新，形成新的城镇功能区，使得产业强镇在空间上呈现新镇旧镇并存的特征。新镇指围绕镇区中心的集中连片地区，建设风貌较新，主要包括镇区中心、居住空间中的居住区、新村和工业空间中的工业区、工业小区，以及与这些用地集中连片的功能片区，如公共服务、商业服务等；其他地区被粗略统计为旧镇。新镇旧镇无论在功能体系、城镇风貌、空间整合、设施配置等方面都存在显著差异。新镇旧镇指标主要考察新镇占城镇空间的比重。

2. 空间类型分类构想

空间类型是根据空间功能来划分的，空间功能包括居住生活、工业发展、综合服务、商业商务、物流仓储、绿地休闲、交通枢纽、战略预留等。考虑到产业强镇的特殊性和研究目的，主要强调三类空间。

居住空间：以居住生活功能为主的建设空间。根据建设形态，居住空间又分为居住区、新村、旧村。其中，居住区是指现代化居住区；新村是指经过规划引导，呈现整齐、单一形态的居住空间；旧村是指建设风貌偏旧，依山就势而呈现分散、灵活布局形态的居住空间。

工业空间：以工业发展功能为主的建设空间。根据空间尺度，工业空间进一步细分为工业区、工业小区和工业点。其中工业区对应镇级规模较大的集中型园区，工业小区对应村级规模中等的集中型工业用地或小微园区，工业点是指规模较小的分散、独立的工业用地。

混杂空间：工业空间与以居住功能为主的非工业空间混杂的建设空间。一般来说空间混杂主要有两种形式：①生产和生活混杂，包括城中厂（前店后居、商住混合模式）等；

②城市与乡村混杂，即城中村（梁励韵，刘晖，2012）。本书所说的混杂空间主要指城中厂类型，又包括两种情况：一是平面空间上的混杂，主要表现为工业点在城镇空间的散布；二是立体空间上的混杂，主要表现为上居下工，如纺织、鞋帽、开关等类型企业位于住宅底层。

3. 空间尺度与空间类型对应关系

相对于空间类型，功能结构表现为尺度较大的空间特征，可视为较大尺度上空间类型的综合表现。

城镇不同功能空间是相邻的，如居住空间和工业空间。一般认为，若居住空间和工业空间达到一定的规模，相邻空间表现为较大尺度上的空间分离，即功能分区；若居住空间和工业空间规模都较小，则不同功能空间功能分区水平较低，以空间混杂特征为主。根据影像图工业空间识别，将小于 1ha 的空间定义为小尺度城镇空间，1～10ha 为中尺度城镇空间，超过 10ha 为大尺度城镇空间。空间尺度与产居空间关系如图 4-2 所示。

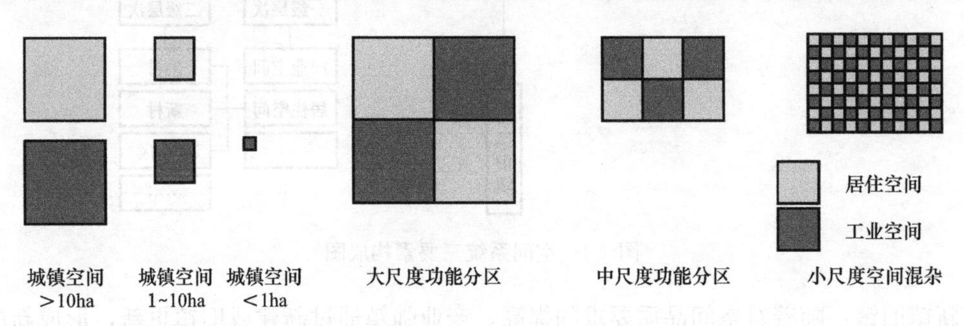

图 4-2　空间尺度与产居空间关系示意图

4.2　产业强镇区际空间特征比较

4.2.1　产业强镇新镇空间平均比重苏南最大，浙江最小

1. 各地产业强镇普遍存在新旧镇差异

新镇旧镇在各地产业强镇中普遍并存。由于受到户籍、土地、行政等城乡二元管理体制的制约，产业强镇普遍形成异于城乡二元景观的村镇空间交错分布的空间类型，形成“村村像城镇，镇镇像农村”的“半城半乡”风貌。近年来，由于提高土地利用效率、新增建设用地指标不足，产业强镇逐步进入空间再生产阶段，部分存量建设空间的功能和风貌有了很大改善；新建镇区的功能和风貌都显著差异于旧镇，部分产业强镇已经出现了新老镇区的分离。

新镇旧镇呈现迥异的空间形态和风貌。旧镇以原驻地村及其周边环境为主，基本还保留着集体土地性质，居住形式仍保留村居或新村形式，商业以沿街商铺为主。而新镇在空间上与老镇区有一定程度分离，有成体系的路网作为骨架，以现代化街区的尺度和形态组织空间，建筑以多层、高层为主，定位为新的综合服务和居住中心，商务办公、大型公共服务设施、行政设施以及现代化居住小区在这一区域分布，往往也会有综合性商业广场，满足更高端、品质化的商务商业居住需求（图 4-3）。

小榄镇老镇　金港镇老镇　柳市镇老镇

小榄镇新镇　金港镇新镇　柳市镇新镇

图 4-3　产业强镇新镇旧镇对比

2. 新镇发展水平不同，苏南地区新镇最发达，浙江省新镇最不明显

由于脱胎于乡村社会，产业强镇虽已具有坚实的工业化和城镇化基础，建成环境呈现鲜明的城市形态和风貌，但总体上半城半乡特征明显，新镇旧镇并存。一般来说，大都市区经济实力强、辐射能力大，其范围内产业强镇与独立型产业强镇相比，在城镇形态和风貌上有显著优势。浙江省经过多轮整治，城镇及乡村风貌总体底线较高。产业的发展水平不同，还导致区域间新镇发展水平存在明显差异。苏南地区产业强镇的新镇占镇区建设用地比重最高，达到 50.1%。珠三角次之，新镇占镇区建设用地比重达到 27.5%。浙江省新镇最不明显，新镇占镇区建设用地比重仅为 25.3%（表 4-3）。

典型镇新镇占建设用地比重（18 个镇）　　**表 4-3**

地区	平均建设用地（hm^2）	平均新镇（hm^2）	比重（%）
珠三角	3706	1021	27.5
苏南地区	4248	2128	50.1
浙江省	2701	683	25.3

来源：影像图识别。

4.2.2　工业空间比重高，空间形态类型多样

由于产业集群类型和用地空间组织化水平的差异，区域间产业强镇的工业空间呈现数量和形态两方面的差异。

1. 工业空间比重高，苏南地区最高，浙江省最低

不同于一般小城镇土地利用以居住、商业、公共服务职能为主的特征，在产业强镇城镇建成空间的组织和形成过程中，工业空间一直起着重要作用，占总用地比重较高。尽管近年随着城镇化的推进，部分与中心城市距离更近、联系更紧密的产业强镇开始向以居

住、商业和公共服务功能为主的建成空间转变，但工业空间仍是重要构成。

从工业空间比重来看，苏南地区产业强镇工业空间比重为46.8%，珠三角产业强镇工业空间比重为37.7%，浙江省产业强镇工业空间比重为26.5%（表4-4）。一方面，苏南地区镇区经过“三集中”，工业高度集中到镇区，而浙江省和珠三角很多工业散布在镇域。另一方面，苏南地区产业强镇的重工业比重最高，工业用地容积率不高；浙江省产业强镇则以轻工业为主，最适宜使用高楼层工业厂房，家庭作坊式工业最多，功能上往往呈现为“工居混杂”。所以，苏南地区产业强镇工业空间比重最高，珠三角次之，浙江省产业强镇工业空间比重最低。

典型镇工业空间占建设用地比重 **表4-4**

地区	平均建设用地（hm^2）	平均工业空间（hm^2）	比重（%）
珠三角	3706	1399	37.7
苏南地区	4248	1988	46.8
浙江省	2701	717	26.5

来源：影像图识别。

以柳市镇为例，柳市镇以生产低压电器配件为主，过去产品的生产主要依靠手工，存在大量家庭作坊，近年通过机器换人等进行技术升级，产品生产主要依赖于机械设备和智能生产线，且其设备体积较小便于“上楼”，因此企业通过改建厂房提高楼层、提高容积率的方式扩大产能在温州是非常普遍的，相当一部分企业厂房已经高达6层，在有限的用地上大幅提高了集约程度（图4-4）。而江苏省多数乡镇的产业相对偏“重”，如横林镇的强化木地板，锦丰镇、金港镇的化工制造，工业生产均需要大型设备，多数工业厂房只有1～2层（图4-5）。

图4-4　温州市乐清市某镇电气企业厂房

图4-5　苏州市张家港市某镇（左）、常州市溧阳市某镇（右）企业厂房

2. 工业空间形态多样，不同尺度的空间规模并存

从工业空间分布来看，产业强镇的工业空间既有集中连片的工业园区或工业集中区，

其中工业园有村级、镇级和镇级以上的级别类型；又有分散的单个工业企业、中小企业集聚的工业点或者小微园区。总体而言，产业强镇的空间混杂问题已有很大改善，但分散、破碎的工业空间仍较为普遍，村庄工业分布广泛。

首先，三个区域产业强镇呈现出开发单元的规模差异。苏南地区产业强镇工业企业“退村进园”最为彻底，工业用地集中布局的规模较大，多为镇级工业区，居住空间和工业空间的功能分离体现在镇级层面。珠三角产业强镇工业较多集中在村级园区，多为工业小区；镇级园区往往和村级园区并无根本上的规模差异，居住空间和工业空间的功能分离体现在村级层面。浙江省产业强镇组织化程度最低，工业用地最为分散，多为小微园区和工业点，居住空间和工业空间的功能分离体现在个体层面（图 4-6～图 4-8）。

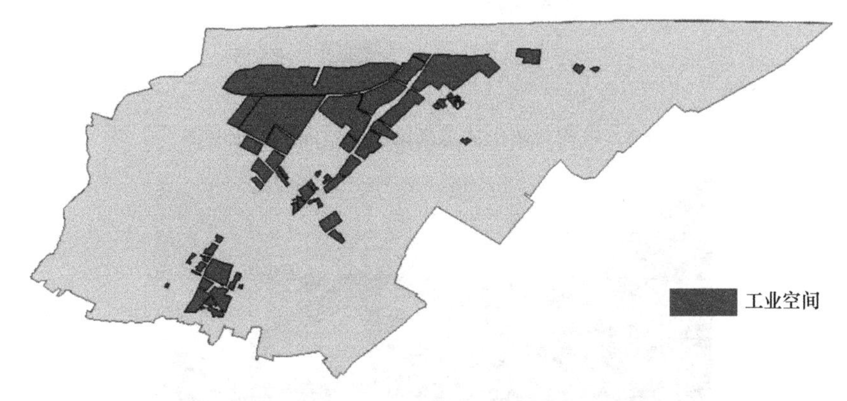

图 4-6　苏州市张家港市锦丰镇工业空间形态示意图

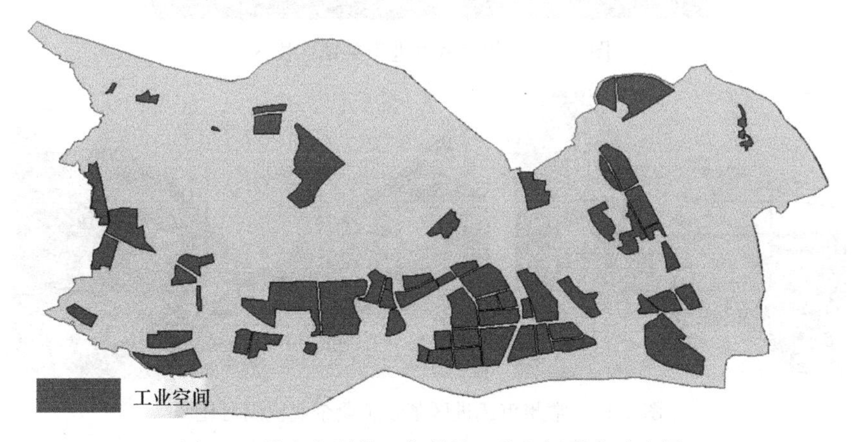

图 4-7　佛山市顺德区北滘镇工业空间形态示意图

其次，产业强镇园区行政级别强化了工业空间的规模差异。苏南地区的金港镇有国家级保税区和化工园区，锦丰镇有省级工业园区，新塘镇增城汽车产业基地属于省级高新区，除这三个镇外，其他案例镇工业集中区都是镇级工业园或村集中工业区，产业规模、厂房建筑质量和风格、园区基础设施配套等方面的建设水平和品质都较差，尤其是污水处理设施和管道不完善、园区绿化和开敞空间几乎没有，对产业强镇人居环境产生负面作用（图 4-9、图 4-10）。

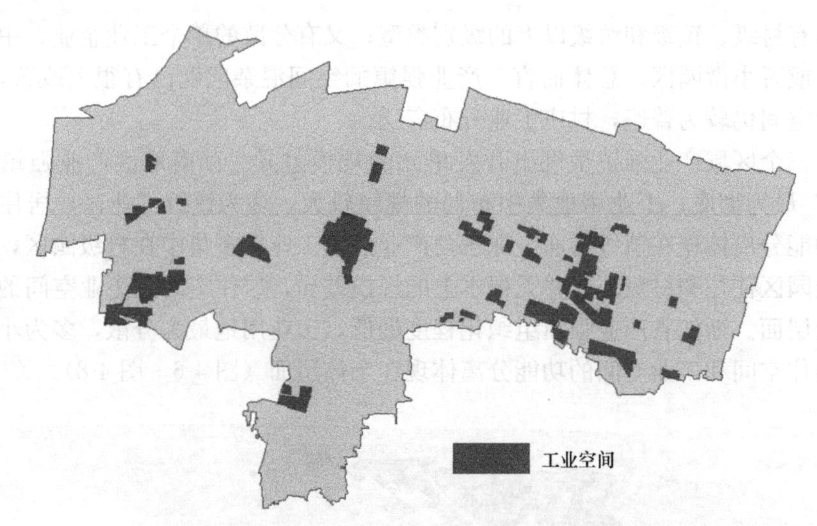

图 4-8 杭州市萧山区瓜沥镇工业空间形态示意图

图 4-9 苏州市张家港市某镇保税区

图 4-10 常州市武进区某镇工业企业包围村庄

4.2.3 镇区普遍有三种居住空间类型

1. 居住区、新村、旧村三种居住空间类型并存

在渐进的城镇更新和外延扩张过程中，产业强镇的居住空间类型也发生了很大变化。一方面，居民对生活品质的要求越来越高，镇区涌现一批现代化居住区；部分村庄则随着新房建设和就地改造，以行列式的形态完成新村建设。另一方面，仍有较多居住空间保留旧村的形态。所以，产业强镇镇区的居住空间呈现为居住区、新村、旧村三种形态。相对于居住区和新村两种居住形态，旧村也经过了一定的空间更新，但其更新仍遵循原有的空间肌理，也未与以工业为主的非居住功能发生空间分离。当传统的居住空间中，工业企业达到一定密度后，就形成了新的空间类型——混杂空间。

2. 居住空间的现代化类型比重，苏南地区最高、浙江省最低

在产业强镇发展过程中，居住空间类型由只有旧村，逐步演化为旧村、新村和居住区并存，各地更新路径的差别，导致三类居住空间构成比例存在差别。从居住空间的现代化程度来看，居住区高于新村，新村又高于旧村。

苏南地区居住空间更新程度最高，新村和居住区比重均较高。由于较早推动“三集中”为代表的空间再生产措施，苏南地区的居住空间更新最为彻底，因此居住空间中居住区比重最高，达到 35.6%；新村比重达 22.1%，也高于珠三角和浙江省；旧村比重最低，已降至 42.3%。总体而言，江苏省产业强镇旧村占比相对偏低，行列式新村及现代化封闭式居住小区的占比较高。

浙江省居住空间更新程度最低，旧村比重最高。浙江省基层开发的弱组织性和企业集群的根植性，导致居住空间更新力度不足，居住空间中居住区比重最低，仅为 12.8%；旧村比重最高，仍为 72.5%。

珠三角居住空间更新程度介于两者之间，居住空间以居住区和旧村为主。珠三角产业强镇要么建设居住区，要么尊重传统肌理维持旧村形态，较少建设新村。因此，珠三角产业强镇居住空间中居住区比重为 24.9%，旧村比重则为 68.3%，仍保持较高水平；新村比重处于很低状态，仅为 6.8%（表 4-5）。

案例镇居住空间构成类型　　**表 4-5**

地区	居住空间平均规模（hm^2）	居住区		新村		旧村	
		平均规模（hm^2）	比重（%）	平均规模（hm^2）	比重（%）	平均规模（hm^2）	比重（%）
珠三角	1260	314	24.9	86	6.8	860	68.3
苏南地区	1087	387	35.6	240	22.1	460	42.3
浙江省	1038	133	12.8	152	14.7	753	72.5

注：表中有部分数据，由于四舍五入，相加不为 100%，在此不作机械性调整，下同。
来源：影像图识别。

总体而言，苏南产业强镇的现代化类型已占主导，珠三角和浙江省的产业强镇还大量保留着传统村落形态。除新塘镇和濮院镇以外，其他产业强镇旧村占居住空间的比重超过 60%，而观海卫镇超过 80%，小榄镇近 90%。

4.2.4　混杂空间比重较高，区域差异较大

1. 产业强镇空间混杂现象较为普遍

长期以来，产业强镇用地破碎度高，土地利用混杂，处于一种低效的开发状态，造就较差的人居环境。2000 年以来，伴随着加入 WTO 带来的产业经济发展，各地产业强镇积极推动产业结构转型升级和城镇空间形态优化。由于空间优化程度不同，产业强镇空间混杂程度大致分为三种情况。第一种情况是产居功能空间混杂严重。部分产业强镇仍有大量工业和居住空间混合在一起，居住空间和工业空间规模较小且空间毗邻普遍，如小榄镇、柳市镇、横林镇等；混杂程度依旧十分高的横林镇，几乎处于“工业围村”“工业围城”。

第二种情况是产居功能实现了初步分离。部分产业强镇已经初步实现了产业与居住在一定尺度上的分离，空间混杂问题也得到一定程度上的解决，如北滘镇、观海卫镇。第三种情况是产居功能实现了空间优化。个别产业强镇进一步迈入功能分区明晰、产镇融合发展的阶段，空间混杂问题基本得到解决，如新桥镇、濮院镇（表 4-6）。

产业强镇空间混杂水平 表 4-6

状态	基本特征	案例镇
空间混杂	工业、居住用地碎片化程度高且存在相当比例家庭作坊为主的工业居住混合用地	珠三角：小榄镇、园洲镇 浙江省：柳市镇、瓜沥镇 苏南地区：横林镇
初步分离	通过“三集中”“三旧改造”或“三拆一改”等空间政策，推进土地综合整治，空间功能分区清晰，工业相对集中连片，但居住空间仍存在较多零散工业点	珠三角：北滘镇、石楼镇、茶山、新塘镇 浙江省：观海卫镇、店口镇 苏南地区：角直镇、金港镇、锦丰镇
空间优化	较大比例的工业和居住用地在空间上分别呈现连片集中，此外还有少量分散分布的工业点和村落	珠三角：大塘镇 浙江省：濮院镇 苏南地区：天目湖镇、新桥镇

2. 混杂空间主要呈现两种空间形态

脱胎于自下而上的乡村工业化，产业强镇在向现代化的城镇空间形态转型过程中，均或多或少留存一定的历史印记，从而导致在地域区位、城镇规模、产业类型等不同的产业强镇，混杂空间成为一种普遍存在的现象。

混杂空间主要表现为工业与村居的混合，其共同特点是工业生产对设备、规模和用地的需求不高，工业企业用地规模普遍较小，极容易出现家庭作坊或混杂在居住空间中的散布工业企业。具体而言，混杂空间呈现两种空间形态：①家庭作坊式空间混杂，即上住下厂（图 4-11）、上厂下店、前店后厂等情况，多出现于以零配件制造以及服装、纺织、鞋业、玩具、皮革等产业为主的产业强镇，如柳市镇、园洲镇、新塘镇等；②小尺度工业居住毗邻式混杂，即大量小尺度的居住空间和工业空间毗邻的混合状态，如小榄镇、横林镇、柳市镇等。

图 4-11 广州市增城区某镇上住下厂式空间混杂

3. 混杂空间比重苏南地区最低，浙江省最高

2000 年以来，各地逐步加强新增用地的统一规划管控，推动存量低效建设用地的整治，产业强镇建设空间混杂问题得到一定缓解。但由于多元主体利益取向不同，乡镇企业的“退村进园”过程远未完成。以城镇建设用地中混杂空间占建设用地比重来衡量空间混杂程度。总体而言，珠三角和浙江省产业强镇生产生活空间混杂的特征依然较为明显，混杂空间比重较高，其中珠三角产业强镇混杂空间比重为 6.4%，浙江省产业强镇混杂空间比重为 7.4%。苏南地区产业强镇经过“三集中”整治，生产、生活空间相对分明，产业强镇混杂空间比重为 6.1%（表 4-7）。

典型镇混杂空间占建设用地比重　　表 4-7

地区	平均建设用地（hm^2）	平均混杂空间（hm^2）	比重（%）
珠三角	3706	236	6.4
苏南地区	4248	258	6.1
浙江省	2701	199	7.4

来源：影像图识别。

4.3　珠三角地区产业强镇的空间特征比较

4.3.1　城镇空间总体呈现村级尺度的开发单元

1. 城镇空间普遍存在村级尺度的开发单元

由于珠三角产业强镇起步较早，且高度发达地区紧密地积聚在珠三角核心区有限的空间里，因而珠三角的产业强镇的土地开发强度普遍较高。同时，空间连绵开发的态势最为显著。在强大的基层社区力量下，产业强镇的村级单元长期以来一直是一个重要的经济主体——从早期的招商引资，到当前的物业出让，村级社区都起到强大的组织作用。珠三角产业强镇以村级为单元，形成多组团开发格局，且往往由村级尺度的开发单元构成一定的中等尺度居住-工业平衡单元（图 4-12）。

2. 城镇空间呈现镇村两级中心、多组团空间结构

在强大的工业化驱动下，珠三角产业强镇普遍形成了镇村两级共同发展的态势，镇级规模最大，村级亦发展成为较强大的功能组团。总体而言，珠三角产业强镇土地开发呈现如下几个特点：①镇域土地开发强度较大，从镇域层面来看，土地开发蔓延扩散，城乡边界较为模糊；②珠三角产业强镇的典型模式为镇村两级职能中心、多组团空间结构，镇区

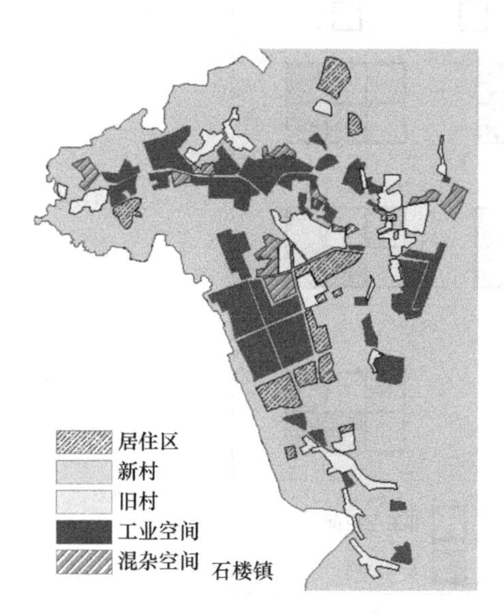

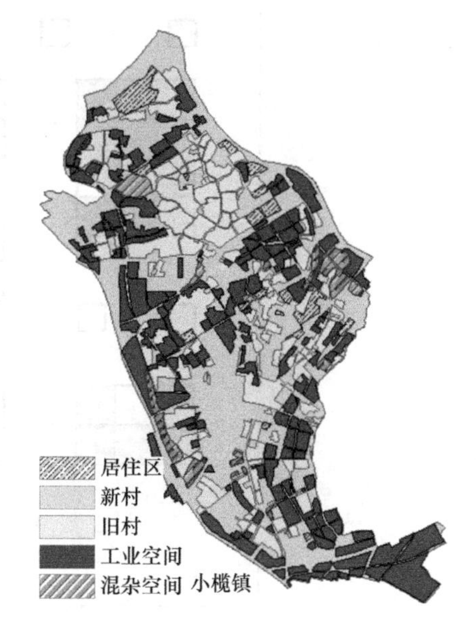

图 4-12　珠三角典型产业强镇空间特征示意图（一）

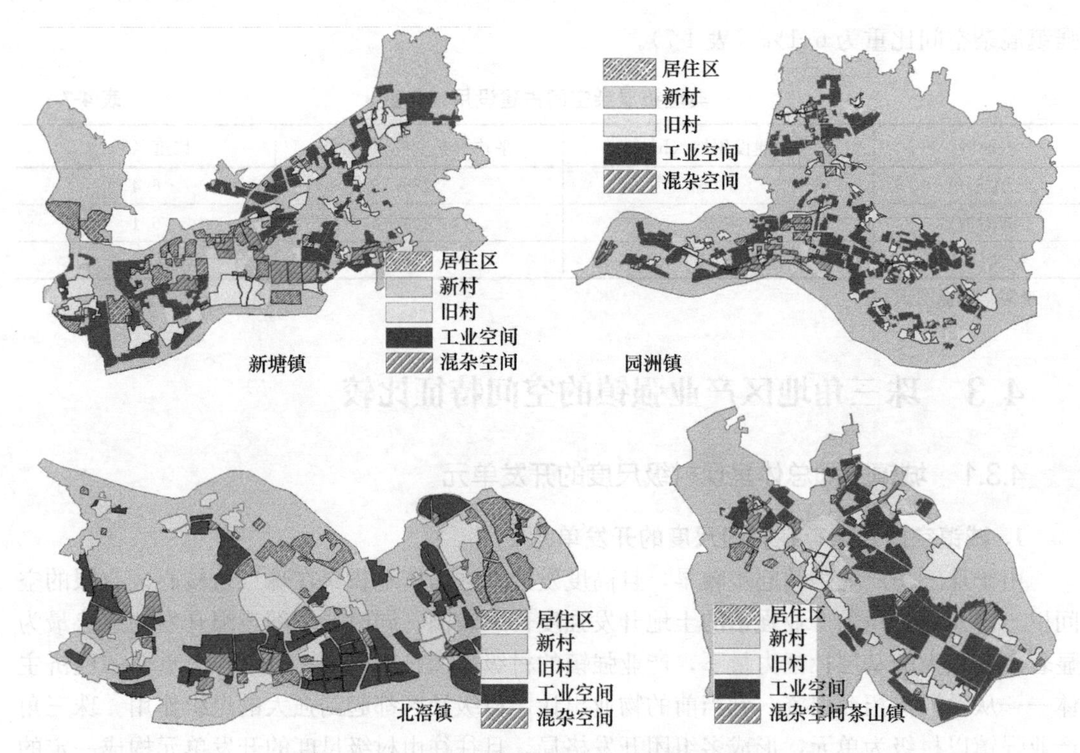

图 4-12 珠三角典型产业强镇空间特征示意图（二）

具有镇域唯一的中心功能区，且功能强于村级中心；但相对于苏南地区产业强镇，珠三角产业强镇的中心功能区占城镇建设用地比重偏小。在村级尺度上，珠三角产业强镇普遍形成多组团开发格局，且各开发组团构成一定的居住-工业平衡单元，居住空间和工业空间（工业小区）较多达到中等尺度（图 4-13）。

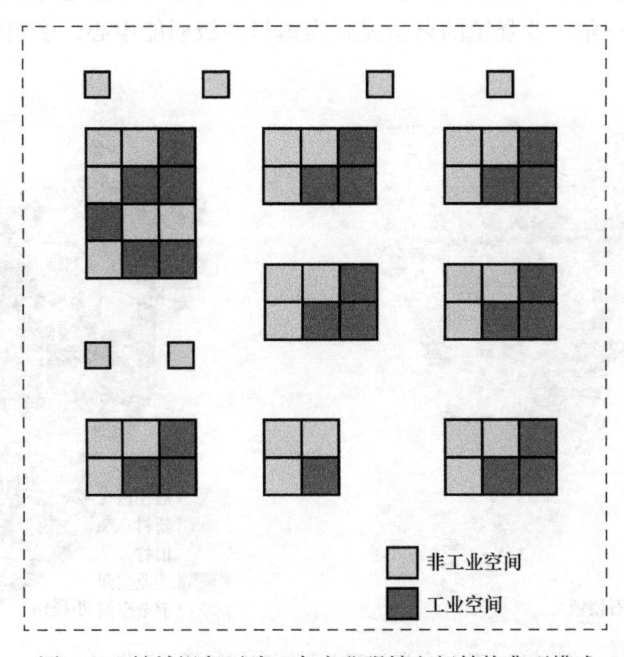

图 4-13 镇域视角下珠三角产业强镇空间结构典型模式

3. 大塘镇镇区统筹规划建设态势显著

大塘镇位于珠三角外围地区、北江东岸，是珠三角重要的传统农业基地。大塘镇政府意识到若无工业基础，依靠农业税收风险较大。2002 年开始，大塘镇政府抓住珠三角核心区产业向外围扩散的机遇，有远见地建设工业区，镇域工业均集中于此；村级则基本无工业园。这种开发前先规划的模式，是大塘镇较少发生无序蔓延的主因。由于大塘镇工业园是三水区整个北部地区的工业中心，且服务业、公共服务设施不足，故工业用地比重远高于一般水平。对镇区功能进行整体统筹安排，而非在村级尺度基础上分散开发（图 4-14、表 4-8）。

专栏 10　佛山市三水区大塘镇统筹镇区规划建设

大塘镇镇域中部以工业为主，北部山发展生态农业、传统种植业，南部发展农业，实现渔业规模发展，功能片区划分清晰，空间结构很明确，公共服务全部位于新城。工业园功能纯粹，正在考虑完善园区生产性服务业。

老镇区基本保持 20 世纪 80 年代风貌，老城是泄洪区，发展受限，规定北江大堤外不许搞建设，但现状有建设；只能以旧修旧做小旅游，但不能新建。1994 年镇政府搬到现在的位置，2010 年前这里只有一条国道和两边的建筑，近几年才具有了城镇面貌。老镇区规划面积为 5.5km^2。

基本没有村级的工业园，工业布局在集中区——大塘工业园，园区内有接近 400 家企业。有完备的基础市政设施配套，并实施统一的集中供气以及集中污水处理，集中烧蒸汽锅炉。

资料来源：2020 年 8 月 5 日、18 日、19 日某镇访谈。

图 4-14　佛山市三水区大塘镇空间特征示意图

珠三角典型镇空间特征　　**表 4-8**

镇名	镇区布局	功能分区	空间类型	居住布局
大塘镇	建设用地集约，未出现无序蔓延	旧镇、新城、开发区三大组团；较少混杂	工业用地比重偏高	较少进行旧村改造，有一定数量的新建现代小区

续表

镇名	镇区布局	功能分区	空间类型	居住布局
北滘镇	非农建设中心三大片区，蔓延得到一定控制	北生活、南生产；较少混杂	工业用地比重较为合理	现代小区较多，购买者主要来自中心城区
小榄镇	镇域蔓延，围绕政府初步形成镇中心	空间结构不清晰；生产生活混杂严重	工业用地比重偏高，基于村单元组织开发	现代小区较少
石楼镇	镇域组团式开发，镇中心功能较好	西工东居，存在一定的工业围城	工业用地比重较为合理	现代化的亚运城与旧村并存，广州中心城区的卧城
新塘镇	基于村域尺度，组团式开发	镇区中心基本形成，组团内部生活生产清晰；较少混杂	工业用地比重较为合理	现代小区较多，购买者主要来自中心城区
园洲镇	一主（园洲）一副（九潭），镇域用地有一定蔓延	工业围城，用地散布问题突出	工业用地比重较高	较少进行旧村改造，旧村较多；现代化小区面向外来人口
茶山镇	基于村域尺度，组团式开发	镇区中心基本形成，组团内部生活生产清晰；较少混杂	工业用地比重较高	现代小区较多，购买者以本地居民为主

4.3.2 核心与外围：产业强镇空间特征的渐变

1. 珠三角核心到外围，新镇比重逐步下降

在珠三角的城镇化版图上，深圳-东莞-广州-佛山一线代表着发展最高水平，也是珠三角的核心区。周围则随着与核心区的距离增加而发展水平递减。珠三角产业强镇中，新镇的空间分布，呈现类似的特征（表 4-9）。

珠三角典型镇新镇比重 **表 4-9**

镇名	建设用地（hm^2）	新镇（hm^2）	比重（%）
新塘镇	6118	390	6.4
北滘镇	5221	2294	43.9
小榄镇	4852	620	12.8
茶山镇	2745	1787	65.1
石楼镇	1906	476	25.0
大塘镇	1492	1420	95.2
园洲镇	3609	159	4.4
平均	3706	1021	27.5

来源：影像图识别。

第一种类型，茶山镇、北滘镇、石楼镇。这三个镇位于珠三角核心区，由于有较好的经济基础和丰富的外来投资，对未来接续产业信心较足，故进行“三旧改造”的意愿较强，实施效果也较好，新镇比重（即新镇占镇区建设用地比重，下同）分别达到 65.1%、43.9%、25.0%。

第二种类型，新塘镇和小榄镇。这两个镇位于珠三角核心区，开发起步较早且迅速蔓延全镇，土地开发强度很高；由于缺乏足够的新增空间，新镇只能通过“三旧改造”来实

现，难度较大。故新镇比重分别仅有 6.4%和 12.8%。

第三种类型，园洲镇。由于对自身产业基础和承接扩散产业的信心不足，园洲镇难以推动“三旧改造”，因而产业强镇空间生产过程呈现很强的路径依赖，新镇比重也较小，仅为 4.4%。

第四种类型，大塘镇。大塘镇是 2000 年以后发展起来的，新居住空间和工业园区起始即被纳入统一的规划管控，形成建设品质较高的新镇，故新镇比重最高，达到 95.2%。

2. 珠三角核心到外围，工业空间比重逐步上升

从产业发展水平来看，珠三角核心区产业强镇工业发展水平呈现从核心区向外围区递减的特征，但工业空间比重（即工业空间占镇区建设用地的比重，下同）却呈现出与之相反的特征。大致而言，产业强镇根据工业发展特征的不同分为四种类型，也呈现出四种工业空间比重（表 4-10）。

珠三角典型镇工业空间比重　　表 4-10

镇名	建设用地（hm^2）	工业空间（hm^2）	比重（%）
新塘镇	6118	1407	23.0
北滘镇	5221	1960	37.5
小榄镇	4852	2434	50.2
茶山镇	2745	965	35.2
石楼镇	1906	637	33.4
大塘镇	1492	925	62.0
园洲镇	3609	1465	40.6
平均	3706	1399	37.7

来源：影像图识别。

第一种类型，新塘镇。新塘镇位于珠三角核心区，工业空间比重仅为 23.0%，在珠三角 7 个案例镇中处于最低水平。由于邻近广州市中心城区，近年来新塘镇“工改商住”需求旺盛，且传统的牛仔服装企业大量外迁，从而导致工业空间比重较低。

第二种类型，茶山镇、石楼镇和北滘镇。这三个镇位于珠三角核心区，工业空间比重分别为 35.2%、33.4%和 37.5%。这三个镇工业较为发达，工业空间集中开发和“工改工”动力较足，用地效率较高。

第三种类型，园洲镇和小榄镇。这两个镇位于珠三角核心区边缘，工业空间比重较高，分别为 40.6%和 50.2%。园洲镇工业基础相对较弱，但用地效率低，城镇更新进展缓慢，工业空间比重高。小榄镇工业较发达，但村级利益过大而更新不力，从而导致用地效率不高，工业空间比重较高。

第四种类型，大塘镇。大塘镇是独立型产业强镇，位于珠三角外围区，其产业园区是周边很大范围的工业中心，服务范围远超过大塘镇域本身。因此，大塘镇工业空间比重高达 62.0%，远超过其他案例镇。

3. 珠三角核心到外围，居住区比重递减、旧村比重递增（表 4-11）

（1）居住空间中居住区比重由珠三角核心区向外围区逐步降低

从居住空间的现代化水平来看，珠三角核心区产业强镇居住空间中的居住区比重（即居住区占居住空间的比重，下同）呈现从核心区向外围区递减的特征。大致而言，产业强镇居住空间中的居住区比重分为三种类型。

珠三角典型镇各类居住空间比重　　表 4-11

镇名	居住空间 (hm^2)	居住区		新村		旧村	
		规模 (hm^2)	比重 (%)	规模 (hm^2)	比重 (%)	规模 (hm^2)	比重 (%)
新塘镇	1824	676	37.1	274	15.0	874	47.9
北滘镇	2098	790	37.7	13	0.6	1295	61.7
小榄镇	2349	265	11.3	9	0.4	2075	88.3
茶山镇	689	78	11.3	164	23.8	447	64.9
石楼镇	575	181	31.5	0	0.0	394	68.5
大塘镇	399	52	13.0	0	0.0	347	87.0
园洲镇	884	155	17.5	144	16.3	585	66.2
平均	1260	314	24.9	86	6.8	860	68.3

来源：影像图识别。

第一种类型，新塘镇、石楼镇、北滘镇，居住空间中居住区比重分别为 37.1%、31.5%和 37.7%。这三个镇不仅位于珠三角核心区，自身具有很强的居住区建设诉求，还深受广州市的影响，其居住功能很大程度上面向以广州市为主的中心城市市场，如新塘镇的碧桂园、石楼镇的亚运村等。

第二种类型，园洲镇，居住用地中居住区比重为 17.5%。园洲镇位于珠三角核心区边缘，自身对现代化居住区具有一定诉求，但更主要的客户来自珠三角核心区的广州市、东莞市等中心城市。

第三种类型，茶山镇、小榄镇和大塘镇，居住用地中居住区比重分别为 11.3%、11.3%和 13.0%。这三个镇位于珠三角核心区边缘和外围区，居住区主要面向本地市场，建设现代化居住区的诉求偏弱。

（2）居住空间中旧村比重呈现珠三角核心区向外围区逐步上升的趋势

旧村比重（即旧村占居住空间的比重，下同）主要取决于旧村改造的力度。整体而言，珠三角越外围的地区，旧村改造的意愿和能力越弱，从而使旧村这一居住空间形态长期、大规模地保留下来，造成珠三角核心区产业强镇居住空间中的旧村比重与居住区比重相反，呈现从珠三角核心区向外围区逐步上升的趋势。大致而言，产业强镇居住空间中的旧村比重也分为三种类型。

第一种类型，小榄镇和大塘镇，居住用地中旧村比重分别为 88.3%和 87.0%。这两个镇的共同特点是除了建设一定量的居住区外，基本上没有成规模建设新村，故保留了大量旧村形态的居住空间。

第二种类型，石楼镇、北滘镇，居住用地中旧村比重分别为 68.5%和 61.7%。这两个镇均建有较高比例的现代化居住区，但几乎没有建设新村或建设数量甚少，故旧村比重并不低。

第三种类型，新塘镇、茶山镇和园洲镇，居住用地中旧村比重分别为 47.9%、64.9%和 66.2%。这三个镇不仅具有一定的居住区，而且具有数量可观的新村，故旧村比重整体偏低。

4. 珠三角核心到外围，混杂空间比重递增

虽然经过一定程度的工业空间整治，珠三角产业强镇镇域企业从大分散布局转变为小型块状集聚，村级单元的工业企业集聚在工业集中点；但是工业集中点规模有限，从镇域范围来看，集中连片（北滘镇）和散点布局（小榄镇、园洲镇）并存，珠三角产业强镇生产生活空间混杂的特征依然较为明显。进一步分析，珠三角产业强镇的混杂空间比重（即混杂空间占镇区建设用地的比重，下同），呈现从珠三角核心区向外围区递减的特征。总体而言，珠三角案例镇的空间混杂情况可分为三种类型（表 4-12）。

珠三角典型镇混杂空间比重　　表 4-12

镇名	建设用地（hm^2）	混杂空间（hm^2）	比重（%）
新塘镇	6118	377	6.2
北滘镇	5221	324	6.2
小榄镇	4852	335	6.9
茶山镇	2745	155	5.6
石楼镇	1906	120	6.3
大塘镇	1492	0	0.0
园洲镇	3609	337	9.3
平均	3706	235	6.3

来源：影像图识别。

第一种类型，大塘镇，基本没有混杂空间。镇域内产业开发集中于镇区，并跳出老镇建新镇，形成清晰的单中心结构。这得益于 2000 年以后开始进入工业化轨道之际，镇政府在发展之初预先规划工业区，工业均被纳入工业园区；同时，严格管控使得村里并未发展起工业企业。

第二种类型，茶山镇、新塘镇、石楼镇、北滘镇、小榄镇，混杂空间比重分别为 5.6%、6.2%、6.3%、6.2%和 6.9%。这五个镇工业基础较好，基本上形成比较清晰的镇村两级工业园区，传统低效、混杂于居住空间的工业企业得到一定整治，故存在一定的混杂空间，且彼此之间混杂程度相当。

第三种类型，园洲镇，混杂空间比重为 9.3%，远高于其他案例镇。园洲镇由于发展水平相对较低，空间再生产能力不足，历史上延续下来的混杂的空间形态迟迟得不到改善，故混杂空间比重较大。

4.4　苏南地区产业强镇的空间特征比较

4.4.1　城镇空间总体呈现镇级尺度的开发单元

1. 多数产业强镇已初步走出空间混杂状态

改革开放之后，中央到地方各级政府相继出台了一系列关于乡村工业发展的用地、贷款、税收等优惠政策。在社队企业的基础上，苏南地区乡镇政府引导村集体大力推动乡镇企业发展，推动了产业强镇的崛起，也造就了早期的分散布局。20 世纪 90 年代之后，随着“新苏南模式”的崛起，传统乡镇企业衰落，全球化资本成为越来越重要的经济主体。20 世纪 90 年代后期“三集中”被提出，产业强镇逐步形成了“一镇一园”“一镇多园”的

空间格局（王勇，2006）。尽管大部分私营企业，尤其是家庭工厂式微型企业滞留在村、组内部（李红波，等，2018），但随着“三集中”、“三优三保”、产镇融合等政策的持续推进，苏南地区的产业强镇连绵开发得到有效控制，空间功能分区清晰，工业相对集中连片、对居住空间产生的影响较小，且镇区空间转型促进产业进一步集聚和提升，累积产业特色优势、塑造活力社会，并且通过空间整治改善了镇区人居环境品质（图 4-15）。

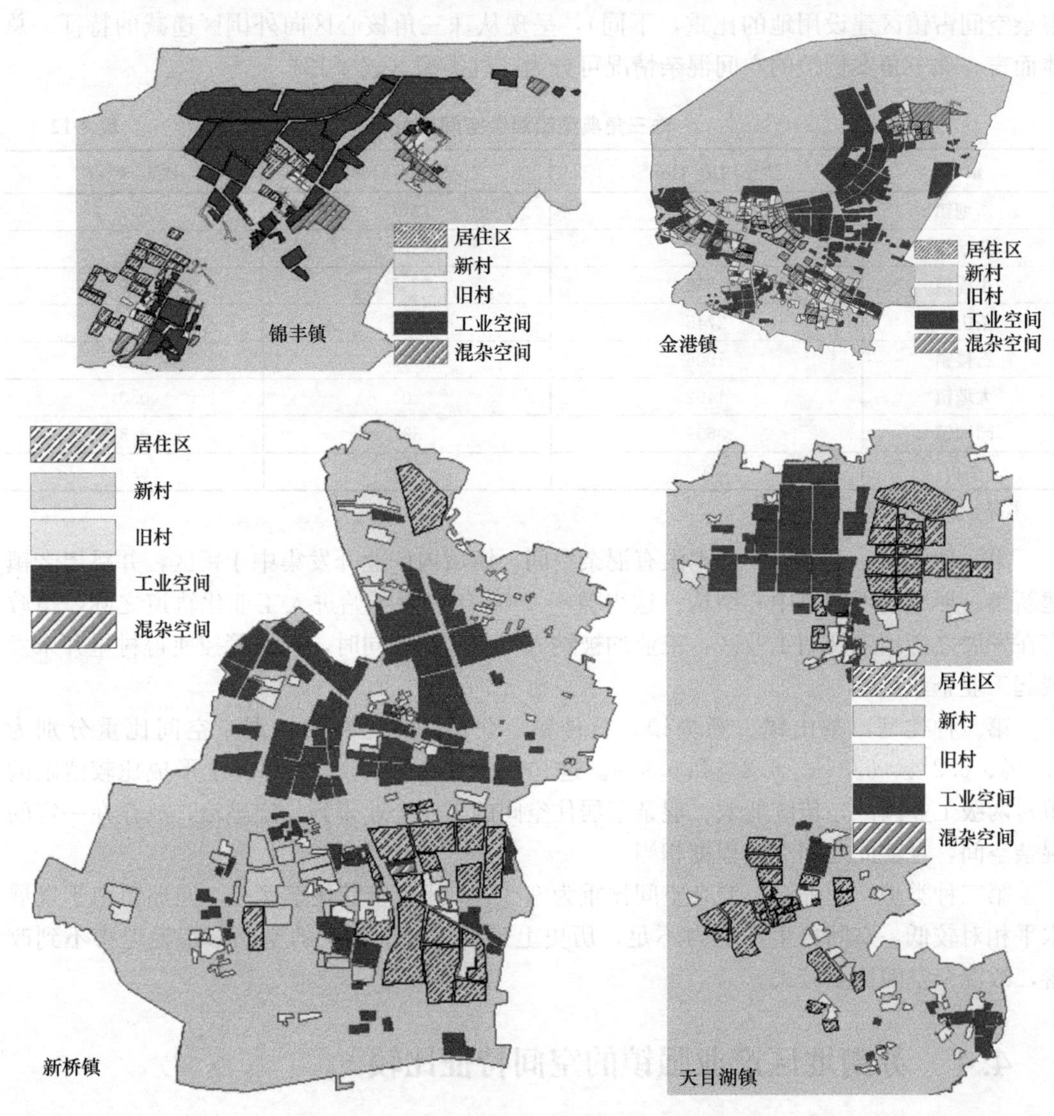

图 4-15　苏南地区典型产业强镇空间特征示意图

2. 城镇空间呈现镇级尺度的多中心结构

经过改革开放 40 多年的发展，苏南地区产业强镇普遍具有一定的产业基础。在强大的政府执行力和发达的产业基础支持下，苏南地区持续推动产业和居住混杂的整治工作，工业的“退村进园”工作进展较好。

城镇空间呈现镇级层面的产居分离。苏南地区产业强镇多为“一镇一园”“一镇多园”的空间格局，居住空间和工业空间分区清晰，工业相对集中连片，对居住空间产生的影响较小，镇级层面的统筹规划建设特征显著。镇域村级产业单元的规模多与镇级产业单元不具有可比性，城乡建设用地边界比较清晰。

城镇空间呈现典型的多中心结构。2000 年左右苏南地区展开了大幅度的乡镇区划调整，已经具有较好发展基础的小城镇虽然被降格为新的产业强镇的组团，但产业发展持续了下来。目前多数产业强镇是多个小城镇合并的结果，镇区普遍形成多个相对平衡的功能组团的空间结构，各个组团功能均较强；居住空间和工业空间整合程度较高，多数保持着较大空间尺度。苏南地区的案例镇中，仅新桥镇未发生过区划调整，故表现为清晰的单中心结构（图 4-16）。

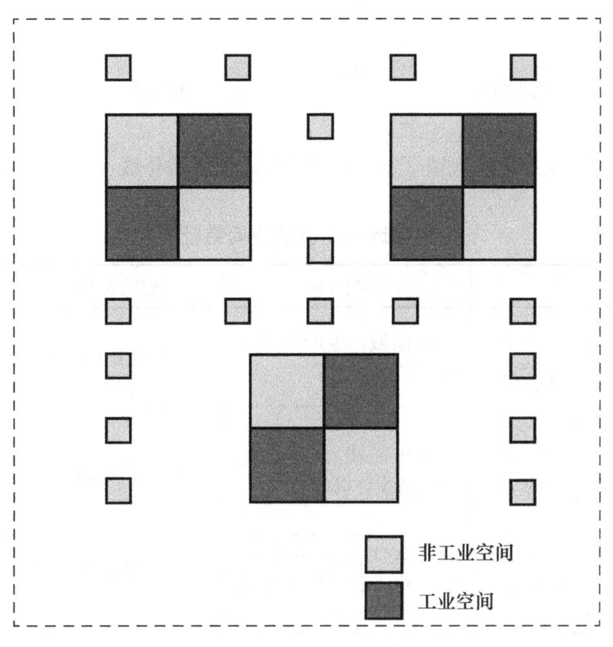

图 4-16　镇域视角下苏南地区产业强镇空间结构典型模式

3. 个别产业强镇陷入空间混杂的路径依赖

常州市横林镇和苏州市角直镇分别于 20 世纪 80 年代和 20 世纪 90 年代发展起来，土地开发早于规划管控，故起步阶段形成了生产生活功能混杂的空间特征。与苏南地区的典型产业强镇不同，在苏南地区推行“三集中”、“三优三保”、产镇融合等空间政策时，横林镇和角直镇受到政府调控能力和产业支撑基础等因素的影响，只能在存量建设用地上进行微调，从而陷入空间混杂的路径依赖（图 4-17）。

苏南地区案例镇空间特征见表 4-13。

4.4.2　东部与西部：产业强镇空间特征的渐变

1. 新镇比重自东向西逐步下降

由于产业基础发达和政府强力推动“三集中”“三优三保”等土地整治行动，苏南地区新镇建设程度明显高于珠三角和浙江省。同时，由于苏南地区东西发展不均衡，产业强镇的新镇比重呈现自东向西逐步下降的态势。苏州市的锦丰镇、金港镇新镇比重分别为 91.6%和 40.5%，较低的角直镇新镇比重也达到 35.2%；而常州市的横林镇新镇比重仅为10.9%，新镇比重非常低。

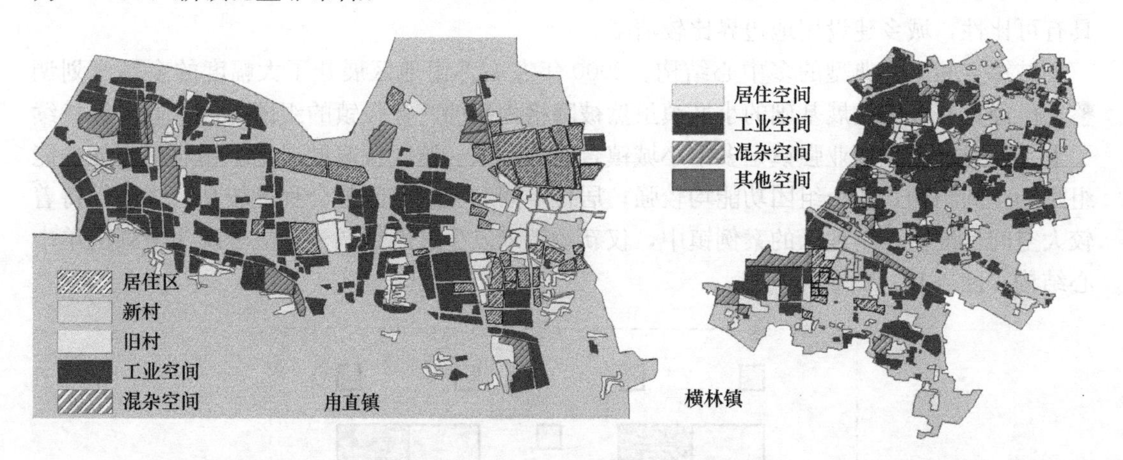

图4-17 苏州市吴中区角直镇（左）和常州市武进区横林镇（右）空间特征示意图

苏南地区案例镇空间特征 **表4-13**

镇名	镇区布局	功能分区	空间类型	居住布局
锦丰镇	两主（原锦丰、合兴）一副（三兴），用地紧凑	工业围城；生产生活少许混杂	工业用地比重超高	旧村沿路、渠分布；通过“三集中”整体已进镇，转变为小区
金港镇	一主（金港镇——原港区镇和中兴镇融合一体）三副（南沙、后塍、德积），用地紧凑	每个组团基本分开；生产生活少许混杂	工业用地比重较高	旧村已很少；通过“三集中”整体已进镇，转变为小区
天目湖镇	南北两大片区，南片区居住为主，北片区西工东居，用地紧凑	南片区工业逐步迁出，已较少；北片区西工东居，基本无混杂	工业用地比重较为合理	南片区高档小区较多；北片区现代化小区较多
横林镇	一主（横林）一副（崔桥），建设蔓延全镇	空间结构不清晰；生产生活混杂严重	工业用地比重太高	旧村较多，现代化居住小区较少
新桥镇	建设用地集约	南住北工，空间结构清晰	工业用地比重适当	旧村较少，基本转型为现代化居住小区
角直镇	建设用地集约	生产生活沿交通东西向展开	工业用地比重偏高	现代小区比重较高，主要购买者来自周边地区（苏州开发区）

新桥镇和天目湖镇则是苏南地区的特例。新桥镇作为“三集中”的典范，通过空间再生产实现了城镇空间高度优化，新镇比重高达76.0%。天目湖镇大规模开发是基于规划管控而进行的，新的开发建设从一开始即被纳入统一规划的轨道，执行较高的建设标准，故新镇比重也达到76.2%（表4-14）。

苏南地区产业强镇新镇比重 **表4-14**

镇名	建设用地（hm^2）	新镇（hm^2）	比重（%）
金港镇	10059	4073	40.5
锦丰镇	5153	4718	91.6
角直镇	3222	1133	35.2

续表

镇名	建设用地（hm²）	新镇（hm²）	比重（%）
新桥镇	1320	1003	76.0
横林镇	3870	420	10.9
天目湖镇	1865	1422	76.2
平均	4248	2128	50.1

来源：影像图识别。

2. 工业空间比重高，自东向西递增

工业空间比重主要取决于两个要素，一是工业发达水平，二是工业用地效率。由于产业强镇自东向西空间再生产水平逐步降低，因此用地效率也呈现自东向西逐步降低的态势，从而导致工业空间比重自东向西递增。苏南 6 个案例镇可分为三种类型（表 4-15）。

苏南地区典型镇工业空间比重　　**表 4-15**

镇名	建设用地（hm²）	工业空间（hm²）	比重（%）
金港镇	10059	4574	45.5
锦丰镇	5153	2891	56.1
角直镇	3222	976	30.3
新桥镇	1320	400	30.3
横林镇	3870	2522	65.2
天目湖镇	1865	564	30.2
平均	4248	1988	46.8

来源：影像图识别。

第一种类型，金港镇、锦丰镇、角直镇。这三个镇工业最为发达，虽然用地效率也较高，但工业空间比重仍处于较高水平，金港镇和锦丰镇分别达到 45.5%和 56.1%。角直镇工业基础相对薄弱，工业空间比重也相对较低，为 30.3%。

第二种类型，横林镇。横林镇工业较为发达，但用地效率不高，从而导致工业空间比重最高，达到 65.2%。

第三种类型，新桥镇和天目湖镇。新桥镇工业发达，但工业在镇区工业园区相对集中，用地效率高，工业空间比重为 30.3%。天目湖镇工业起步较晚、规划管控严格，用地效率较高，且旅游、对外服务的居住用地比重较大，工业空间比重最低，仅为 30.2%。一定程度上，新桥镇和天目湖镇代表着苏南地区产业强镇的两种特殊情况。

3. 自东向西居住区比重递减，旧村比重递增

由于经济发达和较早启动空间再生产，整体来看，苏南地区产业强镇的居住空间中居住区和新村比重高，旧村比重较低。同时，由于区域内部发展的不均衡，居住区比重自东向西递减，旧村比重自东向西递增。进一步分析，苏南地区 6 个案例镇可分为三种类型（表 4-16）。

第一种类型，金港镇、锦丰镇，居住区比重高、旧村比重低。这两个镇经济基础较好，工业用地需求大，因而有足够的能力和动力推动旧村改造，统一建设居住区和新村。金港镇和锦丰镇居住空间中的居住区比重分别为 27.0%和 45.7%，处于较高水平；新村比重分别为 30.6%和 28.0%，明显高于其他案例镇；旧村比重分别为 42.4%和 26.3%，处于较低的水平。

苏南地区典型镇各类居住空间构成　　表 4-16

镇名	居住空间（hm^2）	居住区		新村		旧村	
		规模（hm^2）	比重（%）	规模（hm^2）	比重（%）	规模（hm^2）	比重（%）
金港镇	2283	617	27.0	699	30.6	967	42.4
锦丰镇	1003	458	45.7	281	28.0	264	26.3
角直镇	827	362	43.8	23	2.8	442	53.4
新桥镇	397	207	52.2	91	22.9	99	24.9
横林镇	1229	139	11.3	327	26.6	763	62.1
天目湖镇	781	536	68.6	19	2.4	226	28.9
平均	1087	387	35.6	240	22.1	460	42.3

来源：影像图识别。

第二种类型，横林镇，居住区比重低、旧村比重高。横林镇居住空间主要面向本地市场，居住区需求不足；工业和居住混杂的状态，使得空间再生产难以推进。居住区比重仅为 11.3%，而旧村维持较高比重，达到 62.1%。

第三种类型，角直镇、新桥镇、天目湖镇，居住区比重高。这三个镇的共同特征是居住空间有明显区域指向，城镇空间中形成部分面向周边地区的“嵌入式”居住空间——居住区。三个镇居住空间中的居住区比重分别为 43.8%、52.2%和 68.6%，远高于平均水平。新桥镇低效城镇空间再生产较为彻底，天目湖镇南部片区进行了较多的高端开发，北部片区基本上属于新建区；两个镇旧村比重都比较低，分别为 24.9%和 28.9%。角直镇则由于低效城镇空间再生产工作推进不理想，较少进行新村建设，旧村比重高达 53.4%，仅低于横林镇。

4. 混杂空间比重较低，自东向西逐步递增

相对于珠三角和浙南地区，苏南地区的产业强镇地形较为平坦，建设用地指标较为充沛，“强政府、弱社区”有利于政府统筹土地开发，生产-生活混杂问题得到初步控制，混杂空间比重相对较低。总体而言，产业强镇混杂空间比重自东向西递增（表 4-17）。

苏南地区典型镇混杂空间比重　　表 4-17

镇名	建设用地（hm^2）	混杂空间（hm^2）	比重（%）
金港镇	10059	462	4.6
锦丰镇	5153	299	5.8
角直镇	3222	259	8.0
新桥镇	1320	7	0.5
横林镇	3870	516	13.3
天目湖镇	1865	6	0.3
平均	4248	258	6.1

来源：影像图识别。

首先，苏州市锦丰镇、金港镇等产业强镇整体功能分区比较清晰。镇域乡村地区工业基本退出，工业高度集中在镇区，混杂空间比重分别为 5.8%和 4.6%。但角直镇在推动功能分区方面进展缓慢，尚存在一定的混乱。而常州市的横林镇则存在大量的工业企业散布于村中，混杂空间比重高达 13.3%。

其次，部分产业强镇由于自身特质，形成了不同于地区一般模式的空间特征。苏州市产业强镇空间混杂程度普遍较低，但角直镇混杂空间比重却高达 8.0%。无锡市江阴市新桥镇坚定不移地推进“三集中”和城乡建设用地增减挂钩，带来城镇空间优化和建设用地指标节余，既保证了传统纺织服装和新能源产业的发展，又为建设飞马水城等高品质休闲空间创造条件，其混杂空间比重仅为 0.5%。常州市天目湖镇 2000 年以后开始进入工业化轨道，在靠近溧阳市区处独立建设工业园区，避开在老镇区发展工业，并把老镇区工业逐步迁出，以支持老镇区建设旅游服务基地，南北两大片区功能明确，南片区居住为主，北片区西工东居，空间结构非常清晰，混杂空间比重仅为 0.3%。

4.5　浙江省产业强镇的空间特征比较

4.5.1　城镇空间总体呈现个体尺度的开发单元

1. 典型产业强镇呈现个体尺度的开发单元

无论是起源于乡镇企业的浙北地区，还是起源于家庭企业的浙南地区，由于存在“弱政府、弱社区”，城镇空间的组织化程度相对较低，使得企业个体在村域土地上的分散布局现象在三大模式中最为突出。工业企业布局最初在乡村呈现“大分散”状态，产业强镇的崛起使工业企业布局逐步转变为“大分散、小集中”块状集聚状态（李王鸣，等，2004），但采用标准技术、占地少的轻工业更容易根植于村庄空间，从而使得企业的“脱村化”过程更为曲折。虽然也有个别村庄，在村集体的大力协调下，一定程度上实现了村级单元的土地整合，如柳市镇的苏吕村，但相对于珠三角和苏南地区的组织化程度来说，浙江模式中，这仅是个例。总体而言，从镇域层面来看，浙江省的产业强镇普遍存在镇区中心不明显、功能分区不清晰、用地绵延扩张等特征（图 4-18）。

2. 城镇空间结构呈现个体尺度的弱镇村两级功能体系

由于浙江省实行“弱政府、弱社区”的弱组织化模式，相对于珠三角和苏南地区的产业强镇，浙江省的产业强镇普遍存在镇区中心不明显、功能分区不清晰、用地绵延扩张等

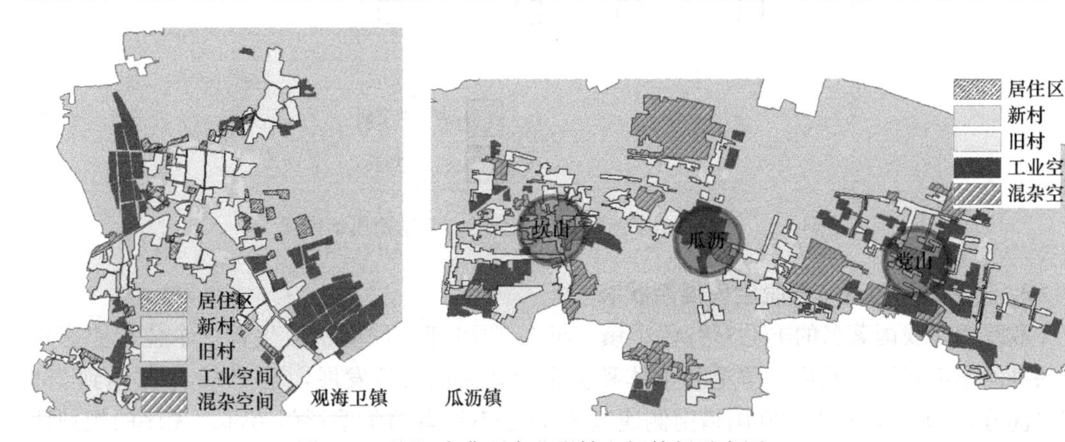

图 4-18　浙江省典型产业强镇空间特征示意图（一）

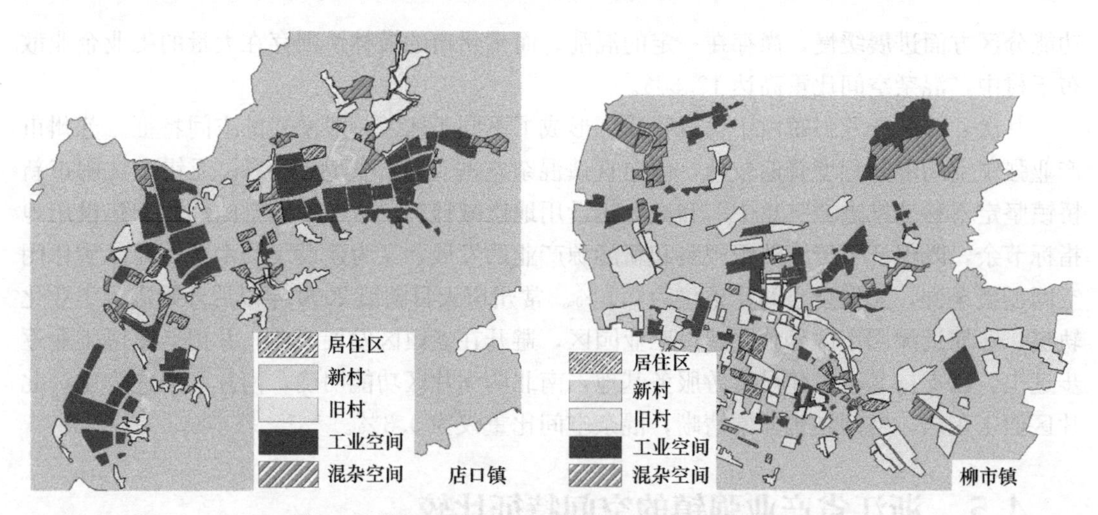

图 4-18　浙江省典型产业强镇空间特征示意图（二）

特征。浙江省产业强镇虽然也呈现镇村两级的功能体系，但镇区内部往往中心功能区并不清晰，或规模较小。因此，浙江省产业强镇的典型模式为镇级、村级扁平化、一体化，功能分区不清晰，中心职能和空间组织差异较小，呈现多中心、连绵开发的空间结构。居住空间和工业空间（小微园区、工业点）较为破碎，多保持着较小尺度（图 4-19）。

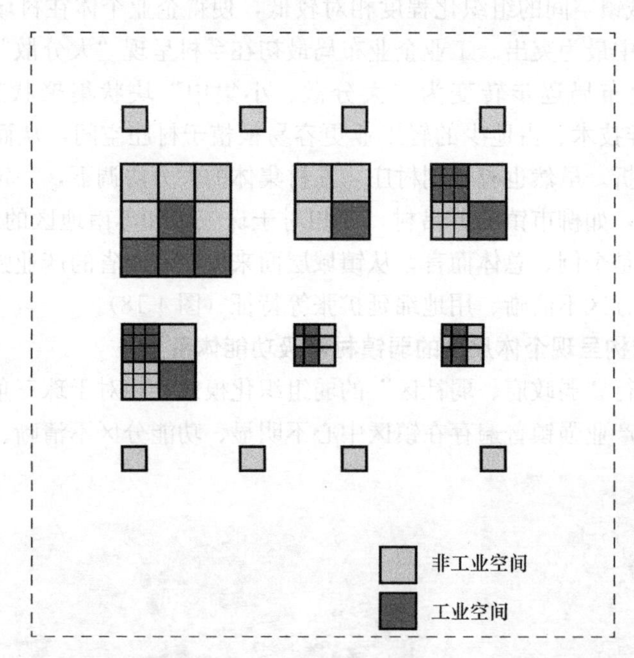

图 4-19　镇域视角下浙江省产业强镇空间结构典型模式

3. 濮院镇已经基本摆脱空间混杂状态

濮院镇是我国著名的羊毛衫特色小镇。早在 1979 年，濮院镇诞生首个个体企业家集资兴办的羊毛衫厂。此后，羊毛衫个体私营企业如火如荼地发展，至 1988 年已达到 259 家（沈芳，2009），且沿 320 国道南侧建起 80 间公有民营的羊毛衫门市部。无序的规划建设和家庭作坊式的生产模式，造成了居住和工业空间混杂严重。为提升产业发展品质，优化城镇空间特征，濮院镇于2000年决定筹建中国·濮院毛衫城工业园区（省级园区），引导工业向园区集中；2005年开始进行城乡建设用地增减挂钩工作，推动小微企业"退村进园"。经过长期的努力，濮院镇已基本摆脱空间混杂状态，奠定了"中国时尚第一镇"的空间基础（图4-20、表4-18）。

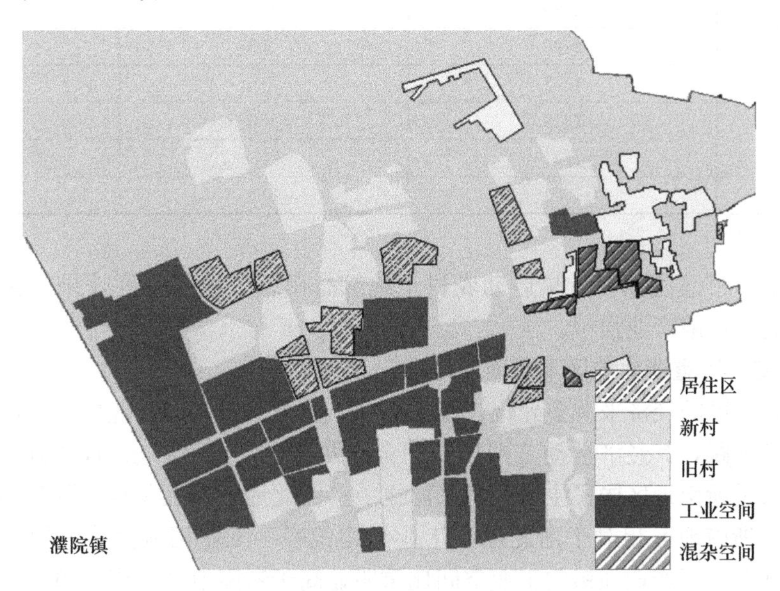

图4-20　嘉兴市桐乡市濮院镇空间特征示意图

浙江省典型镇空间特征　　表4-18

镇名	镇区布局	功能分区	空间类型	居住空间
濮院镇	一主（濮院）一副（新生），用地较集约	西南工、东北居，空间分工较为清晰	工业用地比重较为合理	较早实现旧村改造，达到新村标准（非现代小区）和农民进镇
观海卫镇	两主（观城、师桥）一副（鸣鹤）	镇区两侧生活空间，两侧生产空间	工业用地比重较为合理	以旧村为主，旧改难度较大
瓜沥镇	三个弱中心（瓜沥、坎山、党山），工业遍布镇域	西工东居，镇区旧村较少，以现代小区居多	工业用地比重较为合理	现代小区主要分布在瓜沥组团
店口镇	一主（店口）一副（阮市），工业遍布镇域	生活组团和生产组团，沿着横向交通线间隔发展	工业用地比重较为合理	现代小区购买者多来自萧山和杭州
柳市镇	一主（柳市）两副（湖头、湖横）功能体系	镇区遍布开发，村级工业企业仍较多	工业用地比重较为合理	现代小区主要分布在柳市

4.5.2　浙北地区与浙南地区：产业强镇空间特征的比较

1. 新镇比重浙北地区高于浙南地区

受产业经济和土地整治政策的影响，浙江省产业强镇普遍存在新镇比重不高的特点。在浙江省内部，由于建设用地条件和乡村工业化路径的差异，浙南地区的产业强镇新镇比重低于浙北地区。浙江省北部的店口镇、观海卫镇、瓜沥镇新镇比重分别为32.1%、15.6%和16.2%，明显高于浙南地区柳市镇的7.1%。但相对于珠三角和苏南地区，浙北地区产业强镇的新镇比重仍然偏低（表 4-19）。

浙江省典型镇新镇比重　　表 4-19

镇名	建设用地（hm^2）	新镇（hm^2）	比重（%）
柳市镇	2389	170	7.1
店口镇	2199	705	32.1
瓜沥镇	4245	689	16.2
观海卫镇	2819	439	15.6
濮院镇	1851	1412	76.3
平均	2701	683	25.3

来源：影像图识别。

嘉兴市桐乡市濮院镇，较早启动农村土地综合整治，取得较好效果，新镇比重高达 76.3%，远高于一般产业强镇。

2. 工业空间比重浙北地区高于浙南地区

浙南地区居民的经济来源多元化，基于地缘、业源等因素的行业协会、同乡会、宗亲会和商会非常活跃，其经济活动范围扩展到全国乃至全世界（林永新，2015），从而浙南地区的工业仅是浙南地区居民主要经济来源之一；浙北地区的工业收入则是当地居民的主要经济来源。浙南地区相对于浙北地区工业结构偏轻、工业用地供给紧缺，用地更加紧凑。因而，浙北地区产业强镇的工业空间比重明显高于浙南地区。柳市镇工业空间比重为 17.0%，远低于店口镇（32.3%）、瓜沥镇（33.2%）、濮院镇（25.9%）和观海卫镇（20.6%）（表 4-20）。

浙江省产业强镇工业空间比重　　表 4-20

镇名	建设用地（hm^2）	工业空间（hm^2）	比重（%）
柳市镇	2389	407	17.0
店口镇	2199	711	32.3
瓜沥镇	4245	1408	33.2
观海卫镇	2819	580	20.6
濮院镇	1851	479	25.9
平均	2701	717	26.5

来源：影像图识别。

3. 浙北地区相比于浙南地区居住区比重偏高、旧村比重偏低

由于城镇更新推进程度较低，且居住区购买者主要来自本地，故浙江省产业强镇居住区比重普遍较低，仅为 12.8%，而旧村比重普遍高达 72.5%。同时，浙北地区产业强镇更新程度高于浙南地区，且受周边地区购买者影响更大，例如，近年来由于萧山区房价大涨，店口镇的商品房市场吸引了部分萧山区的客户。因此，浙北地区产业强镇居住空间中的居住区比重明显高于浙南地区的产业强镇。柳市镇居住区比重为 9.1%，远低于浙北地区的店口镇的 17.8%、濮院镇的 17.4%、瓜沥镇的 13.3%和观海卫镇的 10.9%。

与此相反，由于浙南地区城镇更新程度较低，所以保留了更多的旧村类居住空间，浙南地区产业强镇的旧村比重高于浙北地区。柳市镇旧村比重为 85.8%，显著高于浙北地区的店口镇的 67.8%、瓜沥镇的 78.2%和观海卫镇的 80.3%。濮院镇由于农村土地综合整治比较彻底，旧村基本改造为新村或居住区，故旧村比重远低于其他产业强镇，仅为16.9%（表 4-21）。

浙江省典型镇各类居住空间比重　　**表 4-21**

镇名	居住空间 (hm^2)	居住区		新村		旧村	
		规模 (hm^2)	比重 (%)	规模 (hm^2)	比重 (%)	规模 (hm^2)	比重 (%)
柳市镇	1000	91	9.1	51	5.1	858	85.8
店口镇	507	90	17.8	73	14.4	344	67.8
瓜沥镇	1821	243	13.3	154	8.5	1424	78.2
观海卫镇	1301	142	10.9	115	8.8	1044	80.3
濮院镇	562	98	17.4	369	65.7	95	16.9
平均	1038	133	12.8	152	14.7	753	72.5

来源：影像图识别。

4. 混杂空间比重浙北地区低于浙南地区

浙江省产业强镇从村级单元上的开发起步，工业散布情况较多；由于城镇更新程度较低，家庭作坊式企业仍大量存在。在镇域层面，村庄仍有较多小微企业和家庭作坊式企业；在镇区层面，浙江省产业强镇普遍存在镇级工业区发育不足的问题，因此，浙江省产业强镇生产生活空间混杂的特征依然较为明显，并明显高于珠三角和苏南地区。

由于浙北地区建设用地条件较好，更适宜于新建镇区，且可以为空间再生产腾挪空间，所以浙北地区产业强镇的混杂空间比重小于浙南地区。浙北地区的店口镇、瓜沥镇、观海卫镇混杂空间比重分别为5.1%、11.1%和3.7%，均低于浙南地区柳市镇的12.1%。濮院镇由于较早实施农村土地整治，居住、工业和专业市场形成清晰的功能分区，空间混杂现象较少，混杂空间比重仅为0.8%（表 4-22）。

浙江省典型镇混杂空间比重　　**表 4-22**

镇名	建设用地 (hm^2)	混杂空间 (hm^2)	比重 (%)
柳市镇	2389	289	12.1
店口镇	2199	113	5.1
瓜沥镇	4245	471	11.1
观海卫镇	2819	105	3.7
濮院镇	1851	14	0.8
平均	2701	198	7.3

来源：影像图识别。

4.6　小结

产业强镇空间生产特征受地理背景、资源禀赋、产业基础、空间政策、社会结构等一系列要素的影响，可从多维度对其进行表述。为简化表述方式、增加可比性，对产业强镇空间特征从空间结构和空间类型两个层面进行了比较研究。其中，空间结构主要从新镇比重角度入手，反映了城镇新建空间和完成更新的存量空间所占的比重。空间类型主要从居住空间、工业空间和混杂空间三大类型入手，反映城镇空间功能体系，混杂空间比重和居住空间中的旧村比重也反映了存量建设空间的更新程度。经过比较发现以下几点。

（1）产业强镇空间特征存在明显的区际差异。从空间结构层面来看，新镇比重从高到低依次为苏南地区、珠三角和浙江省。从空间类型层面来看，工业空间比重从高到低依次为苏南地区、珠三角和浙江省；居住空间中的居住区比重从高到低依次为苏南地区、珠三角和浙江省，旧村比重则相反；混杂空间比重苏南地区最低，浙江省最高。

（2）产业强镇空间特征亦存在明显的区内差异。从空间结构层面来看，新镇比重珠三角核心区高于外围区，苏南地区从东向西降低，浙北地区高于浙南地区。从空间类型层面来看，工业空间比重珠三角从核心区向外围区逐步上升，苏南地区自东向西递增，浙北地区高于浙南地区；居住空间中，珠三角从核心区向外围区居住区比重递减、旧村比重递增，苏南地区自东向西居住区比重递减、旧村比重递增，浙北地区相比于浙南地区居住区比重偏高、旧村比重偏低；混杂空间比重珠三角核心区低于外围区，苏南地区从东向西降低，浙北地区低于浙南地区。

（3）产业强镇的普遍空间特征中存在一定特例。珠三角的三水区大塘镇、苏南地区的溧阳市天目湖镇和江阴市新桥镇、浙江省的桐乡市濮院镇，均形成较少功能混杂的空间特征；吴中区甪直镇成为空间混杂较少的苏南地区中，空间混杂较多的特例。

在科学认识产业强镇空间生产过程和特征差异的基础上，还需要进一步解读城镇空间的组织机制，并解析不同维度上空间特征差异的形成机制。

第 5 章　国家治理与产业强镇的空间生产

为推动经济社会发展，中央政府逐步推进放权式改革，1978 年开始的农村经营承包制、1984 年启动的城市经济体制改革、1989 年出台的《城市规划法》、1994 年实行的分税制改革、1998 年土地管理法严控农转非，均反映了时代的经济诉求和各级政府逐利的需要，地方政府在自身利益的驱使下积极推动地方制度创新和经济发展，成为我国渐进式改革的重要推动力量（邢振华，2008），也在特定政治经济背景下采取了符合地方实际的最优发展策略。我国是单一制国家，地方政府对产业强镇空间生产的干预可视为对国家治理方式的细化和优化。因此，本章从国家角度阐述国家治理方式的变迁，并进一步阐述各地对产业强镇空间生产的干预方式和影响。

5.1　国家治理模式影响空间资源的经营方式

5.1.1　土地管理权影响建设用地获得方式

改革开放以来，由于经济社会转快速转型，国家战略逐步由经济发展优先走向生态文明优先，对土地的管控也经历了由松到紧的过程。与之相伴，宏观层面的土地开发运作先后发生了一系列变化，城镇建设用地的获得方式呈现三个显著的发展阶段。

1978—1997 年，产业强镇呈现以农村集体土地非农化开发为主的特征。该阶段，各类乡镇企业、全民所有制企业、联营企业在乡村地区快速发展，并主要使用农村集体土地，奠定了集体经营性建设用地的基础。

1998—2007 年，产业强镇呈现国有土地与集体土地双轨开发的特征。1998 年修订的《土地管理法》要求非农建设必须申请国有建设用地，产业强镇相当一部分建设用地使用国有用地。但该版《土地管理法》规定，农村集体经济组织兴办企业，或农村集体经济组织与其单位、个人兴办联营企业等情况下，仍允许使用农村集体土地（张洲，2014），大量民营经济以“乡镇企业”的名义，占用集体土地开展生产活动。

2008 年至今，产业强镇呈现以存量建设用地更新改造为主的空间再生产的特征。2007 年 12 月 30 日，《国务院办公厅关于严格执行有关农村集体建设用地法律和政策的通知》颁布，“严禁以兴办‘乡镇企业’、‘乡（镇）村公共设施和公益事业建设’为名，非法占用（租用）农民集体所有土地进行非农业建设”。产业强镇获得的新增建设用地指标较为有限，但具有规模庞大的集体经营性建设用地（王会，2020）。早在 2005 年，广东省就出台了《广东省集体建设用地使用权流转管理办法》，探索集体建设用地管理问题（黄颖敏，等，2018）。2013 年，党的十八届三中全会提出在符合规定和用途管制前提下，允许农村集体经营性建设用地出让、租赁、入股，与国有土地同等入市、同权同价（辛毕鑫，2019）。2019年修正的《土地管理法》把集体经营性建设用地入市正式写入法律。

5.1.2 空间规划权影响地方政府管理空间资源的方式

空间规划权是对空间资源支配、使用的规划权利。改革开放早期，受地方经济实力和专业人才的制约，乡村规划主要面向具体的建设活动（何兴华，2019）。1989年，国家通过《城市规划法》，把建制镇纳入规划对象；1993年建设部颁布《村庄和集镇规划建设管理条例》，村庄规划从此有法可依。2007年颁布的《城乡规划法》，把乡规划和村庄规划纳入城乡规划范围（其他三类为城镇体系规划、城市规划、镇规划），提高了村庄和小城镇规划的法律地位，但对乡村地区的规划管理止于规划选址等工作。2017年，国土资源部颁布《土地利用总体规划管理办法》，初步探索在村域空间内落实土地用途管制全覆盖。2019年5月，《中共中央、国务院关于建立国土空间规划体系并监督实施的若干意见》公布实施，第一次构建起多规合一、全域全要素管控的国土空间规划体系，深刻影响了地方政府管理空间资源的方式。

5.1.3 财税体制影响地方政府经营土地资源的手段

改革开放以后，我国财政制度从20世纪80年代的财政包干，逐步转变为1994年至今的分税制，以财政体制为代表的分权改革极大地改变了地方政府的收入来源和行为逻辑。地方政府为了谋求自身利益在不同时期寻求不同的收入来源，其收入来源方式按时间顺序可划分为略有交叉的企业生产经营、城市资产经营、城市资本经营三个阶段（邓沁雯，2019）。

20世纪80年代在财政包干制下，地方政府积极兴办并精心经营各类生产性企业并把各类企业的税收、分红等收益作为地方政府主要收入来源。1994年分税制改革以后，规模最大的增值税被划为共享税，地方政府经营企业的风险增大而收益减少，不再把经营企业作为主要的利益来源。各地政府利用对土地一级市场的垄断，把土地出让金的净收益作为新的财政资源，逐渐走向以土地征用、开发和出让为主的发展模式；地方政府谋取收入的方式由企业生产经营转向以土地为核心的城市资产经营，2002年所得税由地方税种转变为共享税种进一步加强了这种趋势（孙秀林，周飞舟，2013）。21世纪以后，地方政府对土地资源的企业化经营越来越纯熟，由早期“低价征地高价卖地”以捕获级差地租的“土地财政”模式，逐步升级为以土地进行抵押融资的“土地金融”模式。

5.1.4 区划调整影响地方政府资源调控能力

行政区划是地方政府在地理空间上的权力范围，可视为地方政府掌控资源的地理边界。行政区划的边界调整导致地方政府权力范围和可调配资源数量发生改变，成为地方政府实现短期利益诉求的一个快捷工具。行政区划调整重点是改变行政区的范围、级别、政府驻地、隶属关系等内容，从而引起政府间关系的重构。区划调整主要从两个方面影响地方政府资源调控能力。一是通过调整区划边界，直接改变了地方政府掌控资源的权力范围，也调整了直接受地方政府作用的空间要素，对城镇规模与空间资源构成影响显著。二是通过调整区划的行政级别，实质上提升或降低了地方政府的治理权限，地方政府治理辖区资源的权限和争取发展资源的能力将有很大差异。

5.1.5　扩权强镇影响地方政府的治理权限

随着综合实力的不断壮大，产业强镇的城镇规模、社会事务达到城市级别，而治理权限仍停留在乡镇层级，基础设施、社会服务设施供给严重不足，权责不对称十分突出，严重制约了产业强镇的健康发展。因此，产业强镇对扩权强镇的内在需求不断加强，提升治理权限是必然要求。扩权强镇从发展权限和治理权限两方面，提升产业强镇的治理能力。未来必须以理顺权责关系、创新管理体制、增强服务能力、推进政府职能转变为目标，通过扩大产业强镇经济社会管理权限的体制改革，全面激发产业强镇的发展活力，进一步增强产业强镇的统筹协调、社会管理和公共服务能力。

5.2　第一阶段：地方政府放任农村集体土地参与空间生产

5.2.1　珠三角：镇政府主导多级主体联合开发集体土地

1. 镇政府联合多级主体参与集体土地开发

改革开放早期，珠三角以廉价劳动力和土地资源优势推动乡村工业化快速发展，奠定了早期低端加工制造业的基础。在这一过程中，珠三角采取“四个轮子一起转”的发展策略，即县市、乡镇、村、组四级主体利用农村集体土地进行招商或兴办乡镇企业。由于市场在外、原料在外的“两头在外”经济模式，珠三角在整个产业链中仅处于加工制造环节，但地方政府获得财政税收和经济发展，农村社区则获得了大量的土地租金，包括村集体的集体土地租金收入或物业收入、当地农民的住房租金收入（黄颖敏，薛德升，2016；王会，2020）。伴随乡镇企业的快速发展，强大的镇级工业经济使得镇政府在地方经济格局中获得强势主导地位，县与镇之间形成以镇为主导、县镇联合发展的局面（邓沁雯，2019）。

2. 地方政府从经营企业向经营园区转型

20 世纪 80 年代，各级主体除了招商引资，也积极创办或参与乡镇企业生产管理，镇办、村办企业同步发展较为普遍。乡镇政府以担保贷款、优先供地等方式支持镇办企业发展，并将其利润作为乡镇集体收入的重要部分。1986 年，建设用地审批权被上收到县及县以上政府，镇办企业需要实施民营化转型，虽然改制后的镇办企业仍能提供较多的税收，但乡镇政府的财政支柱已经受到很大冲击（邓沁雯，2019）。进入 20 世纪 90 年代，政府的财政收入转变为土地收入与企业税收相结合。地方政府一方面以工业区建设为名进行圈地，另一方面积极培育民营企业和外来资本。由于集体收入几乎完全来自于土地或厂房的租金，村集体通过农村土地股份制的方式积极拓展工业用地、壮大物业经济，吸引各种企业入驻，村级工业用地的无序扩张在这一阶段达到巅峰状态。

专栏 11　20 世纪 90 年代中山市某镇规划建设工业区
改革开放前小镇，旧镇区 $1km^2$，居民企业都集中在里面；旧镇区外面有十几个社区、小村。 1990 年后，企业发展迅速，旧城区空间紧张；将政府搬到目前所在地，在周边规划工业区、商业区，形成新城区，让企业有了发展空间。
资料来源：2020 年 8 月 7 日某镇访谈。

3. 非正规的土地开发

20世纪80年代，我国开始实施家庭联产承包责任制，农民和村集体对集体土地获得了空前的话语权。当时非农建设的土地利用制度缺失，这催生了大量非正规土地利用现象。尽管其间国家加强对建设用地使用的审批管控，降低了镇级政府的行为自主性，但民营经济的发展符合多级地方政府的利益，为了保证经济的快速发展，乡镇政府与村集体组成利益同盟，联合推动资本投入和土地开发，带来了建设用地的旺盛需求（黄忠庆，2013）；在基层的非正规土地利用方面，乡镇政府没有动力或意愿对集体土地开发进行有效的登记、监督与管理（魏立华，等，2010）。

5.2.2 苏南地区：乡镇政府主导乡镇企业开发集体土地

1. 从鼓励乡镇企业到推动产权制度改革

20世纪80年代，全国各地农村普遍实行家庭联产承包责任制。由于苏南地区地方政府具有强大影响力，农民保留了社队企业而未将其分掉，奠定了具有集体经济属性的乡镇企业的发展基础。乡镇政府和村集体成为新时期集体经济的管理者，借助上海市的产业与技术扩散，社队企业以乡镇企业为名获得快速发展。20世纪90年代，伴随着短缺经济的结束，区域经济竞争激烈，苏南地区乡镇企业在城市企业和同类企业的竞争压力下，出现了汹涌的倒闭潮。在此背景下，苏南地区积极推动政经分离，乡镇企业进行了一场深远的产权制度改革；到1999年底，苏锡常三市改制的乡镇企业已占总数的90%以上，乡镇政府退出了对企业的实际控制（谈静华，2006）。

2. 依托乡镇企业积极推动"小城镇、大战略"

江苏省依托乡镇企业的强大经济活力，积极推动"小城镇、大战略"，实现了乡村工业化和小城镇的互融互生、联动发展。在乡村工业支撑下，苏南地区乡村经济的专业化、商品化、社会化水平快速提升，支撑了"小城镇、大战略"的实施。长期停滞的小城镇获得新生，吸引大量的农村分散的乡镇企业向镇区集聚，而人居环境的改善又加快了农村剩余劳动力的就地转移，以小城镇为主体的农村城镇化进程加快（赵莹，2013），表现为乡村工业化主导、以"离土不离乡，进厂不进城"为特征的"自下而上型"城镇化（罗小龙，等，2011）。

3. 从允许村庄布局到推动工业布局园区化

"苏南模式"早期，地方政府允许村集体自主开发社区所属的集体土地，依托村集体的"责任田"，乡镇企业得以快速发展，形成了企业普遍在"村中开发"的基础。20世纪90年代，传统乡镇企业的衰落和外资的大量涌入，使经济主体更加多元化，也为改变分散布局奠定了基础。以1994年"苏州工业园区"的建立为标志，以苏南地区征地制度为基础，各级政府统一规划和建设工业园区、开发区，它们既是招商引资的平台，也引导分散的乡镇企业"退村进园"。这一举措改变了集体土地自主开发模式，为新时期工业布局园区化奠定了制度基础。苏南地区的经济发展模式发生了重大转变，外向型经济在经济构成中占比越来越重，各类产业园区的建设推动城镇空间快速拓展（夏柱智，2019）。

专栏12　无锡市某镇1990年建设工园片区
20世纪80年代，乡镇企业迅速发展，镇区建设主要沿"一河二路"（蔡×河、陶×

路、新×路）展开，沿蔡×河和陶×路分布着三四十家企业，沿新×路形成 260m 长的新街。进入 20 世纪 90 年代，某镇工业开始腾飞，各项事业蒸蒸日上，镇区的发展规划摆上议事日程。1992 年，镇政府请来同济大学的规划专家，对全镇进行勘察测量，实地了解，查阅资料，1993 年 2 月编制了××镇总体规划（1993—2010 年）。规划镇区面积为 2.3km²，居民人口为 1.7 万人。镇区性质定位以轻纺工业为主导、商贸文化为特色。建成“四横三纵”的道路骨架，以老镇区为基础，工业向西发展，居住向南发展。
资料来源：《某镇志》（电子版），2020 年 9 月 16 日某镇访谈。

4. “行政嵌入自治”保证了乡镇政府的主导能力

长期以来的“强政府、弱社区”的社会文化传统，使得在市场经济逐步展开之时，苏南地区地方政府依托农村集体经济基础，实施“行政嵌入自治”的乡村治理模式。无论是早期的集体企业收入，还是后期的集体土地出租与经营收入，都来自于乡镇政府组织下的村集体的生产经营功能，既奠定了村庄事务治理的经济基础，也为乡镇政府主导找到了合理性。乡镇企业主要由村干部经营，村干部多属于经济能人，能够运用各种资源开展生产经营活动，从而在村庄内部获得很高的权威。乡镇政府通过村干部的选拔任用、村集体财务管理、村级组织工作绩效的考评等工作，加强了对村集体的监督和管控，导致行政成功嵌入自治过程。同时，乡镇政府将村级组织纳入自上而下的政策执行体系，使村集体成为乡镇政府执行政策的下级（陈柏峰，2020）。

5.2.3 浙江省：乡镇政府默许民营经济开发集体土地

1. “放水养鱼”搞活地方民营经济

改革开放早期，浙江省经济基础较差，国家扶持力度不大。许多人通过外出创业谋生，积累了早期的创业经验和商业资本，最终创办了较早的一批个体和私营企业（杨丽华，文雁兵，2013）。地方政府较少干预民营经济发展。浙江省各地产业强镇逐步形成了市场先发、多种产权结构经济主体共同发展的局面，呈现出典型的根植性、内生性和群众性特征。

2. 较少干预乡村工业建设用地开发

浙江省乡村工业化是由民间力量自发推动的，是一种自下而上的工业化。农民基于宅基地或房前屋后的集体土地进行企业生产，多属于自发行为，多未获得政府的合法性认可。但政府对村集体和村民的自发行为采取默许、鼓励的态度。20 世纪 80 年代，民营经济、乡镇工商业蓬勃发展，促进了浙江省各地小城镇的迅速崛起。由于经营者容易无偿（或低偿）获得农村集体土地的开发权，从而使得乡村工业化进入建设用地低效扩张、大量占地的模式。“退村进园”将带来搬迁成本、厂房等不动产的价值损失等额外成本，因此根植于乡村社会网络、走低成本外延扩张的乡镇企业，向镇区集中的意愿不强。年度用地计划和“先立项后批地”的审批程序均规范了城镇土地开发管理，但无疑提高了用地成本，从而抑制了乡镇企业向城镇集中的意愿（汪晖，2002）。

3. 实施以小城镇为重点的城镇化道路

改革开放初期，浙江省工业化和城镇化属于典型的自下而上型模式，民间力量是主要的发动者（郭敏燕，2013）。20 世纪 80 年代，民营经济的蓬勃发展促进了各地小城镇的迅速崛起，1982—1990年浙江省建制镇数量由184个增长到750个。20世纪90年代，浙江省逐步形成富有地方特色、产业专业化极强的块状经济模式，助推了产业强镇的崛起。在此背景下，各级政府以加快小城镇发展为目标，相继出台鼓励政策。浙江省在1991年提出的建设乡镇工业小区，1992年提出的加快农村劳动力转移、推进撤区扩镇并乡等，均是支持小城镇的重要举措（郭敏燕，2013）。

4. 强镇扩权初步奠定产业强镇的发展基础

浙江省的改革开放体现了民间自发、市场驱动的发展路径，各级政府较早认识到市场、基层社区所内生具有的独有性，并进行治理层级结构调整，将治理体系的重心下移、权力下放、资源下沉，推动治理结构扁平化。20世纪80年代中期，我国大部分地区推行“市管县”体制，浙江省除宁波市外均采取“省管县”体制，1992年又开始“强县扩权”体制创新（徐邦友，2018）。早在1995年，浙江省就展开了小城镇综合改革试点工作，制定了一系列试点镇培育政策，在人口和产业集聚机制、市场化投融资机制和土地集约利用机制等方面进行了广泛探索，部分产业强镇在建设规模、综合经济实力、城镇功能、社会事业、镇容镇貌等方面有了很大的飞跃（赵莹，2013）。1992年起，温州市以龙港镇和柳市镇为对象进行一体化改革探索，并赋予其某些县级经济管理权限（易千枫，等，2009）。

5.3 第二阶段：地方政府管控农村集体土地为主的空间生产

5.3.1 珠三角：优化土地开发的权益保障

1. 推动珠三角核心区产业向外围转移

2001年，中国顺利加入世界贸易组织，全球化推动珠三角经济迈入新的发展阶段，外来投资和国际市场不仅带来空前的发展机遇，也极大地助推了产业结构的转型升级。长期以来，制造业主要集中在珠三角核心区，经济发展带来原材料和劳动力价格上涨、加工贸易及出口退税政策调整、人民币持续升值等问题，使传统制造业基地珠三角面临巨大压力（陈秀梅，2008）。2003年珠三角率先出现民工荒，大量的劳动力密集型企业或迁移到珠三角外围地区或内陆省份，或迁移到越南、菲律宾、印尼等国家（周大鸣，2019）。2004年中共广东省委、广东省人民政府首次提出珠三角与山区及东西两翼共建产业转移工业园的设想，2005年3月广东省人民政府颁布《关于我省山区及东西两翼与珠江三角洲联手推进产业转移的意见（试行）》，这均是推动珠三角核心区产业转移、加快外围地区发展的重要举措（张斌，2018）。

2. 探索土地经营权流转制度改革

随着村集体逐步减少经营企业，而以招商引资作为获取土地收益的主要手段，推动土地经营权流转、实现统一开发成为重要改革方向。在实际工作中，基层社区探索的土地股份制不仅固化了村集体土地权益，更增加了农村集体土地的收储难度。鉴于此，2001年，国务院和国土资源部批复顺德为农村集体土地管理制度改革试点，这是广东省首个且唯一的改革试点，该试点以土地经营权流转为重点进行了一系列制度改革（周璞，王昊，2012）。

3. 各级政府逐步加强对土地开发的管控

村镇用地的低效扩张会带来严重的社会问题，故国家对土地开发的管控越来越严格。未来可用土地资源难以无限扩张，而征收低效的集体工业用地又面临重重困难，把控集体土地的建设权就成为地方政府的重要任务。创新二元建设用地管理的弊端日益突出，城镇空间增长遇到的制约日渐显著，以广州市为代表的大城市逐步加强对下级政府土地开发的管理（韦亚平，2009）。随着《广东省集体建设用地使用权流转管理办法》颁布，开始把集体土地开发权初步纳入统一的规划管理，但未纳入土地利用规划和城乡规划的集体建设用地使用权不得流转（魏立华，等，2010）。

专栏 13　佛山市顺德区某镇规划权上收
某镇 2009 年前可自己编制总体规划，2009 年起规划权收归区一级。土地出让 2012 年前依据控规，之后依据总规和近期规划落实项目，产业园区也被纳入规划控制。
资料来源：2020 年 8 月 6 日某镇访谈。

4. 争取部分基层非正规土地利用的合法权益

改革开放以来，村集体和农民利用自己的土地创办企业，实行“遍地开花”的乡村工业化道路，形成了大量粗放利用的集体建设用地（黄忠庆，2013）。《土地管理法》《基本农田保护条例》等法律法规试图推动土地统一和正规开发，珠江三角洲乡村地区繁荣的经济和非正规管理带来大量的用地需求，政策和实践之间存在很大冲突。从 20 世纪 90 年代起，东莞市基层村组积极探索集体土地股份制，通过股份合作社开发工业厂房，获取投资者的租金收益。这种“半合法化”的非正规土地开发方式巧妙规避了《土地管理法》的限制，显著地推动了当地工业化的快速发展。《广东省集体建设用地使用权流转管理办法》颁布实施，规定农村集体土地将与国有土地一样，按照“同地、同价、同权”的原则，统一纳入土地市场，打破了城镇建设只能在国有土地上进行的局面（黄忠庆，2013）。

5.3.2　苏南地区：政府主导城镇空间整合发展

1. 地方政府主导地方经济发展

由于地方政府和农村社区的积极作用，苏南地区乡镇企业具有显著的集体产权与政府推动两大特征，且政府推动是根本性特征。虽然在 20 世纪 90 年代后期苏南地区逐步完成了集体产权的私有化改革，但政府办经济的理念和地方政府强势介入经济领域的局面并未改变。地方政府控制了开发区建设，垄断了土地批租、优惠政策等重要的经济资源，在企业的选址、融资等方面拥有强大的影响力（邢振华，2008）。早期乡镇企业改制或倒闭后，厂房、土地由集体或地方政府统一重新收回，以实现空间再生产或进一步出租（王会，2020）。

2. 地方政府主导“土地红利”分配结构

20 世纪 90 年代中后期开始，随着对农村集体土地管理加强，土地资源的经济价值愈发凸显，一次性土地资本化成为获取土地增值、提高“土地红利”的主流方式。地方政府更加深入地介入农村集体土地的资本化过程，对农村集体土地开发的掌控力越来越强，成为农村集体土地“实际上”的产权主体，在“土地红利”分配方面占有明显优势，地方政府往往占有土地红利的60%。村集体和资本主体分享了部分“土地红利”，村委会仅占有土地红利的40%；随着乡镇企业的衰落，两者从“土地红利”中获得收益越来越少（王梦迪，等，2016）。

3. 积极实施“三集中”推动工业空间分离

20世纪90年代后期，苏南部分地区就已经开始探索“三集中”的发展道路。2004年以来，江苏省持续推进“三集中”、城乡建设用地增减挂钩等政策，为城乡空间优化和工业企业“退村进园”提供了有力的制度保障（岳芙，2016）。在此背景下，乡村“三位一体”的空间解体，苏南地区城乡一体化水平不断提升。伴随着乡村工业的逐步退出，城乡混杂的工业布局态势得到很大扭转，初步实现了工业空间与生活空间的分离。

专栏14　无锡市某镇较早推动“三集中”
2001年镇区开始“三集中”。一是得益于地方经济发展和实力，“三集中”实行以前，两大集团已经发展起来，早期征地等也是以两大集团为主；二是历任领导顶层设计思路和蓝图描绘一以贯之，就是要集聚；三是村集体和百姓的支持，村集体不是强势主体，该镇也是江阴市最早实行村账镇代管的乡镇。
资料来源：2020年9月16日某镇访谈。

4. 大规模推进乡镇合并和行政区划调整

长期以来，江苏省小城镇呈现密度大、规模小的特点。乡镇企业的快速发展推动了小城镇的壮大，也带来布局散乱、环境污染等问题。1998年，江苏省人民政府开始推动大幅度的乡镇合并；2000年出台的《江苏省政府关于推进小城镇建设，加快城镇化进程的意见》要求集中培育222个重点中心镇，占全部建制镇的19.8%，推动小城镇建设重点由数量扩张向质量提升转型（谈静华，2006；杨明俊，2022）。2000年以来，江苏省延续了撤乡并镇工作，有效地改善了小城镇的发展格局（罗震东，胡舒扬，2014）。

5.3.3　浙江省：推动城镇化发展模式的转变

1. 推动乡村工业化向集聚型城镇化转型

由于长期实施小城镇导向的城镇化政策，浙江省城镇化水平落后于工业化水平。进入21世纪以后，企业集群对小城镇功能提出更高的要求，小城镇只有达到一定规模才能为企业群落转型提供有力支撑（史晋川，等，2008）。同时，小城镇分化现象越来越明显，产业强镇经济结构和服务设施逐渐向城市靠拢，部分小城镇则发展停滞。1999年，浙江省城市化会议制定了《浙江省城市化发展纲要》，2000年又出台《浙江省人民政府关于加快推进城市化若干政策的通知》等重要政策文件，积极推动城镇化进程，城镇化重点由小城镇逐步转向中心城市，大力增强杭州、宁波、温州等中心城市功能（蔡红辉，2011）。省委、省政府改变推动小城镇全面发展的策略，全力推进中心镇发展，依托中心镇兴建工业园区和经济开发区，试图改变乡村工业化带来的“小、低、散”的弊端（易千枫，等，2009；郭敏燕，2013）。

2. 依托各级园区培育产业集群

1998年以来，浙江省提出从改善投资环境入手，引导工商企业和农村劳动力向小城镇集聚的产业发展策略（赵莹，2013），多方主体积极兴建各级各类特色产业园区。工业园区的开发以政府投资为主，外资和民间资金参股园区建设的比例不断提高。政府开始引导、推动传统块状经济的骨干企业及相关产业向工业园区集聚并进行整合。2003 年开始清理整顿开发区（园区），要求开发区（园区）必须符合土地利用总体规划和城镇总体规划，各级开发区（园区）新增建设用地得到很好的控制，开发区（园区）逐步从规模扩张型向质量效益型转变（史晋川，等，2008），并多半建设在主要城镇的中心地段。

3. 探索集体土地开发管理制度改革

1998 年，国家修订《土地管理法》，要求单位和个人的非农建设必须申请国有土地，限制农村集体土地用于非农业建设，农村集体建设用地使用权交易市场受到很大限制。针对农村旺盛的建设用地需求，2000 年 7 月《浙江省实施〈中华人民共和国土地管理法〉办法》颁布，规定在农村的私营企业和个体工商户等从事非农业生产经营，允许有偿使用所在集体经济组织的集体土地，谨慎探索了集体建设用地使用制度改革，极大程度上满足了乡村工业化的需要（汪晖，2002）。

4. 正式提出低效闲置存量建设用地盘活

乡村工业化“低、小、散”的特征，必然导致村镇层面的建设用地存在较大程度的低效闲置问题。早在 2000 年，浙江省就开展了颇具自身特色的建设用地复垦项目，对建设用地复垦产生的新增耕地，核发建设用地复耕指标，并安排一定的新增建设用地。2004 年 10 月，浙江省人民政府发布《关于严格土地管理切实提高土地利用效率的通知》（浙政发〔2004〕37 号），提出开展城市土地整理和村庄整治，盘活闲置厂房、仓储等用地的思路。低效闲置存量建设用地盘活正式提上历史日程（楼健辉，2015）。

5.4　第三阶段：地方政府推动存量集体土地更新为主的空间再生产

5.4.1　珠三角：加强空间要素的引导与管控

1. 推动区域产业结构和空间的双升级

2008 年世界金融危机爆发后，作为外向型经济的前沿阵地，广东省经济发展受到很大冲击。为了破解发展中面临的困境，国家发展改革委于 2008 年出台了《珠江三角洲地区改革发展规划纲要（2008—2020 年）》，以重构区域城镇化和产业发展格局（黄颖敏，等，2017）。2008 年开始，广东省出台《广东省人民政府关于促进加工贸易转型升级的若干意见》等一系列扶持政策，推动加工贸易增长模式转型升级。2008 年 5 月，《中共广东省委、广东省人民政府关于推进产业转移和劳动力转移的决定》出台，正式提出“腾笼换鸟”（也叫“双转移战略”），推动劳动密集型产业由珠三角向广东省东西两翼、粤北山区转移，后者的劳动力向珠三角转移，实现区域联动发展（李粼粼，2022）。

专栏 15　佛山市“腾笼换鸟”政策解读
“腾笼换鸟”不是为了淘汰低端产业，对其不能片面理解，它是为了获得更多可发展的空间。关键在于：（1）淘汰污染类企业；（2）不鼓励企业移出佛山，很多企业转移到三水区。
资料来源：2022 年 8 月 10 日某镇访谈。

2. 上级政府加强对下级政府的规划统筹

随着乡村工业化的快速推进，珠三角核心区呈现全域开发的态势，部分产业强镇镇域土地开发强度达到70%以上。根据产业强镇调研，北滘镇和小榄镇开发强度接近80%，新塘镇开发强度处于70%～80%之间。镇级主导的低效开发亟待加强管控。同时，产业强镇由于自身实力较强，成为自主能力很强的利益主体，密布的产业强镇各自为政成为区域发展的重要瓶颈，也严重制约全市综合竞争力的提升。在此背景下，上级政府加强对下级政府发展意图的规划统筹成为必然选择，主要有两种方式。一是上收乡镇政府部分规划权，主要体现在中心城市周边乡镇的情况。珠三角产业强镇多位于中心城市周边，一体化发展水平较高。中心城市为提高区域竞争力，大力加强资源整合，其中一项重要的内容就是把周边产业强镇的空间规划纳入统一管理。北滘镇总体规划编制权早在2009年就已上收到顺德区，新塘镇、石楼镇的总体规划编制权也早已上收到上级政府。二是增加中间层级以优化管理幅度，主要体现在乡镇级利益主体众多、协调难度较大的“直筒子市”*，以东莞市为代表。在不改变现有园区、镇、街道行政架构和空间范围前提下，将全市划分为六大片区，分别是城区片区、松山湖片区、滨海片区、水乡新村片区、东南邻深片区和东部产业园片区（陈品宇，等，2019）。

专栏16　广州市某镇规划事权上收

加强区统筹，规划事权整体纳入城市管理。城镇总体规划统一纳入区国土空间规划管理。审批到区和市，主管部门为广州市规划和自然资源局某区分局。控制性详细规划、专项规划还可自编，控制性详细规划镇编区批；修规原镇批、现区批。

2016年镇一书两证（三证：选址、规划许可、建筑许可）预审、审批也收到区里。农村建房可以由镇发证，也很少。

公共建筑、基础设施、村集体规划报区，征求镇意见。

资料来源：2020年8月11日某镇访谈。

专栏17　东莞市推动事权下放，加强镇街发展统筹

委托授权：东莞市将一部分权力直接委托给镇，将大部分事权委托给镇街。

发展改革部门：发展改革项目立项审批权多下放到镇。镇发展改革部门按市里要求直接审批，镇级项目基本上都在镇级政府审批立项；400万以上项目向市级部门备案。

规划部门：规划选址等还是上级审批。根据用地条件（主干道等）分一二类工业项目，二类项目镇审批，一类项目市里批。房地产、经营性项目在松山湖审批。镇规划权体现在二类项目（主要工业项目）。镇规划由镇组织编制，上级审批。市里授权松山湖审批，镇里现在对口松山湖。

片区政府：镇街30多个，市管镇有一定不便利。20多年前在市、镇之间推管区，未成功。2010年以来市管镇，镇街各自为政，镇规模太小事务多，统筹不足，内部竞

* “直筒子市”是对未设县级行政区、直接管辖乡级行政区的地级市的俗称。全国共有4个直筒子市，分别是广东省东莞市、广东省中山市、海南省儋州市、甘肃省嘉峪关市。

争、资源浪费。设管区可以更好地统筹规划，使各镇功能更明确。共六个片区，分别为城区片区、松山湖片区、滨海片区、水乡新村、东部产业园片区、东南邻深片区。
资料来源：2020 年 8 月 13 日某镇访谈。

3. 推动乡村基层非正规土地制度正规化

20 世纪 90 年代以来，在珠三角广泛采用的农村土地股份合作制、土地经营权流转等非正规土地制度，为珠三角基层经济发展提供了稳定的土地保障。2005 年，《广东省集体建设用地使用权流转管理办法》颁布，推动农村集体建设用地和国有建设用地同地同权，纳入统一的建设用地市场。2009 年，《广东省人民政府关于推进"三旧"改造促进节约集约用地的若干意见》出台，以"三旧改造"为目标，以农村集体土地流转为形式，推动非正规用地的正规化。在基层非正规土地利用的大量实践探索基础上，广东省政府逐步主导了集体建设开发的正规化制度创新，并最终获得国家批准。这两个政策的实施，客观上认可了农村基层在土地股份化和土地出租等方面的探索，为这些非正规用地出租、出让等方式的"正规化"提供了契机（黄颖敏，等，2017）。党的十七届三中全会确定农村集体土地可以与国有土地"同地、同权、同价"，进一步推动了村集体经济组织的权益合法化（魏立华，等，2010）。

4. 政府协调社区、市场联合推进"三旧改造"

长期以来，珠三角村集体作为村社共同体，"实际"拥有存量集体建设用地，在与地方政府、开发商的谈判中拥有极强的话语权（袁奇峰，等，2015）。对政府来说，推动基础设施改善与规划供给，既能提升土地区位价值，诱导开发资本进入，又能获得一部分节余的用地指标，用于地方经济发展。对农村社区来说，"三旧改造"虽能提升长远收益，但面临"窗口期"零收益和改造后无足够可承接产业的风险。对市场主体来说，需要满足政府的管控要求和村镇的增收意愿，只有保证自身的基本收益，才有动力推动相关改造。因此，政府、社区、市场在"三旧改造"中必须紧密合作，共同构建"协商型发展联盟"。随着政府、市场与社会三种力量此起彼落，珠三角空间治理结构经历了国家法团主义、地方法团主义、社会法团主义三个阶段的变迁，政府、社区、市场三方权益得到更好的平衡（郭旭，等，2018）（表 5-1）。

法团主义下珠三角存量用地治理分析框架　表 5-1

阶段	治理模式	权力结构重构	利益协调机制	空间再生产实践
2009—2012 年	国家法团主义	从绝对权威到分权让利	用地的正规化与土地增值收益共享	以国有用地上旧厂房更新为主
2012—2015 年	地方法团主义	从国家分权到地方政府占据主导地位	地方政府主导并约束市场力量	整体进入搁置暂停
2016 年至今	社会法团主义	从地方政府主导到社会力量崛起	行政力、市场力与社会力的新均衡	由经济效益导向到综合统筹

5. 强调实体经济而划定"产业发展保护区"

经过 40 多年的产业发展与城镇化进程，产业强镇的进一步发展受用地约束越来越严重。为了解决土地供应困境，在广东省"三旧改造"政策的统一部署下，各地纷纷开展"三旧改造"实践。一方面，受各种因素的影响，"三旧改造"进展缓慢，难以满足产业转型和城市更新的要求。另一方面，在宽松的金融政策和房地产利好的市场环境下，“工改工”类项目大量被“工改商住”类项目替代，“三旧改造”呈现显著的“退二进三”特征。调研得知，广州市新塘镇由于“工改商住”容易获批，导致了工业用地不足，主导产业的传统优势下降明显。近年来，为保障实体经济的用地供给，各地纷纷划定“产业发展保护区”并大力给予政策支持，倒逼村级工业园改造升级，为产业发展提供用地储备。

专栏 18　东莞市某镇产业发展保护区划定情况
市里划定工业保护线，保护线内“工改工”，“工改商住”必须在工业保护线以外进行。
资料来源：2020 年 8 月 13 日某镇访谈。

专栏 19　广州市增城区某镇“工改商住”门槛低导致工业用地供给不足
全镇 32 村，12 村在旧改，尤其是城区周边、轨道交通附近的村。中心城区附近群星村旧改实施方案已获批，约四五个村招了合作开发商。约五六家旧厂申请政府收储后改造，改造为商住；总体规划上很多工业用地也规划成了商住；“工改商住”加重工业用地不足、无工业的危机。广州拆城建城，走地产经济模式。佛山市支持“工业改工业”，“工改商住”受到限制；深圳划定产业区块线；黄埔区旧村改造要求严格控制产业商住配比。某镇无要求，对于改规划要求不严。
资料来源：2020 年 8 月 11 日某镇访谈。

5.4.2　苏南地区：推动城镇化区域一体化

1. 政府把控存量用地开发权

相对于珠三角和浙江省，苏南地区强政府特征更为明显。在国土空间规划时代，新增建设用地层层分解，镇级政府获得较少，各地区差别并不大。苏南地区政府属于典型的强政府，关键表现在对存量用地开发权的把控；而珠三角和浙江省允许村社和社会资本组织存量用地开发，原权益人对存量用地的开发权益有很大的话语权。调研中发现，对天目湖周围山区村落，地方政府不鼓励村企合作开发，而倾向于迁出农民，村地改建设用地后，政府引进企业统一开发。新桥镇拟依托城乡建设用地增减挂钩政策，腾出镇域全部村庄用地，支持城镇和产业发展。角直镇淞南村位于镇区边缘，纳入规划区范围的存量工业用地允许按规划改造，规划区之外的只能按原面积修建。

专栏 20　苏南地区地方政府把控存量建设用地开发权
甲镇。某山区村落适合搞乡村旅游，政府要求下山进城：(1) 现在村企合作开发不受鼓励，带来环境风险（浙江省缺地，允许农民就地开发）；(2) 迁出农民，村地改为建设用地，政府邀请企业开发。 乙镇。某村域内有较大存量工业用地，纳入规划区范围的允许按规划改造，厂房改造有限制。在规划区外，不能增加容积率，只能按原面积修建。
资料来源：2020 年 9 月 14 日常州市某镇访谈，2020 年 9 月 18 日苏州市某镇访谈。

2. 积极实施农村土地综合整治

2008年9月28日，江苏省颁布《江苏省“万顷良田建设工程”试点方案》，借助增减挂钩政策工具，积极推动全域国土综合整治，有效实现了耕地保护、农民进镇、生态建设等多项目标。在此基础上，苏州市进一步推出了“三优三保”等国土整治和集约用地措施，其他两市也有类似的政策措施。

专栏21　无锡市江阴市某镇土地综合整治
某镇土地开发强度约44%（在江阴市乃至江苏省偏高）。 土地开发采用多种模式，以政府征收土地、回收收购为主，也会与企业合作，部分土地用于建设安置房，也有土地出让建商品房或作为旅游配套等。 “三集中”以来拆迁整理出总共917亩土地，用于安置房及其配套设施建设、基础设施建设、工业园区供地等。通过集体土地划拨大约供地1200亩用于建设安置房，2019年开始停止划拨，今后只能采用国有土地出让形式。
资料来源：2020年9月16日某镇访谈。

3. 地方政府统筹土地开发红利

在21世纪初，土地红利规模逐步增长，土地收入来源呈现多元化，包括土地承包权出租、土地使用权出租、物业出租等。新型集体经济组织为农民带来巨大的土地红利，觉醒的农民集体产权意识与地方政府的土地财政存在内在的冲突。苏南地区镇村通过集体经济组织出租土地、厂房等，并以镇联公司作为经济活动平台，通过股份制合作经济让农民参与土地红利分配，农民依托于土地资源的资产性收入有了显著提高。在这个过程中，地方政府仍主导着乡村发展，通过镇联公司等新型集体经济组织将“有形之手”由城市扩展到乡村基层，体现了苏南经济的“再集体化”（王梦迪，等，2016）。

4. 县域统筹城乡一体和产业强镇发展

苏南地区经济基础雄厚，在小康社会、城乡一体等方面优先发展。2008年开始，苏州市连续颁布《中共苏州市委　苏州市人民政府关于城乡一体化发展综合配套改革的若干意见》《苏州城乡一体化发展综合配套改革三年实施计划》和《中共苏州市委　苏州市人民政府关于全面推进城乡一体化改革发展的决定》等。2013年4月，国家发展改革委正式公布《苏南现代化建设示范区规划》，苏南现代化示范区成为我国第一个现代化示范区。在此基础上，苏南地区以县域为单元，统筹产业强镇发展。一是根据资源环境条件、社会经济发展潜力和功能体系关联，推动各功能板块资源整合、错位发展。二是统筹城乡发展，完善县域城镇体系，从县域层面加强空间协同。三是引导产业强镇差异化发展，将城郊型强镇培育为新城或卫星城，将优势产业型强镇培育为特色新市镇。

5. 创新制度推动产镇融合发展

随着乡镇撤并后空间重组红利的释放，苏南地区产业强镇在空间上获得了更大的发展潜力，进入集聚和提升阶段。但长期形成的镇级管理权能无法满足发展需求，“小马拉大车，大脚穿小鞋”的瓶颈亟待制度性突破（罗小龙，等，2011）。江苏省率先赋予部分县级经济社会管理权限，探索现代基层政府管理新模式；借鉴“区镇合一”“强镇扩权”等创新经验，统筹城镇工业空间与生活空间，推动产镇融合发展（雷诚，等，2020）。张家港保税区与金港镇“区镇合一”，既奠定了金港镇的产业基础，又提升了金港镇的管理权限。

专栏 22　苏州市某镇“区镇合一”实践
某镇和某保税区两套牌子一套班子，自上而下推动区镇合一。 原来某保税区和某镇各有特色，产业门类比较多，乡镇企业多，但是档次参差不齐；区镇合一以后，某保税区和某镇本身产业链不一样，某镇原来做压力容器、冶金（被砍掉），合并后，提高、延伸产业链，转型发展，不断调整以适应新的产业链。 某保税区于1992年设立，是国家第一批15个保税区之一；2004年获批保税物流园区。2009年两者共同申报保税港区——现在在申报综合保税区，最终希望成为自贸区。
资料来源：2019年12月27日某镇访谈。

5.4.3　浙江省：提升城镇特色与空间品质

1. 深入推进小城镇治理现代化

2007年，浙江省人民政府颁布《关于加快推进中心镇培育工程的若干意见》（浙政发〔2007〕13号），重点推动中心镇发展。2011—2013年，浙江省人民政府办公厅连续三年出台《全省中心镇发展改革和小城市培育试点工作要点的通知》，在全国率先提出把中心镇培育为小城市的思路。2014年，浙江省人民政府办公厅发布《关于印发浙江省强镇扩权改革指导意见的通知》（浙政办发〔2014〕71号），在管理权限、户籍管理、行政管理等方面探索了一系列强镇扩权政策。

专栏 23　温州市某镇撤镇设市改革
2019年，国务院批复撤销苍南县某镇，设立县级市某市；同年9月25日，某市正式挂牌成立。某市实现了从中国第一座“农民城”到全国首个“镇改市”的跨越，某市一跃成为浙江省最年轻的县级市。 作为一座拥有38万人口的城市，某市仅设置了15个党政部门，比浙江省其他县市的机构数量少60%。不设乡镇、街道，由市直管社区，这是某市独有的“扁平化”治理模式。法律法规规定由乡镇人民政府履行的法定职责的承接主体应该是谁？“扁平化”治理模式下市级政府部门、社区自治组织、社会组织三者之间的权利和责任如何平衡？ 2021年11月25日，某市出台《关于促进和保障某市新型城镇化综合改革的决定》，探索破解一些由于法律缺位而产生的待解难题。乡镇部分职责“上提”，由某市政府和市直部门直接承担；部分服务性、事务性职责“下放”，通过委托、购买服务等方式交由社区自治组织和其他社会力量具体承担。
资料来源：全台资讯，2021年11月26日。

2. 着力提升小城镇空间品质

自2010年以来，浙江省委、省政府相继启动了“美丽乡村”、“三改一拆”、“五水共治”、“四边三化”、特色小镇、小城镇综合环境整治、“四大（大花园、大湾区、大通道、大都市区）战略”、美丽城镇等系列行动，全地域、全方位、高质量地推进新型工业化和城镇化发展（陈前虎，等，2020）。2015年，《浙江省人民政府关于加快特色小镇规划建设的指导意见》（浙政发〔2015〕8 号）出台，之后又出台一系列配套政策，推动特色小镇创建，把对空间品质方面的要求引入小城镇建设领域，美好的人居环境成为 21 世纪初建设的重点内容。2016 年，通过《浙江省小城镇环境综合整治技术导则》，确立了“一加强、三整治”为主线的内容架构（朱浏嘉，2018）。2019 年 12 月，浙江省委办公厅、省政府办公厅联合印发《关于高水平推进美丽城镇建设的实施意见》，分类型推动美丽城镇建设，分阶段建立与城镇发展水平相适应的推进模式，提高存量资源使用效率，构建面向不同需求层次的精细化供给体系等（余建忠，江勇，2020；张美亮，等，2020）。

3. 以特色小镇培育产业创新的空间载体

浙江省率先提出“特色小镇”这一概念，相继推进了特色小镇建设、小城镇综合环境整治三年行动等，迅速将特色小（城）镇打造为集“三生”功能于一体的空间平台，支撑产业创新升级和新型城镇化建设，并在全国范围内形成了良好的示范作用（吴一洲，等，2016）。2017 年，住房和城乡建设部、国家发展改革委、财政部等相继出台《关于规范推进特色小镇和特色小城镇建设的若干意见》《关于加快美丽特色小（城）镇建设的指导意见》等政策，为全国层面的特色小（城）镇提供了建设路径，掀起了特色小（城）镇建设热潮。在国家批复的两批特色小镇中，浙江省共有 23 个，其中第一批 8 个，第二批 15 个；另外，浙江省级五批特色小镇共 152 个（表 5-2）。

浙江省特色小镇名录一览表　　**表 5-2**

批次	国家级特色小镇	省级特色小镇
第一批	杭州市桐庐县分水镇、温州市乐清市柳市镇、嘉兴市桐乡市濮院镇、湖州市德清县莫干山镇、绍兴市诸暨市大唐镇、金华市东阳市横店镇、丽水市莲都区大港头镇、丽水市龙泉市上垟镇	37 个
第二批	杭州市桐庐县富春江镇、建德市寿昌镇；嘉兴市秀洲区王店镇、嘉善县西塘镇；宁波市江北区慈城镇、余姚市梁弄镇、宁海县西店镇；湖州市安吉县孝丰镇；绍兴市越城区东浦镇；金华市义乌市佛堂镇、浦江县郑宅镇；台州市仙居县白塔镇；衢州市衢江区莲花镇、江山市廿八都镇；台州市三门县健跳镇	42 个
第三批	略	35 个
第四批	略	20 个
第五批	略	18 个

4. 全域土地综合整治全面推进

作为改革开放的先行地和习近平全面深化改革思想的重要萌发地，浙江省在加强国土资源节约集约使用、农村土地制度改革等方面出台了诸多支持政策，落实了最为严格的集约节约用地制度。2008 年 1 月，《浙江省人民政府关于切实推进节约集约利用土地的若干意见》（浙政发〔2008〕3 号）颁布实施，提出“严格控制新增建设用地总量”“鼓励开展农村闲置宅基地、空闲地和废弃工矿用地复垦整理”。2013 年开始，浙江省连续三年实施旧住宅区、旧厂区、城中村改造和拆除违法建筑（简称“三改一拆”）行动。2016 年 2 月，出台《浙江省土地节约集约利用办法》，从规模管控、土地供应和回收、土地盘活利用等方面，全面推进土地节约集约利用。2018 年 8 月，《浙江省人民政府办公厅关于实施全域土地综合整治与生态修复工程的意见》出台，按照控制总量、优化增量、盘活存量、释放流量、实现减量的要求，推动全域全要素综合整治（周文兴，2022）。

专栏 24　嘉兴市桐乡市某镇通过土地整治实现空间优化
2005 年，国土资源部明确了城乡增减挂钩试点工作“封闭运行、总量控制、定期考核、到期归还”的指导思想。同年，浙江省国土资源厅把桐乡市列为全省两个增减挂钩试点之一（楼健辉，2015）。早在 2009—2015 年，某镇就已完成了 5200 多户的集聚，占全镇总户数的 56%（黄平，2015）。通过较早启动农村土地综合整治，某镇较早完成村内工业退出；持续推动居住用地改造，旧村较早改造为新村和居住区形态。从而使某镇形成了较好的城镇空间形态，基本摆脱空间混杂状态。

5.5　规划权力介入时点形成产业强镇空间生产特征的一般性分化

国家治理要素对产业强镇空间生产的影响，涉及产业、财政、金融、土地、规划等一系列政策措施，这些国家治理因素从不同角度、不同程度影响城镇的空间生产。在影响产业强镇空间生产的诸要素中，规划权力是最重要、最直接的要素，直接影响空间生产的根本逻辑；而其他要素更多通过影响空间生产方式，间接影响产业强镇的空间生产。

5.5.1　规划权力的作用经历了从放任开发到加强管控的转型

改革开放以来，我国国民经济发展经历了从短缺经济到过剩经济、从粗放经济到集约经济的转型；与之相伴，规划权力对土地资源的开发利用则经历了从放任粗放开发到加强集约管控的过程。在这个过程中，早期城镇空间以增量土地为主，且由于没有严格的规划管控，在农村社区和工业企业的影响下，城镇空间较为零散、混乱，工业和空间混杂较为普遍。随着国家对建设用地管控越来越重视，严格限制农转非，城镇规划管理转向统一开发增量空间、积极盘活存量空间的发展道路。

5.5.2　规划管控对产业强镇空间生产产生重要约束

城镇规划是政府调控城镇空间资源、指导城镇建设、维护公众利益的重要空间政策，规划管控则是城镇政府按照城镇规划的思路和要求对城镇空间开发建设进行规划管理的过程。城镇政府通过对城镇开发边界、土地利用、开发强度与密度、开发设计等方面进行有效管控，能有效指导和约束城镇发展，科学利用城镇空间资源，形成合理的城镇空间形态。我国于 1989 年通过《城市规划法》，2007 年通过《城乡规划法》，2019 年进一步提出构建“五级三类”的国土空间规划体系，标志着我国规划编制和管控体系的不断完善，并对城镇规划管理提出新的要求，成为产业强镇空间生产的重要依据。

5.5.3　规划管控的介入时点具有重要的实践价值

规划管控是产业强镇空间生产的重要约束，但对增量和存量土地的开发却有明显的不同影响。由于增量土地较少附有太多的利益主体，故其开发基本上可按规划管控的要求严格执行。而存量土地本身附有大量的利益主体，其开发必须在满足既有利益主体诉求的基础上才能实现，故开发成本和实现难度均远大于增量土地开发，在实践中必须作出相当多的妥协才能实现。

从规划管控介入产业强镇空间生产的时点来看，土地开发是在规划管控之下进行，还是形成既定形态后通过规划管控来优化，结果会有显著的差异。1998 年之前，我国的土地管理制度允许农村集体土地进入非农用地市场，为各地大量乡镇企业创造了用地条件，也成为用地浪费、空间混杂的重要原因。1998 年修订的《土地管理法》要求建设主体进行非农业建设，均须依法申请国有土地，把增量建设用地严格纳入规划管控之下，也为把非农建设纳入统一的规划管控奠定了法理基础。因此，该时间节点之前与之后发展起来的产业强镇，在城镇空间形态上呈现显著不同的空间组织机制。

5.5.4 规划权力介入时点形塑了空间生产的两种路径和特征

1998 年修订的《土地管理法》提出，单位和个人使用建设用地必须申请国有土地，成为地方政府加强土地开发规划管控的法律依据。根据城镇空间开发是否早于这一时点，产业强镇分为自下而上型（土地开发早于规划管控）和自上而下型（规划管控早于土地开发）两种类型。

自下而上型产业强镇：工业化在 1997 年以前乃至改革开放早期已启动，当时国家对农村集体建设用地开发管控松弛，当地居民和外来投资者利用农村集体土地，甚至宅基地、房前屋后发展乡镇企业；经济发展带来农宅、出租屋等居住空间扩张。两种功能在空间上交错布局，造成居住功能和生产功能空间混杂的现象。1998 年开始加强规划管控时，存量混杂空间已经成为重要的空间现象和转型难题。无论在哪个地区的自下而上型产业强镇，空间混杂现象均是普遍存在的问题。

自上而下型产业强镇：工业化多数在 2000 年之后兴起，新增工业空间和居住空间在起步阶段就被纳入统一的规划管控，城镇空间呈现集中连片状态，且生产空间与生活空间较少存在混杂现象；即使早期存在少量零散工业用地，通过土地置换、用地腾退等行动，基本上被纳入统一的工业用地范围内，基本上不存在生产生活功能空间混杂的现象。不同区域的此类产业强镇虽然由于自然地理、产业特征、历史文化等因素不同，空间形态各不相同；但在空间混杂程度较低这一点上具有很强的相似性，如广东省佛山市三水区大塘镇和江苏省常州市溧阳市天目湖镇（图 5-1）。

图 5-1 佛山市三水区大塘镇（左）和常州市溧阳市天目湖镇（右）空间示意图

5.6 小结

改革开放以来，在我国各地的土地开发利用过程中，地方政府的空间规划权力普遍经历了从放任土地开发到加强土地管控的变化过程。在第一阶段，地方政府普遍允许农村集体土地进行增量开发，其开发主体包括各级政府、农村社区、村民、企业等多元主体。在第二阶段，地方政府开始加强对农村集体土地的管控，增量的农转非开始受到严格控制；地方政府对土地开发逐步加强管控，上级政府也开始直接或间接干预下级政府的土地开发意图，以求改变低效、无序的土地开发状态。在第三阶段，由于产业强镇较少获得增量建设用地指标，地方政府开始推动存量集体土地开发，以应对旺盛的建设用地需求。

在这一转变过程中，第二阶段至关重要。由于新发展起来的产业强镇扩展过程中以增量开发为主，故 1998 年之前发展起来和 1998 年之后发展起来的产业强镇，规划管控效果存在明显不同。在前者没有受到有效管控情况下，多元主体自主开发增量建设用地，造就生产生活功能混杂的存量建设用地状态，后续的发展过程中则由于存量用地改造困难而迟迟难以摆脱空间混杂状态，导致自下而上型产业强镇普遍存在空间混杂现象。后者在起步阶段其增量空间即被纳入规划管控，故自始至终未形成大量的存量混杂空间。

规划权力介入时点形成产业强镇空间生产特征的第一次分化，这种分化与产业强镇所处的地理环境、空间尺度无关，体现了国家治理因素对城镇空间组织机制的作用具有一般性的空间属性。佛山市三水区大塘镇和常州市溧阳市天目湖镇较少存在混杂空间可视为第一次分化的产物。

第 6 章　社区权利与产业强镇的空间生产

中国幅员辽阔、人口众多，在历史悠久的发展过程中，地区之间由于资源禀赋、社会文化、政策措施的差异，必然产生经济社会发展不平衡，从而导致中国乡村社会的区域性差异（贺雪峰，2018）。农村社区的组织能力、掌控地方资源的能力，对产业强镇空间生产产生了深刻的影响，反映了农村社区争取自身权利的差异性。

6.1　社区权利呈现明显的区域差异性

6.1.1　珠三角：强宗族导致农村社区对土地发展权强掌控

珠三角利用大量外来资本和“三来一补”企业，在村镇层面率先启动了乡村工业化（宋劲松，2004）。农村社区和村民通过土地和物业出租获得丰厚的租金，并从出口创汇中获得外汇留成，地方政府则获得了丰厚的税收。珠三角乡村的宗族力量非常强大，集体土地开发受到宗族的深度影响。在巨大的土地收益激励下，农民的地权意识不断强化，甚至将土地视为私有财产（王会，2020）。通过土地合作社等制度创新和经营方式，村集体的土地收益路径逐步制度化和合法化，且能够较为稳定和长期地存在。村集体和村民为了维护自身利益，有足够的动力利用宗族传统和集体行动链接各级政府和社会各界的人脉网络影响集体土地管制，从不同层面强化农村社区对集体土地发展权的掌控能力（林永新，2015）。

6.1.2　苏南地区：强政府导致农村社区对土地发展权弱掌控

苏南地区物产丰富，向来是税负重镇，历朝历代的行政权力对这一地区的社会组织严格控制，从而形成了历史悠久的“强政府、弱社会”传统，土地是国家资源而非农村所有的资源得到较为广泛的认可。1992 年以前，虽然国家资源倾向于城市的国有企业，但苏南地区的基层政府和村集体积极为自身在农村集体土地上争取出一片生存空间。1992 年至今，传统乡镇企业衰落，随着浦东开发和加入 WTO，外来资本大量增加。苏南地区的县镇政府把各级开发区作为发展经济的抓手，并控制农村发展的资源供给。村集体协助县、镇基层政府控制农村工业开发（林永新，2015）。总之，在强政府的管控下，苏南地区农村社区较少掌控农村集体土地开发，其权益可视为政府允许下的开发收益，而非应然的权益。

6.1.3　浙江省：弱组织导致个体化的地方土地开发

改革开放以来，国家较少对浙南地区的乡村工业化提供正式资源支持，但也较少自上而下进行行政控制，为个体经济的自由发展留出了较大的成长空间。浙北地区则在很长一段时间内保持观望状态，对民营经济“既不支持也不反对”，其保守态度一直延续到20世纪80年代初期（王银飞，2012）。长期以来，浙江省对经济发展形成了“弱政府、低干预”的行政模式。

浙江省的集体经营性建设用地主要来源于农民对集体宅基地、荒地、空地的占用，几乎村村都有一定数量占用集体土地的家庭作坊和小工厂。乡村工业化早期，农民将住宅作为小作坊发展生产，使宅基地具有经营属性。尽管农民占用的土地为集体所有，但土地开发则属于私人行为，并不与集体发生契约关系。浙江省的集体经营性建设用地具有突出的私人开发与私人收益的特点，土地非农使用带来的增值收益也由个体经营者以经营利润的形式取得，集体不参与土地利益的分配。个体经营者虽然在事实上对集体土地进行非农使用并获取收益，但很难将这些行为称为权利。近年来，浙江省各级政府都开始严格土地执法，大量历史违建在这一过程中被拆除，个体占用的土地被重新收回国家与集体（仇叶，2020）。

6.2 第一阶段：农村社区推动集体土地参与空间生产

6.2.1 珠三角：积极主动参与地方经济发展

1. 利用集体土地实施招商引资与办企业

珠三角产业强镇早期在大量外来资本和“三来一补”企业兴起之时，充分利用了农村集体土地的便利。村集体与镇政府合作，利用手中的土地资源和深厚的国际资本渊源，大力引进“三来一补”企业，推动珠三角乡村工业化的原始积累。村集体、村民小组、村民都可以作为招商引资和开发主体（王会，2020）；村民们将土地或厂房出租给企业，或在家里、承包的基塘上搭棚建厂，获得了丰厚的收益（邓沁雯，2019）。1985年底，珠三角的9000多家对外加工装配企业中，70%以上分布在镇村层面（宋劲松，2004）。

专栏25 惠州市博罗县某镇多级主体联合发展乡镇企业

1979年后，社队企业逐步推行经济责任制，积极调整行业结构，进行横向联合，出现了新的局面。1983年后，农村管理体制改革后社队企业改为乡镇企业。是年，河南区有乡镇企业25家，产值150万元，比1978年增长200%，超历史水平。

1984年，中共中央、国务院发出4号文件，就大力发展乡镇企业制定了一系列方针、政策，社队企业改称为乡镇企业并实行区（镇）、管理区、村、家庭四级办工业，从而打破了城乡分割的局面。

2. 非正规方式灵活利用集体建设土地

为适应“自下而上”的城镇化需求，村集体层面大量的非正规土地利用现象被默许，服务于各个时期的城镇化与乡村工业化需求。村集体对集体土地使用权享有有限占有，1986年之前主要采取非正规土地协议（口头），以出租、转让土地的方式改变土地利用性质；1986年之后则采取农村土地股份合作制，以出租（半合法化）、转让土地方式，获得土地发展权（黄颖敏，等，2017）。集体经济组织主要有村、组等不同单元的股份合作社，经营集体土地资产和招商引资，通过建设工业区出租工业用地或转让土地等方式获取利益，工业区开发模式出现镇办、村办、组办、村组合办、村级与外商合办、村组与私人合办、组级与私人合办等多种形式（黄颖敏，等，2017）。

专栏26　广州市增城区某镇村社两级出租土地
村社两级出租土地400亩，基本用于建设单层厂房。1989年开始，引进企业盖厂房，一开始租地，企业自建，到期后（简易厂房租期6年，水泥厂房租期12年）厂房归村。
资料来源：2020年8月20日某镇补充访谈。

3. 镇域呈现镇-村双二元管理体制

由于村级单元在经济发展和土地开发具有重要地位，珠三角产业强镇形成了双二元管理体制，即在镇政府与村集体共同参与下、国有土地与集体土地交错的局面。20世纪80年代，乡镇政府与村集体结成“增长联盟”，默许村集体利用集体土地发展乡镇企业，带来了产业经济与用地需求的双重膨胀（黄忠庆，2013）。1990年以后，政府从企业经营领域退出，镇政府和村集体等多元主体展开了对镇域工业用地资源的争夺。镇政府通过农村集体用地征用，将集体工业用地变为国有工业用地。村集体则以乡镇企业的名义，继续扩展集体产权的村级工业用地；甚至，村集体内部进一步分化出村与小组两级经营主体。总体而言，双二元管理体制下，工业用地供给由三部分组成，即按规定征用后使用、村镇自行开发使用和违法违章建设使用，其中，村镇自行开发使用占大部分（黄忠庆，2013）。

4. 土地流转与物业出租成为主要供地方式

1990年后，土地流转与物业出租成为村集体土地主要的供地方式，也是村集体收入的主要来源，在壮大集体经济的同时也存在一系列问题。一方面，多数村民的认同往往以集体收入主要用于分红为前提，村民陷入分红依赖，集体经济掉入了福利陷阱；村集体和居民对土地制度认识的惯性导致非正规土地利用层出不穷，征地统一开发受农户的高预期制约严重（黄颖敏，等，2016；王会，2020）。另一方面，村级企业以投资力度小、技术含量较低的污染型工业企业为主，已陷入低端锁定。企业由于存在强烈的短期经济利益追求，较少进行大规模、长期的技术投入，企业转型升级受制于技术瓶颈；村集体所有权天然的主体泛化与边界模糊，使得通过空间规划优化村集体工业用地布局困难重重（黄忠庆，2013）。

专栏27　广州市增城区某镇村集体建设社区工业园获取租赁收益
某镇工业发展起步较早，20世纪90年代村自发建了很多工业园。 村工业园土地性质复杂：（1）个人办证；（2）出租未到期，合同期为30～40年，现已经过20年。
资料来源：2020年8月11日某镇访谈。

6.2.2　苏南地区：镇村分享集体土地开发红利

1. 村集体利用“责任田”发展乡村工业

改革开放以来，苏南地区积极推动以家庭联产承包责任制为主要形式的乡村改革，

“口粮田”一般落实到每个农户，“责任田”则作为村集体资产为乡镇企业提供土地资源（岳芙，2016）。村集体充分抓住地方政府允许集体自主开发土地的机会，大力支持农村工业发展和小城镇建设（夏柱智，2019），导致乡村地域形成以村域为单元，居住用地、工业用地、农用地交错分布的“三位一体”现象（黄良伟，等，2015），造成乡村产业空间比较分散，农民市民化则形成“离土不离乡，进厂不进城”的特点（王梦迪，等，2016）。

专栏 28　无锡市江阴市某镇 20 世纪 80 年代政府组织、村社兴办乡镇企业
党的十一届三中全会以后，新镇区按照“老厂办新厂、母厂办子厂”的思路发展新企业；以大厂带小厂方式，帮助村办企业发展。1978 年末，全乡拥有乡办企业 34 家，村办企业 48 家，形成轻纺、建材、机械三大工业门类。 20 世纪 80 年代，新桥乡镇企业异军突起，毛纺总厂、汽配厂、服装厂、吸塑五金厂、纺配厂、砖瓦厂、彩印厂、玻璃钢厂、化工助剂厂迅速发展。1988 年，全乡有乡办企业 32 个，村办企业 48 个。
资料来源：2020 年 9 月 16 日某镇调研资料访谈。

2. 发展乡镇企业获得隐性的“土地红利”

改革开放早期，苏南地区乡村推行“两田制”，并以“责任田”为主体推动乡镇企业发展。在农村集体土地产权结构的制度框架下，农村集体土地产权边界重合于村社边缘地界，呈现集体所有的土地公有制。苏南地区农村社区通过集体组织内部剥夺获取启动资金，近乎无偿使用村集体掌握的村社土地，自然成为“土地红利”的重要分享者。地方政府虽然成为“土地红利”的最大受益者，但其所得主要用于农村基础设施、公共事业和自身的运转，以支持集体经济扩大再生产（王梦迪，等，2016）。随着乡镇企业进一步发展壮大，基层社区获得的隐性“土地红利”也水涨船高。

6.2.3　浙江省：允许个体获得集体土地开发红利

1. 允许村民利用集体土地搞民营经济

浙江省乡村工业化属于典型的内生增长模式，以家庭作坊和民营经济起步，外资力量相对薄弱。农民占用集体宅基地、荒地、空地发展民营经济，几乎每个村都有一定数量的家庭作坊和小工厂占用集体土地；在浙南、浙东、浙北等经济较为发达的地区，不少村庄 1/3 左右的宅基地都被用于经营与生产。随着企业生产规模的扩大，依托房前屋后的土地、村内的荒地、空地等“私搭乱建”广泛出现；也有不少农民违反“一户一宅”原则，通过多批宅基地的方式扩大生产面积（仇叶，2020）。

专栏 29　绍兴市诸暨市某镇村民兴办民营企业居多
村村有厂，40 个村有的有一两家厂，有的遍地是厂，家庭作坊式工厂居多。本地、外地人均有，获取用地有利用家庭住房、违规搭简易棚、办手续买地等多种方式。
资料来源：2020 年 9 月 8 日某镇访谈。

2. 村集体和政府保留集体土地的“使用权”

改革开放以来，浙江省农民以私人行为的方式占用集体土地进行企业生产，并以经营利润的形式取得土地非农使用带来的大部分增值收益，但这种行为并未与集体发生契约关系，且集体并不参与土地收益的分配。因此，农民虽然在事实上通过集体土地非农化使用获取收益，但这些行为很难称为权利，被社会上认定为违建行为；农民和经营者普遍承认村集体的所有权主体地位，认可国家与集体收回农民非法占用的土地的合法性，这是 20 世纪 90 年代以来地方政府认定违建行为与处以少量罚款的社会基础。事实上，国家掌握土地管理与土地征收权，集体掌握宅基地的审批权，两者均能合法改变土地用途性质，并合法收回个人占用的土地（仇叶，2020）。

6.3　第二阶段：农村社区以租赁经济的方式参与空间生产

6.3.1　珠三角："出租+出让"分享土地开发红利

1. 以乡镇企业名义规避正规土地制度的管制

1998 年《土地管理法》修订，要求农村集体土地非农化必须经过土地国有化征收，但允许乡镇企业使用农村集体土地。为了绕过《土地管理法》的约束，村集体把外资企业和民营企业注册在村里，以乡镇企业的名义获得农村集体土地使用权，村集体和村民则获得企业支付的土地"转让金"和物业租金。为了规避正规土地制度的制约，村集体普遍通过变通手段开发集体土地（黄颖敏，等，2017）。

2. 集体经济以物业租赁为主快速发展

1994 年，我国启动分税制改革，提高中央财政收入在总税收中的比重。一方面分税制通过财权上收迫使地方有更强的谋利冲动，另一方面税收划分规则明晰使得地方政府获得了明确的财权。经营土地获取的土地出让金、租金等收入主要属于地方收入，经营土地又能为工业化和城镇化提供用地保障，因而成为地方发展的重要手段。珠三角各地相继提出了"第二次工业革命"和"集体办物业，个体办企业"的发展战略，形成了市-镇-村-组四级联动，外资、国有、集体和私营经济共同发展的局面。村集体作为土地资源最大的掌握者，通过建设厂房出租给外商和民营企业，兴建住房出租给外来人口，使物业租赁快速发展起来，并成为村集体的主要收入来源（黄颖敏，等，2017）。

专栏 30　中山市某镇村集体建设社区工业园获取租赁收益
2000 年前征地相对容易，指标充足。后来村里土地也少，不愿意拿出来；自己出租，引入的企业不够好。 2005 年，村集体独立核算，开始进行土地整合、村改居等，建设社区级的工业园。社会管理体系、利益分配机制等同步改进。
资料来源：2020 年 8 月 7 日某镇访谈。

3. 积极争取地方土地开发红利

村集体在事实上对集体土地开发权拥有很大的话语权，在土地开发中分配到了很大一部分收益。为获得村集体对集体土地开发的认可，各地政府普遍采用合作共享的利益分配方式，并较多采用提留地政策。2003 年开始，顺德区分别按征地面积的 10%和 5%给村和镇补偿提留地，以发展留用地的形式分享土地开发潜在收益（邓沁雯，2019）。在价值较高的地段，商业物业往往由集体与政府合作开发，拆迁期间政府物业由村集体经营，确保村集体收益达到之前水平之后，村集体再向政府归还政府物业（黄慧明，2010）。

6.3.2　苏南地区：留住村中企业分享土地红利

1. 以乡土优势继续留住村中企业

20 世纪 90 年代中后期，随着传统乡镇企业的衰落、外资的大量进入，苏南地区开始了村中经济力量衰退、镇级以上园区集中发展工业企业的过程。在苏南地区实施“三集中”政策的过程中，村中企业主认识到相较于留在村里时村集体代为争取的优惠政策，企业搬迁到工业园区后，自身向政府争取的优惠政策反而减少，且长期以来企业与村庄形成了休戚与共的利益关系，这些都是村庄留住企业的重要因素。同时，村集体和村民通过地方的人脉网络，对地方性的管理政策、企业选址、政府财政分配等方面产生了多或少的影响（邢振华，2008）。乡土优势正是新时期村集体留住村中企业，以及由其衍生的新企业的动力所在。

2. 集体收入分配呈现较强公有性

苏南地区农村集体收入的分配呈现很强的公有性，在集体收入的分配和使用方面村集体与地方政府乃至国家具有高度的协同性。一方面，不同于珠三角农村集体收入主要用于村民的收入和福利分配，苏南地区农村的集体收入主要用于基础设施、服务设施、公共管理等公共领域，仅有小部分用于兜底福利和基本社会保障等私人领域。另一方面，集体收入较大程度上被纳入地方政府的统筹范围，通过协调和再分配等工作用于统筹区域发展（王会，2020）。

6.3.3　浙江省：出租集体物业获得发展红利

1. 探索农村土地资产股份制改造

浙江省经济发达，乡村工业化过程中发生了大量的征地行为，地方政府返还部分土地作为留用地，这是农村社区获得的最大征地补偿。农民可自主进行留用地非农开发，并形成以“温州模式”为代表的农户分散开发和以杭州模式为代表的村社集体开发两种模式（姚如青，2015）。由于征地补偿主要留在集体，在集体资产扩大的同时，广大失地农民的福利却受到很大影响。20 世纪 90 年代，浙江省部分乡村地区参考广东南海模式，采用股份合作制形式，实施纯粹的土地合作。在此基础上，通过量化资产、股权配置、收益分配等大胆实践，拓展了集体资产保值增值机制（王成军，等，2008）。

2. 探索多元化的集体资产经营方式

农村社区根据自身实际采取适当的集体资产经营形式，主要存在三种经营模式。一是从事房地产开发。集体股份合作组织利用部分征地补偿资金作为启动资金，从事房地产开发，优先解决内部成员的住房问题，剩余部分可对外出售，并将出售所得用于分红和发展基金。二是建设工业厂房集体出租，向社会公开出租，租金收入用于分配和集体发展基金。三是建设市场自营或出租，并从股份合作组织内部选取合适的成员进行管理（王成军，等，2008；郎晓波，2014）。集体资产经营既增加了农民收益，部分解决了失地农民的就业和基本生活保障问题，也使村集体积累得到增强，构建起了利益共赢的局面。

专栏 31　温州市乐清市某镇东风村出租集体物业获得收益
东风合作社 1992 年被征用 250 亩土地用于建设工业区，建起了乐清县第一个工业园区，某镇电器工业第一桶金在东风工业园产生，电器企业有正泰、德力西等。1993 年至今 30 多年未分过一处宅基地。迄今，合作社拥有 3 个市场，包括 2 个农贸市场、1 个水果副食品市场，以及综合楼、综合生产用房。
资料来源：2022 年 8 月 15 日某镇访谈。

6.4　第三阶段：农村社区争取存量土地发展权影响空间生产

6.4.1　珠三角：发展集体经济完成乡土责任

1. 乡村社区获得很大的存量土地发展权

改革开放以来，珠三角乡村社区从利用村级土地办企业、招商引资，到以村级土地开发物业，始终在集体经营性建设用地开发方面掌握了很大的话语权。2005 年颁布的《广东省集体建设用地使用权流转管理办法》，要求出让、出租和抵押集体建设用地使用权时，须经村民会议 2/3 以上成员或 2/3 以上村民代表的同意，取得收益应纳入农村集体财产统一管理（郭新力，2007），既赋予了集体建设用地更新的合法性，又强化了村社组织对存量用地发展权的把控。满足村社组织的利益诉求，成为推动“三旧改造”的重要前提。但必须看到，随着政府统筹力度的加大，村级土地收益权继续得到保障，但土地具体开发要统一纳入政府的统筹规划。

专栏 32　佛山市顺德区某镇村级土地发展权
得益于当时的规划管控（2002—2012 年），某镇 2002 年开始储备了较多的土地资源。 当时村出租，集体土地，采取村级招商、集体办厂的方式形成现在的村级工业园。沿 106 国道和省道，形成马路经济。 现在村已无土地开发权力。村内通过表决确定留用地位置，上级调整规划，基本将这些土地用于建设住宅。相当于村二级市场根据征地规模镇划拨 10%～15%留用地，村内通过表决确定留用地位置，上级调整规划，村补交出让金，再招拍挂，基本将这些土地用于建设住宅给村，村补交出让金，再招拍挂。 所有村集体用地基本用于工业。2002—2005 年完善过一批用地手续。
资料来源：2020 年 8 月 6 日某镇调研资料。

2. 乡村社区继续参与公共治理和服务供给

政府出台了政社分离、政经分离、基层（包括集体资产）治理等政策，试图从农村集体资产管理领域中抽身离开，“让市场的归市场”。集体经济内部治理的市场化和政社分离、政经分离的改革历程，又在客观上强化了“集体”身份认同。但必须看到，改革过程中的“统筹”安排构建了政府与基层社会的联结渠道。地方政府受财力限制，对基层治理的统筹力度偏弱，必然要求农村社区承担一定的公共治理和服务供给责任，使其日常运作无法彻底脱离政府。农村集体产权运作并不被认为仅是农村社区的问题，遇到问题时农民仍将集体经济问题转化为政治或治理问题，将政府引入农村社区治理（管兵，2019）。

3. 乡村社区职能多样化和管理对象多元化

产业强镇政府虽然在市政、公共设施、土地利用等方面的统筹能力增强，但乡村社区并没有真正从乡村治理和公共服务供给中解脱出来，仍承担着社区治安、环卫和社会福利等多方面的任务，并逐步实现社区职能从管理型转向企业型与服务型。在经济管理方面，村组分别成立了经联社和经济社，以法人身份经营和管理集体资源和资产，村民可享受利润分红的同时也承担一定的债务风险。在社区职能方面，居委会成立了行政服务中心，社区在原先单一的经济职能基础上，增加了综合治理、环境卫生和治安方面的职能。在管理对象方面，基层社区管理和服务对象趋于多元化，从过去以本地农民为主，逐步扩展到面向本地从业村民（居民）、本地退休村民（居民）、新入户人员和外地从业人员等多元化的服务对象（黄颖敏，等，2016）。

专栏 33　广州市增城区某镇某村为村民提供基本公共服务
镇才有公立学校，村学校均为私立。私立幼儿园很多，有私立小学 1 所，学生一般是务工人员子弟。有卫生站 1 所，推行农村 1 元看病，加打针 2 元；村提供物业服务，政府负责装修场地，镇医院将派一个医生和一个护士来村坐诊。卫生站主要针对老人，只需要村提供 $100m^2$ 物业。根据广州市村卫生站基本药物财政补助政策，基本药物成本由财政承担，某区已实施 1～2 年。
资料来源：2020 年 8 月 20 日某镇访谈。

6.4.2　苏南地区：通过股份制分享存量资产红利

1. 维护集体存量资产获得经济红利

2008 年之后，村集体彻底退出招商引资，开发区招商逐步成为各地政府招商引资的主导模式。国家实行严格的新增建设用地管制，产业强镇已不再有直接开发利用农村集体土地的机会，但早期已经形成的数量庞大的工业用地转变成集体经营性建设用地，成为最重要的集体存量资产。这一时期，村干部主要从两个方面维护集体存量资产：①精心维护集体土地上的企业，以确保土地租金等村集体收入，维持稳定的地方税收；②利用村集体收入搞好村庄建设，重点搞好基础设施、服务设施等必要投资（贺雪峰，2019）。

2. 通过股份制合作经济分享土地红利

随着社会对城乡二元体制的认识越来越清晰，苏南地区积极推动股份制合作经济模式，把农民变为合作社的股民，引导农民参与土地红利的分享；推动土地资源统一管理运营，实现土地资源价值最大化。社区对土地红利的分享由实物形态向价值形态转变，在土地资本化过程中壮大了集体收入的规模，带来农民土地资产性收入的显著提高（王梦迪，等，2016）。

专栏 34　无锡市江阴市某镇社区集体收入来源
村民集中后，走社区的社会管理之路，村集体降低了社会治理的成本。村集体的集体资产，主要在于菜场、老宅基地出租给外来户和土地流转的收益。村民在集中后，仍

然享受原有的村庄福利。 　　某镇可流转的农地约为 1000 亩，政府将其全部流转，支付 900 元/亩；政府向外地种田大户流转，价格为 500 元/亩，村庄扣掉 200 元/亩，老百姓所得为 900＋300＝1200 元/亩。
资料来源：2022 年 8 月 24 日某镇访谈。

6.4.3　浙江省：争取存量集体建设用地的开发红利

1. 捕获集体经营性建设用地开发收益

在长期的乡村工业化过程中，浙江省农村社区的集体土地上形成了大量的工商企业，在国家严控增量建设用地之后，这批存量建设用地成为农村社区最重要的收益来源。农村社区基本没有村办企业，其集体经济收入主要来自集体经营性建设用地本身及其开发物业的租赁收入，尤其是地理位置优越的镇区村和镇边村。集体经营性建设用地可以用于建设标准厂房、街铺、办公楼等并对其进行租赁管理，使村集体可以获得长期稳定的租金收入。充分发挥区位优势，发展农副产品贸易市场、饭店、旅馆、物流等第三产业，既增加了物业需求，又为农民增加了就业机会。

专栏 35　宁波市慈溪市某镇集体经营性建设用地开发获得收益
甲村。集体经济主要靠标准厂房租金收入，有 300m^2 标准厂房。2020 年租金下降，共收入 400 万元。毗邻工业园区，几乎与园区相连，污水管全部归到园区。园区 8%返还留用地，2000 年起经营农副产品加工厂。村人口为 1023 人，老人福利、低保由村负责。共有 800 多万固定资产。 　　乙村。2000 年由四个村合并而成，现有 3000 多人。集体权益由村一级行使，四村的账目也合并，权益由村一级分配。收入上，每年约有 600 万元收入，70%的收入来自出租集体厂房，其他收入来自经营农贸市场、农村商业银行的股份、出租其他零星用房等。主要还是依靠集体厂房获利。支出上，各村情况不同。早期村办企业、校办企业等都有。1998 年企业转制，不再允许兴办村办企业。
资料来源：2020 年 9 月 1 日某镇访谈。

2. 统筹开发分散的集体经营性建设用地

农村社区以农村集体资产股份制改革为抓手，在村级成立了股份经济合作社，将农村集体资产量化到人，实行工商注册登记，独立核算、自主经营、自负盈亏，合作社具有独立法人资格（邱芳荣，2017）。结合“低散乱”整治和全域土地综合整治，积极把分散在农户手中的集体经营性建设用地集中起来。推进乡镇工业园区、村级工业集聚点改造升级，引导和推动小微企业入园集聚促进发展。

专栏 36　杭州市萧山区某镇小微园区建设情况
小微园区有专业公司进行运营。在大的厂区中，楼内空间被分割成小单元（100～200m^2）提供给公司，某科创园的企业入驻率达 90%，企业规模小，发展还不错，很多

企业申报了国家高新技术企业，在做高新技术型产业和研发。开发土地由政府提供，是原来的工业用地，通过正规的工业用地拿地手续获得土地后，企业造好厂房，自己去申请做小微园，转让给小企业。

每个村里多多少少都有工业，集体土地、厂房出租是村级经济的来源。也有规上企业，规上规下都有。村里家庭作坊比例少，通过行业整治等将其逐步取缔，有条件的搬入合规合法的场地，基本以小企业为主。小微园中原来的村企业、招商引资入驻的企业都有。

资料来源：2020 年 9 月 3 日某镇访谈。

专栏 37　温州市乐清市某镇某村整合分散工业用地建设小微园区

小微园区通过正规手续建设，土地为国有土地。定向招拍挂 6000 多万元拍到。市里很支持，扣除国家税收之后，2000 万元返还村。村建设标准厂房，共 12 万 m^2。二期面积为 13000m^2，收入预计为 300 万元不到，涉及土地调整，没有土地指标。预计 12 年回本，12 年内村民没有分红，打破村民关注眼前利益的思想很难。村民中办厂的、外出经商的都有。契机：1998 年，无偿提供给某市将近 60 亩地，换来小微园区的指标。后来用地指标变为工业用地，补了合法的手续。

资料来源：2020 年 9 月 10—11 日某镇访谈。

6.5　社区权利导致产业强镇生产路径的区际分化

6.5.1　珠三角："强宗族、强社区"形成村级尺度土地开发单元

长期以来，珠三角在中央政权管控范围的边缘地带，各种社会力量发育比较旺盛，从而形成了发达的宗族小共同体，使得土地开发受到宗族的深度影响。在乡村工业化早期，村组和村民通过出租土地和物业获得丰厚的收益。进入空间再生产时代，满足农村社区的经济利益是工作得以开展的重要前提。基于农村社区的宗族势力在乡村工业化过程中攫取了巨大的利益，有极大的积极性参与集体土地开发。在这种情况下，政府和资本面临强大的社区权利，必然作出很大的妥协，通过协商合作才有可能实现共赢。由于获取收益的集体土地资源必须与村组的产权范围相统一，因而在珠三角形成村级尺度的土地开发单元（图 6-1）。

6.5.2　苏南地区："强政府、弱社区"形成镇级尺度土地开发单元

苏南地区具有悠久的"强政府、弱社区"传统，地方政府对地方资源和社会组织具有很强的管控能力。在乡镇企业发展早期，村集体是在地方政府的组织下建立起集体经济的组织体系，从一开始地方政府就有很强的主导能力。随着乡镇企业的衰落，在外资大量增加之时，地方政府一方面把开发区作为推动经济发展的新平台，另一方面通过控制农村低效扩张挤占太多土地资源。在苏南地区，土地是国家资源而非农村所有得到广泛认可，当乡村工业化进程发生重大转变时，工业化的空间载体由村域空间让位于县、镇政府与大资

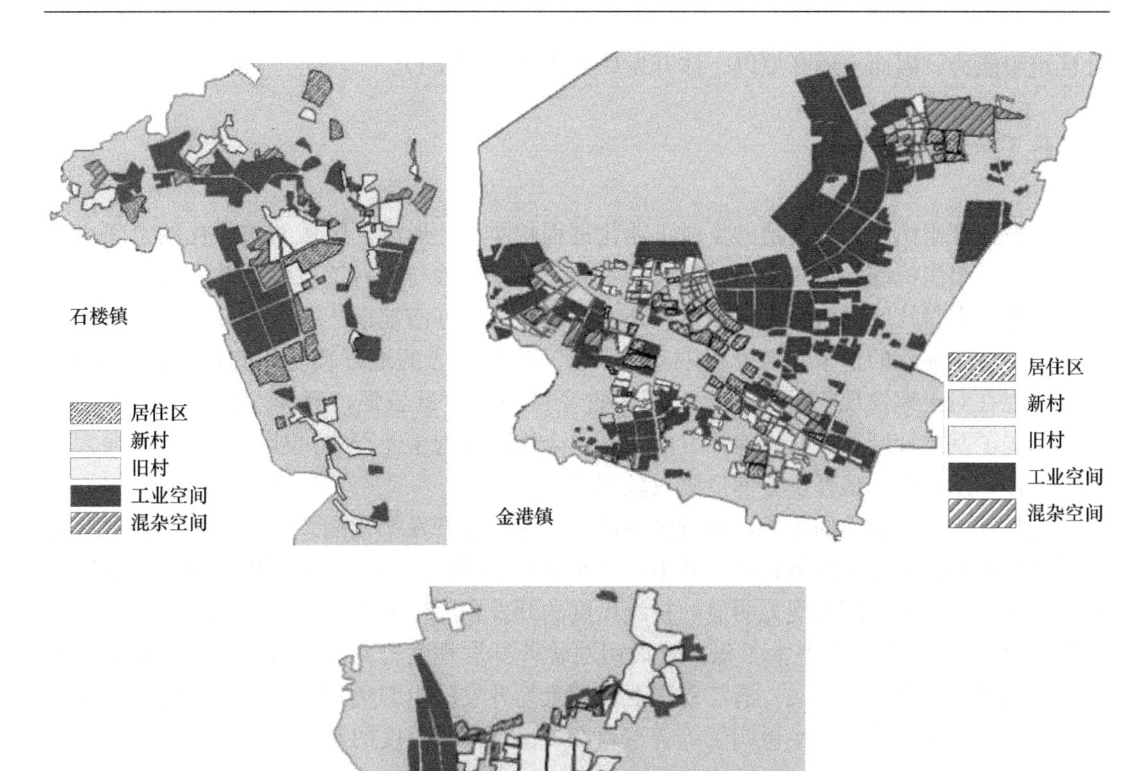

图 6-1　案例产业强镇建设用地示意图

本联盟的正规开发区（林永新，2015），建设用地在地方政府组织下形成镇级尺度的开发单元（图 6-1）。

6.5.3　浙江省："强宗族、弱社区"形成个体尺度土地开发单元

长期以来，浙江省在经济发展方面形成了"弱政府、低干预"的行政模式。地方政府对民间的经济活动较少进行强力控制，多采取纵容、默许的态度。即使在政府相对有为的浙北地区，政府对民营经济也往往采取较为保守的态度，较为尊重市场自发的规则（王银飞，2012）。浙江省农村社区由于自身利益不局限于本地，且农民收入更多来自企业经营而非土地分红，未形成强大的集体经济，乡村工业化的经营主体以地方个体为主。因而，与苏南地区、珠三角发达的集体经济相比，浙江省的集体经济并不发达（仇叶，2020）。虽然浙江省也有强宗族的社会传统，但农村社区较少参与组织和经营活动，呈现出较弱的

社区组织能力，因而土地开发以个体开发单元为主（图 6-1）。

6.6 小结

农村社区组织能力与特定的乡村工业化进程相结合，形成了区域间差异化的空间生产特征和空间组织机制。珠三角乡村强大的宗族力量积极参与乡村工业化，并获取巨大的利益，支撑了农村社区层面的集体利益和强大组织能力。苏南地区“强政府、弱社区”特征突出，乡村工业化的整个发展过程中，以乡镇政府为代表的地方政府均有很大的话语权，尤其体现在对土地发展权的掌控上。浙江省乡村宗族力量虽强，但其发展机会更加多元化，削弱了基层社区对本村土地开发的诉求；个体经营为主使得农村社区无法形成强大的利益主体，从而在土地开发方面话语权较弱。

农村社区组织能力的差异，造就区际产业强镇土地开发单元的差异，其主要表现形式是影响产业强镇的空间混杂程度。其中，广东省存在明显的空间混杂现象，有较多发达的村级工业园，城镇空间表现为明显的村级尺度的开发单元。苏南地区产业强镇经过“三集中”“三优三保”等国土整治工程，建设用地统筹开发程度较高，空间混杂程度较低，并呈现出镇级尺度的开发单元。浙江省产业强镇土地开发的组织化程度最低，村内家庭作坊式工业点、村级工业点、小微园区等普遍存在，呈现个体尺度的开发单元。

第7章　经济转型与产业强镇的空间生产

城镇空间需要产业经济的发展作为支撑，城镇规模的扩大必然需要产业规模的壮大，城镇空间的优化也必然要求产业组织的转型，以保障城镇发展的稳定性。同时，城镇空间会随着产业经济模式的变迁而改变，当产业经济发展到一定规模和品质时，必然要求改变城镇空间组织，以便使产业经济与城镇空间组织达到一个新的平衡。因此，经济转型与城镇空间转型是一个相辅相成的动态过程。

7.1　经济转型对城镇空间生产的影响

7.1.1　资本属性由产业资本为主向多元化转型

自然地理、经济发展、社会文化、技术进步、规划管控等是影响城镇空间生产特征的重要动力机制。其中，经济发展是决定性因素（杨荣南，张雪莲，1997）；经济基础是城镇发展的重要动力，产业关联则很大程度上决定着城镇空间的发展方向和组织结构（张震宇，魏立华，2011）。

产业强镇土地开发以产业资本属性为主。大卫·哈维系统地把资本积累过程分为三次循环，列斐伏尔以来的空间生产理论基于西方资本主义进入后工业化时代，以金融资本而非产业资本为主，其研究以资本积累中的第二、三次循环为主。产业强镇的城镇功能以第二产业为主，产业资本占有主导地位，属于“空间中的生产”；体现金融资本功能的商品居住区、商业地产没有占据主导地位。因此，产业强镇空间生产中的资本循环以第一、二次循环为主。

产业强镇土地开发的金融资本属性增强。根据新型城镇化的发展目标，在产业强镇稳固生产功能的同时，居住、商业等三产功能越来越强。因此，偏于金融资本属性的土地开发对产业强镇的影响越来越大。尤其是位于中心城市周边的产业强镇，由于近年来中心城市房价高涨，产业强镇的高端房地产市场越来越以中心城市作为主要的客户来源。

7.1.2　产业资本转型动力是空间再生产的关键

产业资本主要影响工业空间更新。转型动力使产业强镇面临外部和内部各种环境的变化时，能及时灵活调整政策，保障足够的接续产业发展，有能力防范经济出现大起大伏，避免硬着陆。产业资本的转型动力，主要体现为经济基础和成长能力，不仅取决于产业强镇本身，也与其所处经济环境密切相关。由于具有统一可比性的乡镇统计指标较难获取，所以产业强镇的经济基础用人均产出来衡量，它不仅可被视为所处区域产业强镇的产业基础和活力，也一定程度上反映了本地的成长能力。成长能力反映产业强镇由于自身因素和外来资本的涌入，衍生出新企业的能力，可在所处区域人均产出基础上，结合调研镇政府的信心来判断。

转型动力是决定空间再生产能力的关键。空间再生产的完成，必须实现权力、社区、资本的诉求都能得到必要的满足。对权力方来说，必须有利于促进地方经济发展，并能补偿基础设施、公共服务设施等公共支出。对社区来说，必须保障社区居民相关利益不受损。对资本来说，必须满足开发企业有利可图。相对于城镇新增用地开发，空间再生产对转型动力提出了更高的要求。相对于新增建设用地，空间再生产不仅面临更大的安置成本和更长的开发周期，还要满足相关权益人开发期间的收益损失和未来的收益预期。因此，城镇空间生产过程中，能否有足够的转型动力，保证空间再生产完成后能提供足够的产业资本，是实现空间再生产的关键。

7.1.3 工业企业集群类型间接影响空间再生产

企业集群主要有四种典型模式（王缉慈，2001），在产业强镇层面以马歇尔式工业区、轮轴式产业区为主，个别镇存在卫星平台式产业区，基本无政府依赖型产业区。根据不同集群类型的特征，工业企业集群主要存在企业联系、产权结构、规模结构三个方面的差异，并分别影响城镇空间生产特征。

1. 企业联系

企业联系方式与企业在生产组织中的地位和业务联系内容密切相关。大企业的业务联系范围广、规模大、标准化程度低、固定性差，镇区的交通易达性、通信等条件均优于非镇区而成为优选之地。小企业往往服务于大企业，业务联系内容较单一、标准化程度高，往往形成电话联系、面试等简单易行的联系方式，在非镇区布局的意向不强（薛德升，等，2001）。一般来说，大企业发达地区容易形成围绕大企业的纵向分工体系，小企业集群呈现出更强的横向分工特点。相对于企业间横向分工的企业集群，企业间纵向分工的企业集群更容易集聚在一起，从而有利于企业从村中分散的布局中析出，进入集中的园区布局。从城镇空间生产角度，企业间纵向分工不仅有利于实现空间再生产，也容易形成较大规模的工业空间。反之，企业间横向分工不利于空间再生产，也容易形成分散的小规模工业空间。

2. 产权结构

外资、国有和民营等不同的企业所有制对工业企业布局具有重要影响。一般来说，外资企业更倾向于与不同层次的政府及其机构合作，厂址也往往选择在合作方的用地范围内（薛德升，等，2001），并优先与高等级政府或机构对接；且技术水平较高，更倾向于直接进入独立于居住区、环境较好的工业园区（林永新，2015）。国有企业优先布局在高等级城镇，也倾向于独立于居住区、环境较好的工业园区。民营企业基于获取土地“租差”和社会资源的考虑更倾向于就地布局，而不是向工业园区集中。集体企业的布局取决于其兴办主体，反映了镇村两级主体的权益争取，即镇办企业一般在镇区范围内选址，而村办企业则多在所属管理区或村域内选址（薛德升，等，2001）。

总体而言，从产权结构来看，外资企业主导和国资企业主导的产业强镇，更容易形成强大的空间再生产能力，形成大规模的工业空间；而民营企业主导的企业集群，企业的发展动力根植于传统社会网络，空间再生产面临额外的社会成本，很大程度上限制了产业强镇的更新能力，不利于工业空间的集中布局。即使在产权结构相对稳定的情况下，也涉及企业主体的变迁问题。企业主体发生明显的新老更替的地方，转型动力较强；而企业主体相对稳定，或新生企业主要衍生于现有企业集群的地方，转型动力不强。

3. 规模结构

不同规模的企业具有不同的选址意向。一般来讲，大企业对基础设施和配套服务的要求高，承担相关费用的能力强，更倾向于向产业园区集中（薛德升，等，2001）。小型民营企业对成本较为敏感，而对配套服务要求较低，倾向于在村庄选址、就地布局（林永新，2015）。

7.1.4　金融资本主要受外部市场需求的影响

金融资本主要影响商住空间开发。随着我国发达地区逐步进入后工业化时代，以地产开发为代表的金融资本在经济发展中成为越来越重要的因素，从两个方面深刻影响了城镇空间生产特征。①金融资本的介入，使得以工业为代表的产业资本的空间再生产的逻辑发生了深刻转变，金融资本所带来的巨大的土地“租差”使得空间再生产更有可能性。②以商品居住区、商业地产为代表的地产开发，深刻改变了传统以工业职能为主的产业强镇的空间类型。随着位于中心城市周边的产业强镇与中心城市一体化程度的加深，“工改商住”成为一种内在的市场需求，既深度地推动了空间再生产，也深深地改变了产业强镇的空间类型。

金融资本主要来自外部市场的需求。产业强镇金融资本的发育主要源于外部市场需求的刺激，主要表现为两种类型。第一类是中心城市周边的近郊型产业强镇，由于与中心城市联系便捷、地产价格具有明显优势，从而形成以中心城市为主要客源地的地产市场。珠三角产业强镇与中心城市关系更密切，二者之间往往具有紧密的日常通勤关系，产业强镇因此而成为中心城市的“卧城”或投资目的地，如石楼镇、新塘镇、园洲镇。苏南地区产业强镇相对独立，与中心城市更多存在管理、产业链层面的联系，其地产市场主要服务于本地需求，包括住房改善和旧村镇改造安置。浙江省产业强镇主要承担产业板块的功能，与中心城市联系较为薄弱，主要为管理层面的联系，产业链层面的联系也不多，其地产市场也主要面对本地市场。第二类是面向区域市场的产业强镇，该类城镇往往拥有良好的环境资源和知名度，往往是著名的旅游休闲和康养目的地，其地产以休闲度假和康养功能为主，其客户来源突破本地市场，面向更大范围的顾客群。

7.2　第一阶段：市场化推动建设用地粗放发展的空间生产

7.2.1　珠三角：外来投资推动专业镇的初步形成

1. 外来投资和市场刺激推动工业化发展（1978—1991 年）

改革开放以来，珠三角率先将市场机制引入传统计划经济中，充分利用了全球化和短缺化的机遇，大力推动乡村工业化发展，建立了大量村镇工业园区（Smart A，Hsu J Y，

2004；Yang C，2006)，“离土不离乡，进厂不进城”的乡村工业化模式以及“自下而上”的城镇化过程成为其主要特征（曲晓泳，2008）。这一时期，外资企业和集体企业成为珠三角经济发展的主要推动力。

在珠江东岸，深圳、东莞、惠州等地区的产业强镇，在大量发展外向型经济的同时，积极培育内向型工业企业，推动原有的“三来一补”企业逐步向“三资”企业转型（曲晓泳，2008）。在外资的强力刺激下，镇村两级集体纷纷创办集体企业，成为工业体系中举足轻重的力量。1990年，东莞市镇村办企业工业总产值占全市的54.9%，加上城乡私营及个体工业，共占全市工业的61.9%。根据统计数据，1991年东莞市集体所有制工业净产值占全部工业净产值60.9%，而包括外资在内的其他经济类型的净产值仅占18.9%。

专栏38　广州市增城区某镇港商是牛仔产业主导者
20世纪80年代改革开放时某镇港澳同胞回乡，我国第一条牛仔裤诞生在东莞，港商在大墩某镇从事牛仔生产，经过不断的发展，实现从贴牌到自主生产，高峰时该镇有10000多家牛仔企业，现在有几千家，大中小微型都有。建筑面积为100～10000m²。
资料来源：2020年8月11日某镇访谈。

在珠江西岸，佛山、中山等地区的产业强镇，既不具备靠近大城市的市场条件，也不具备良好的资源禀赋，其产业的兴起在于依托悠久的工贸传统，主导企业从以贸易活动为主，逐步转向以生产活动为主（王珺，2013）。总之，西岸地区产业强镇的崛起，依靠在短缺经济的市场机遇下，本地化经济精英主导的企业发展模式，属于内源式发展模式，产业集群的根植性较强。相对于东岸地区，西岸地区外资企业比重较低，而集体所有制企业比重较高。1991年，中山市、佛山市其他经济类型工业占全部工业总产值的比重分别为20.7%和15.2%，处于较低的状态；而集体所有制工业占比分别为53.2%和53.4%，处于较高的水平。

专栏39　中山市某镇早期产业发展历程
20世纪60—70年代合作社逐步转变为镇办集体企业，主要有五金、纺织（蚕丝竹藤）等企业。1979年该镇工业产值超1000万元，利润有100万元。 改革开放初期，很多港澳同胞回乡发展对外贸易，实行“三来一补”，外向型经济开始发展。20世纪80年代港澳同胞回来创办合资企业，逐步带动产业发展。20世纪80年代中后期至20世纪90年代集体企业为某镇培育了大量人才，他们独立创办了民办中小企业。
资料来源：2020年8月7日某镇访谈。

到20世纪80年代末，珠三角已初步形成现代加工业为主的产业结构，产生了电子、家电、纺织、服装、食品、玩具、精细化工等轻型支柱产业（曲晓泳，2008）。地方政府和村集体利用集体土地兴办工业企业，快速形成了数量庞大的集体建设用地（杨廉，袁奇峰，2012）；乡镇企业比重较大，且产权多归村、镇集体所有（周大鸣，2019）。1991年，

东莞市、中山市和佛山市集体所有制企业产值比重分别达到60.9%、53.2%和53.4%，具有举足轻重的作用（表7-1）。“专业户”“专业村”陆续出现，逐渐形成了产、供、销一条龙的专业化市场和“专业镇”的雏形（朱桂龙，钟自然，2014）。

1991年珠三角各市独立核算工业净产值（产权类型）　　表7-1

城市	工业总产值（亿元）	全民所有制		集体所有制		其他经济类型	
		产值（亿元）	比重（%）	产值（亿元）	比重（%）	产值（亿元）	比重（%）
广州市	137.25	85.64	62.4	22.84	16.6	28.77	21.0
惠州市	10.63	2.79	26.2	3.12	29.4	4.73	44.5
东莞市	17.63	3.56	20.2	10.74	60.9	3.33	18.9
中山市	19.81	5.15	26.0	10.55	53.2	4.11	20.7
佛山市	78.21	24.5	31.3	41.8	53.4	11.91	15.2

注：①来源于《广东统计年鉴1992》；②广州不属于东西岸的范畴。

2. 集群经济模式导致专业镇的初步形成（1992—1997年）

1992年邓小平南方谈话后，我国全面进入社会主义市场经济阶段。作为改革开放的前沿，珠三角的外商经济进入“群狼集聚迸发”阶段。外资的大量涌入和本土经济的发展，极大地改变了珠三角产业强镇的经济发展模式。镇域企业横向联系更加密切，形成以区域、产品、流通为核心的产业集聚，“一镇一品”的特色产业格局初步形成（朱桂龙，钟自然，2014）。1994年，农业部出台《乡镇企业产权制度改革意见》，推动了乡镇企业产权改革进程（闵继胜，2016；梁励韵，刘晖，2014）。

在珠江东岸，深圳、东莞等地区已经形成广东省电子信息产业基地，经济模式已经进入产业类型多元化、区域分工体系成熟化、生产与市场共存的良性发展状态。政府积极引导分散经营的产业分散化体系向弹性的精细分工体系转变，由简单的加工装配到以对技术知识的吸收、研发设计的重视、欧美市场的拓展等为发展策略的集群扩张阶段（王珺，2013）。外资企业比重大幅度上升。到1997年，珠江东岸的东莞市规模以上工业总产值中，外资工业企业占75.8%，而集体企业比重则由1991年的60.9%下降到16.7%；国有和其他内资工业企业产值比重较低，仅占12.9%。

在珠江西岸，佛山、中山等地区的产业强镇的专业市场获得快速发展，同时，由于生产领域存在较高的利润率，更多的商业资本（很大一部分来自贸易中间商）进入生产领域，进一步推动工贸联动发展。从发展模式来看，“顺德模式”早期以公有制工业和大型骨干企业为发展重点，20世纪90年代企业产业制度改革中积极推动存量工业企业私有化改制，既缓解了政府因公有制企业经营不善而承受的负债压力，又促使民营经济快速发展。“中山模式”属于混合的经济类型结构，20世纪80年代末到1990年底乡镇企业和外资发展以“一镇一业”为目标，公有经济地位逐步下降。“南海模式”本质上体现为私营中小企业的快速成长（王珺，2013）。到20世纪90年代，珠江西岸地区公有经济比重大幅下降，外资和民营经济比重快速上升，撑起了产业集群的大局。1997年，中山市、佛山市港澳台商和外商投资工业企业产值比重分别上升到70.9%和42.9%，但仍明显低于珠江东岸；国有经济和其他内资经济之和比重分别占27.6%和55.3%，远高于珠江东岸地区（表7-2）。

1997年珠三角各市规模以上工业总产值（按产权类型） 表7-2

城市	工业总产值（亿元）	国有经济		集体经济		股份制经济		港澳台商投资经济		外商投资经济	
		产值（亿元）	比重（%）	产值（亿元）	比重（%）	产值（亿元）	比重（%）	产值（亿元）	比重（%）	产值（亿元）	比重（%）
广州市	1383.5	308.3	22.3	178.7	12.9	50.0	3.6	447.8	32.4	368.4	26.6
惠州市	520.5	18.3	3.5	94.7	18.2	0.4	0.1	251.6	48.3	151.7	29.1
东莞市	268.1	8.6	3.2	44.9	16.7	9.5	3.6	166.7	62.2	36.4	13.6
中山市	362.7	21.4	5.9	74.8	20.6	4.0	1.1	187.2	51.6	70.1	19.3
佛山市	986.5	105.9	10.7	274.5	27.8	165.5	16.8	300.6	30.5	122.1	12.4

注：①来源于《广东统计年鉴1998》；②广州不属于东西岸的范畴。

这一阶段，专业镇成为珠三角产业强镇的主要发展模式。乡镇工业逐步形成两种类型的工业生产组织形式，一是个别主导企业内部以垂直生产联系为主的生产垂直一体化，和本地其他企业间未能建立起有效的生产联系，主导企业快速发展未能有效地带动地方工业的全面发展；二是众多同行业企业聚集在一定地域范围，形成以水平生产联系为主的生产组织。以“三来一补”“三资”企业为主的镇，往往成为某一行业对外分包企业的集中地，其乡镇企业集群多属于第二种生产组织类型（薛德升，等，1999）。

3. 产业强镇主要发源于珠三角核心区

改革开放至20世纪90年代初，珠三角乡村工业化首先在珠三角核心地区迸发，工业企业规模较小且主要发生在乡镇一级（丁俊，王开泳，2018）。因此，产业强镇主要分布在珠三角的核心区，即深圳、广州、东莞、佛山和中山，并首先在沿路、水系等交通优势显著地区出现。广州市增城区新塘镇、广州市番禺区石楼镇、东莞市茶山镇、佛山市顺德区北滘镇、中山市小榄镇均在此阶段进入快速发展进程。

1992年全面实施社会主义市场经济之后，更多的地方被纳入全球经济体系。在村镇工业园区之外，工业企业更多地进入城市开发区，广州、深圳、佛山、东莞等地区的开发区成为工业企业的集聚热点（丁俊，王开泳，2018）。产业强镇仍主要分布在珠三角的核心区，但逐步向外围地区扩展。随着外资的大量流入，以及先发地区对周边地区的辐射作用，周边地区或是承接外资和产业分工，或是通过模仿内生发展，周边地区的产业强镇逐步进入发展阶段。惠州市博罗县某镇自20世纪80年代即追随珠三角东岸发展的脚步，承接港资办厂，链接东莞市发展，至20世纪90年代中后期进入快速发展阶段。

专栏40　杭州市博罗县某镇20世纪90年代进入快速发展期

访谈记录：改革开放时期，港澳同胞成为第一批服装产业从业者，带来技术和资金，有销售途径。服装产业投资小、见效快，本地招工便利，且距离虎门镇、广州市近，服装产业快速发展。

镇志记录：改革开放以来，某镇以“三来一补”（来料加工、来件装配、来样加工，补偿贸易）为突破口，以乡镇企业为依托，大力发展对外加工业。至1990年，某镇工业行业从无到有，从小到大，初步形成了具备电子、染织、服装、毛织、塑料、玩具、五金、建材、木器制品等行业的工业生产体系。1990年，河南区工业企业发展至247

<table>
<tr><td>家，总产值达 2495 万元，比 1980 年增长 21.1 倍。1991 年石洲大桥通车后，某镇的工业发展势头良好。至 1999 年，全镇（河南区）实现工业总产值 8.9 亿元，有“三资”企业 18 家，“三来一补”企业 255 家，乡镇个体企业达 1283 家。</td></tr>
<tr><td>资料来源：2020 年 8 月 12 日某镇访谈；《圆洲镇志》（2019 版），245 页。</td></tr>
</table>

7.2.2　苏南地区：内外资共同驱动产业强镇快速发展

1. 集体经济属性的乡镇企业异军突起

1970 年左右，人口不断增长加剧了人多地少的矛盾，苏南农民探索农副工综合经营的发展道路，一批社队企业由此诞生，这可谓“苏南模式”的雏形（罗小龙，等，2011）。1978 年之后，江苏省的乡村改革解放了大量农业剩余劳动力，但在户籍、土地等城乡二元体制限制下无法通过工业城市来吸纳（赵莹，2013）。20 世纪 80 年代，苏南地区乡镇政府和村集体立足社队企业基础，借助上海市的技术辐射和产业扩散，推动乡镇企业快速发展。这一阶段后期，市场环境发生了重大变化，乡镇企业由于产权结构不清、技术水平不高等，后续动力不足问题非常突出（罗震东，等，2014）。

<table>
<tr><td>专栏 41　常州市武进区某镇早期产业发展历程</td></tr>
<tr><td>20 世纪 80 年代初期“苏南模式”崛起时，某镇是“苏南模式”的标杆区，主要产业是化工、机械、纺织等；随着结构调整，20 世纪 90 年代强化木地板从国外进入中国市场，某镇结合本地计算机操作台产业发展木地板产业，历经企业无序增长、以质取胜、自主创新发展阶段，形成产业链完善、分工专业、上下游配套、内外贸并进的产业发展格局。</td></tr>
<tr><td>资料来源：2020 年 9 月 15 日某镇访谈。</td></tr>
</table>

2. 乡镇企业改制及外向型经济快速发展

1992 年，中共十四大确立了社会主义市场经济体制的建设目标，奠定了外向型经济的政策基础，“苏南模式”在外资的大举进入和乡镇企业改制中进入了新的阶段。各级城镇纷纷设立各类开发区作为招商引资的平台，外资逐步重塑了苏南地区的工业化和城镇化模式（Vinit Mukhija，2002；崔曙平，赵青宇，2013）。苏南地区出现了类似于珠三角由外资诱发的外向型城镇化（Zhang L，2003），其中尤以昆山最为典型（张庭伟，2001）。1995 年以后，苏南地区逐步推进乡镇企业产权制度改革，促进了内资企业的多样化再生，股份制、股份合作制和私营企业大量出现（Song Yan，etl，2008）（表 7-3）。苏南地区乡村工业化从以“乡镇企业”为核心的内生型经济逐步转向以“招商引资”为依托的外向型经济（岳芙，2016），台资和欧美资本处于举足轻重的地位。

1997 年苏南三市规模以上工业总产值（按产权类型）　　**表 7-3**

城市	工业总产值（亿元）	国有经济		集体经济		私营经济		股份制经济		其他经济	
		产值（亿元）	比重（%）	产值（亿元）	比重（%）	产值（亿元）	比重（%）	产值（亿元）	比重（%）	产值（亿元）	比重（%）
苏州市	1619.1	282.2	17.4	681.1	42.1	38.9	2.4	27.5	1.7	589.3	36.4

续表

城市	工业总产值（亿元）	国有经济		集体经济		私营经济		股份制经济		其他经济	
		产值（亿元）	比重（%）	产值（亿元）	比重（%）	产值（亿元）	比重（%）	产值（亿元）	比重（%）	产值（亿元）	比重（%）
无锡市	1421.5	222.8	15.7	799.1	56.2	34.0	2.4	61.9	4.4	303.6	21.4
常州市	629.2	131.2	20.9	325.9	51.8	9.9	1.6	60.6	9.6	101.7	16.1

来源：《江苏统计年鉴 1998》。

3. 产业强镇主要发源于苏南地区核心区

20 世纪 80 年代，产业强镇主要分布在以无锡市为中心的苏南地区核心区，即苏州、无锡、常州等陆路交通走廊地区，以及江阴、张家港、常熟等沿江水路走廊地区。这些地区在历史上即为经济繁华区，积累了丰厚的工商业传统。改革开放以后，一旦获得管制放松和短缺经济的双重红利，部分产业强镇基于传统的社队企业基础和商业文化，就会抓住机会率先发展起来。苏州市张家港市金港镇、苏州市张家港市锦丰镇、无锡市江阴市新桥镇、常州市武进区横林镇均位于该地区，且于改革开放早期快速发展起来。

进入 20 世纪 90 年代，随着长三角和浦东开发的带动，邻沪和沿江地区的产业强镇的区位和交通优势凸显，苏锡常的中心由无锡转为苏州。一方面，邻沪地区由于存在区位优势在招商引资、承接上海产业转移和配套生产方面具有优势，邻沪的苏州市吴中区甪直镇在此阶段崛起。而沿江地区的交通条件成为另一个优势区位，对交通导向型产业具有很强的吸引力。苏州市张家港市金港镇和锦丰镇均凭借交通区位而使得优势得到进一步强化。

专栏 42　苏州市吴中区某镇 20 世纪 90 年代引进台资推动工业化进程

某镇 20 世纪 90 年代就开始招商引资，第一批台资企业进入甪直镇，第二批才进入昆山。也因为发展比较早，所以相对而言产业比较低端，比如陶瓷砖产业等。至 2006 年左右，甪直镇在苏州板块工业实力非常突出，工业也挤占了大量建设用地和城镇空间，从而导致今天的转型、可持续发展压力较大。

资料来源：2020 年 9 月 15 日某镇访谈。

7.2.3　浙江省：内生动力推动民营经济发展

1. 短缺经济下的乡村自发工业化快速发展（1978—1991 年）

改革开放以来，随着资源配置方式从计划导向转向以市场为手段，国内的消费需求得到迅速释放，浙江省以轻纺和家电等为主的轻工业快速发展。在经济利益的激励下，各路农民精英纷纷踏入创业大潮，形成能人带动的模仿经济。借助于上海市和杭州市等地国有企业的技术支持（如“星期天工程师”）和乡村地区受计划经济控制较弱、经济管理制度灵活等优势，纺织业和日用机电制造业等轻工业领先发展，以家庭工业和社队企业为主的乡村工业迅速崛起。城市国有企业技术向城镇集体企业和乡镇企业拓展，乡镇企业的发展从城市边缘逐渐向农村腹地推进。特别是经过 20 世纪 80 年代中后期的治理整顿后，乡镇企业的“贴牌生产”“三来一补”等劳动密集型产业又得到了进一步发展。到 1992 年，浙江省初步形成两头在外的开放型经济模式，引进外资和工艺品出口规模不断扩大，出口结构实现了由初级产品、农副产品为主到工业制成品为主的重大转变。按照企业的产权类型，1978—1991年，浙江省国有经济企业数量比重从14.7%下降到1.2%，产值比重从61.3%下降到29.5%；集体经济企业数量比重从85.3%下降到34.4%，产值比重则却由38.7%上升到60.9%；城乡个体私营工业经历了从无到有的过程，企业数量从1985年的44.0%增长到了64.2%，但产值比重仅从1.7%增加到6.8%。总体而言，该阶段，国有经济和集体经济仍居于绝对主导地位，城乡个体私营工业企业数量虽大，但对经济的影响力尚比较薄弱（表7-4、表7-5）。

改革开放以来浙江省工业企业数量（产权类型） **表7-4**

年份	合计（亿元）	国有经济		集体经济		城乡个体私营工业		其他工业	
		数量（个）	比重（%）	数量（个）	比重（%）	数量（个）	比重（%）	数量（个）	比重（%）
1978	21308	3142	14.7	18166	85.3	—	—	—	—
1985	268764	3791	1.4	146597	54.5	118306	44.0	70	0.0
1990	331244	4232	1.3	124743	37.7	201880	60.9	389	0.1
1991	345178	4250	1.2	118836	34.4	221553	64.2	539	0.2

改革开放以来浙江省工业企业产值（产权类型） **表7-5**

年份	合计（亿元）	国有经济		集体经济		城乡个体私营工业		其他工业	
		产值（亿元）	比重（%）	产值（亿元）	比重（%）	产值（亿元）	比重（%）	产值（亿元）	比重（%）
1978	132.11	81.03	61.3	51.08	38.7	—	—	—	—
1985	550.63	204.67	37.2	332.84	60.4	9.23	1.7	3.89	0.7
1990	1434.16	447.65	31.2	862.18	60.1	93.8	6.5	30.53	2.1
1991	1801.4	530.93	29.5	1097.81	60.9	121.68	6.8	50.98	2.8

浙北地区。改革开放以前，浙北地区已经形成了数量可观的社队企业（1984年改称“乡镇企业”）。改革开放后很长一段时间，大部分地区对乡镇企业持观望状态。但地方政府仍通过资本、劳动力、土地等资源支持乡村工业企业，形成了镇办、村办、家庭办三类乡镇企业。随着市场竞争加剧，乡镇办企业享有乡镇政府的优先资源支持，家庭工业得益于经营者的积极性，均获得较好的发展；村办企业兼有资源不足和经营者积极性不高的缺点，逐渐走向衰落（王银飞，2012）。依托杭州、宁波、绍兴等城市长期以来的经济基础，浙东北地区国有经济和集体经济相对较发达。

浙南地区。改革开放前，由于处于国际海防的前沿，浙东南地区乡村工业较少获得资源支持；加上交通闭塞、资源贫乏，经济基础十分薄弱。1978年家庭联产承包责任制改革之后，农民劳动积极性大为提高，农村产业逐步转向了非农产业，农村工业开始启动（吴敏一，等，1994）。1980年中期之后，企业组织由家庭作坊向股份合作制企业转变。与此同时，依赖于购销员的行商模式逐步被坐商模式，即专业市场所取代，家庭工业和在其基础上发展起来的股份制企业逐步向一些条件较好的重点城镇或小城市转移（李王鸣，等，2004），逐步形成了专业市场（唐仁健，陈良彪，2000），小城镇经济实力迅速增强。以温州市为例，1993年，全市139个建制镇的工业总产值达170多亿元，大约占全市工业产值的1/2；各类商品市场年成交额60多亿元，占全市社会商品零售额的82%（赵莹，2013）。

2. 民营经济快速崛起，块状经济初步形成（1992—1997年）

进入20世纪90年代之后，国内消费市场趋于饱和，以拓展国际市场为目的的对外贸易增加和以耐用消费品为主的国内消费升级，出口依存度迅速上升，成为拉动工业经济的重要因素（史晋川，等，2008）。1992年，邓小平南方谈话和中共十四大明确了建立社会主义市场经济体制的改革目标，浙江省民营经济进入快速发展时期（王周杨，2012），1992—1997年间GDP年均增长率高达36.5%。20世纪90年代末，浙江省初步形成以电气机械及器材制造、电子通信设备制造业为主体的高新技术产业格局，并形成了沪杭甬高速公路沿线高新技术产业较为密集地带。

民营经济成长为工业经济主体。1992年开始，浙江省针对全省乡镇企业大力推动以股份合作制为主要形式的产权制度改革，个体私营企业迎来发展高潮，在全省工业中的地位急剧上升。传统的乡办企业失去了资源优势，又缺乏有效的机制调动职工生产积极性，从而逐渐丧失了发展的内部动力（王银飞，2012）。国有企业在工业经济总量中的比重进一步下降，但在基础工艺、高新技术产业和大中型城市工业中的主导地位明显增强。个体私营工业增长最快，20世纪90年代后期已取代集体企业成为全省最大的工业经济主体（郑恒，2005）。1997—1998年的亚洲金融危机使大部分小城镇面临外向型产业的市场困境，即国际市场的严重萎缩和竞争压力。1995年，浙北地区国有经济产值比重为15.9%，集体经济产值比重为45.0%，个体经济产值比重为20.2%，其他产权类型产值比重为18.9%。其中，国有经济和集体经济比重远高于浙南地区，而个体经济比重明显低于浙南地区（表7-6）。

1995年浙江省五市乡及乡以上工业产值（按产权类型） 表7-6

城市	工业总产值（亿元）	国有经济		集体经济		个体经济		其他经济类型	
		产值（亿元）	比重（%）	产值（亿元）	比重（%）	产值（亿元）	比重（%）	产值（亿元）	比重（%）
浙北地区	4577.7	727.4	15.9	2061.8	45.0	922.5	20.2	866.0	18.9
杭州市	1157.9	297.4	25.7	520.5	45.0	127.0	11.0	212.9	18.4
宁波市	1308.1	138.5	10.6	485.7	37.1	233.0	17.8	450.9	34.5
嘉兴市	672.8	92.4	13.7	342.7	50.9	149.2	22.2	88.5	13.2
绍兴市	921.4	99.6	10.8	488.9	53.1	264.6	28.7	68.2	7.4
浙南地区	2591.8	234.5	9.0	585.5	22.6	1002.4	38.7	769.3	29.7
温州市	719.5	47.7	6.6	186.5	25.9	218.1	30.3	267.1	37.1

来源：《浙江统计年鉴1996》。

产业强镇成为经济发展的重要动力。由于乡镇企业多数集中在小城镇，小城镇的发展有力地推动了全省经济的发展。以全省经济综合实力百强镇为例，数量不到全省建制镇总数的1/9，但其乡镇企业总产值占全省乡镇企业总产值的31%以上，财政收入占全省财政收入的34%以上。这些产业强镇已经成为市、县区域经济的主体力量。温州市30个强镇的工业总产值和财政收入，均占全市的60%以上；龙港镇一个镇的工业产值就占了苍南县的40%（史晋川，等，2008）。不少产业强镇不仅成为区域内的经济中心，也成为当地社会、文化、交通、金融、信息等多功能集聚的中心。

"块状经济"成为浙江省经济的重要特色。改革开放以来，浙江省乡镇企业主要依靠民间资金建立起来，带有明显的小型化、分散化特点。中小企业在发展过程中缺乏大型企业作为依托，逐步走向"小而专、小而联"的发展格局，形成"一乡一品、一县一业"的

“块状经济”。据统计，1997 年浙江省特色工业区块中工业产值超亿元的有 306 个，涉及生产企业 13 万家，区块平均规模 8.7 亿元（黄勇，1999）。浙江省“块状经济”地域分异非常明显，一般来说可分为浙北平原区位型、浙东南沿海“温州模式”型、浙中金衢盆地资源匮乏开拓型和浙西南地方资源开发型四个类型（徐维祥，2001）。

7.3 第二阶段：全球化推动建设用地快速扩张的空间生产

7.3.1 珠三角：全球资本与产业体系的区域重构

这一阶段，广东省产业强镇的产业发展经过了三个主要过程：①承接国际和中心城市劳动密集型产业转移；②承接国际和中心城市技术密集型产业转移及开拓创新；③低端产能逐步进行产业转移及布局调整（张斌，2018）。产业结构升级显著，内源型发展模式的权重明显上升，产业集聚发展特征明显。但另一方面，产业层次较低、创新配套能力薄弱等问题并未根本解决（王永仪，等，2011）。

1. 全球化助推产业转型升级

2001 年，中国加入世界贸易组织，开始全面融入全球经济，外来投资和国际市场为珠三角带来空前的发展机遇，也极大地影响了经济发展模式。从企业产权来看，私营企业变为主体，内资逐渐超过外资（周大鸣，2019）。改变以往单纯依靠廉价土地和劳动力、低成本竞争的发展模式，循序渐进地走技术和知识导向的新型工业化道路成为时代的使命（曲桡泳，2008）。随着土地资源约束较强和劳动力成本优势下降，大型和高端企业进行转型升级的意愿不断增强，低端产业显现出向周边地区乃至我国中部地区扩散的趋势，外来产业填补了产业外迁的空白，并推动了转型升级。

在珠江东岸，由于强大的外资带动，深圳、东莞、惠州等地区的外资企业获得长足发展。资本和技术密集型产业快速崛起，电子信息产业率先发展，深圳、东莞、惠州、广州地区一线逐步形成产业走廊，并成长为全国最大的电子信息产业集群区（张斌，张宏斌，2018）。到 2007 年，珠江东岸的东莞市规模以上工业总产值中，港澳台商投资和外商投资工业企业占 78.9%，保持在很高的水平；集体工业比重则下降到 1.1%；其他内资工业比重上升到 14.2%。

在珠江西岸，佛山、中山等地区的产业强镇，部分企业随着生产规模扩大而逐步建立自己的销售网络，开始由依赖本地专业贸易市场转变为跨地区、跨国家的毗邻购销网络。大企业以高标准化的产品质量承接了大量订单，又将部分配套生产订单转包给集群内的中小企业（王珺，2013），进一步降低了本地专业贸易市场的重要性。到 2007 年，珠江西岸地区外资经济比重明显下降，民营经济比重则进一步上升。2007 年，佛山市、中山市港澳台商和外商投资工业企业产值比重分别下降到 36.7%和 59.3%，明显低于珠江东岸；而其他内资工业比重快速上升到 58.3%和 34.7%，远高于珠江东岸地区（表 7-7）。

2. 低端产业逐步从核心区向外转移

20 世纪后半叶，发达国家把大量的劳动密集型产业转移到发展中国家和地区，珠三角依靠资源优势承接国际产业转移，加快了制造业的崛起。进入 21 世纪，珠三角为摆脱低成本优势的路径依赖，推动制造业由劳动密集型产业转向技术密集型产业中劳动密集型环节，以及资本和技术密集型制造业，启动了较早一轮的转型升级。由于市场环境和土地政策的变化，珠三角核心区一些劳动密集型产业不再具有成本和资源的比较优势，只能选择向外围地区另觅发展空间（张斌，张宏斌，2018）。

2007年珠三角各市规模以上工业总产值（按产权类型） 表7-7

城市	工业总产值（亿元）	国有工业		集体工业		其他内资工业		港澳台商投资工业		外商投资工业	
		产值（亿元）	比重（%）	产值（亿元）	比重（%）	产值（亿元）	比重（%）	产值（亿元）	比重（%）	产值（亿元）	比重（%）
广州市	8903.2	518.0	5.8	66.7	0.7	2418.7	27.2	2014.2	22.6	3885.6	43.6
惠州市	2218	119.7	5.4	5.6	0.3	161.4	7.3	844.8	38.1	1086.5	49.0
东莞市	5851.5	341.3	5.8	65.6	1.1	829.7	14.2	2493.7	42.6	2121.2	36.3
佛山市	8417.1	314	3.7	106.8	1.3	4904.4	58.3	2047.0	24.3	1044.9	12.4
中山市	3283.6	94	2.9	103.7	3.2	1140.6	34.7	1082.0	33.0	863.3	26.3

注：①来源于《广东统计年鉴2008》；②广州不属于东西岸的范畴。

3. 珠三角核心区边缘成长出新的产业强镇

全球化带来的大量外资和国际市场，引导了珠三角核心区产业升级，核心区产业强镇也积极推动产业升级。珠三角核心区工业改变粗放扩张，中心城市的部分传统产业开始向周边地区扩散，但在边缘地区出现新的工业增长点。珠三角核心区的边缘地带部分小城镇，积极建立转移产业承接平台，及时抓住了战略时机，并迅速成长为产业强镇。佛山市三水区大塘镇即属于此阶段崛起的产业强镇。

专栏43　佛山市三水区某镇2000年以后启动工业化进程

某镇20世纪八九十年代以发展农业为主，发展蔬菜基地、食品加工，农业园较多。产品供给广东省政府、香港特区等，但是税收少。

2002年有危机意识。农业对税收的供给微乎其微，所以为长远发展考虑开始建设工业园。村级基本无工业园，工业整体集中在北面，企业接近400家，符合当时实际。部分有一定污染的产业是早期其他地方不想发展的，如印染、化工类企业。

资料来源：2020年8月5日某镇访谈。

7.3.2　苏南地区：全球化与产业强镇经济的区域重构

1. 外资嫁接带动民营经济实现快速飞跃

随着传统乡镇企业的衰落和政企分离的改革要求，从1996年开始，江苏省全面启动乡镇企业私有化产权改制。至2000年，苏南地区乡镇企业基本完成民营化改制，建立起现代企业制度，逐步形成了“新苏南模式”。强大的外来资本不仅推动了苏南地区发展，也为民营经济发展带来了契机。苏南三市国有控股企业工业产值比重均已低于6.0%，外来投资比重均有明显上升，苏州港澳台商和外商投资比重高达66.4%。同时，由于民营经济在富民方面具有天然优势，苏南地区依托传统的民营经济基因推动经济发展，加速发展民营经济被提到一个新的战略高度。到2007年，民营经济已经占据全省经济的“半壁江山”（史晋川，郎金焕，2018）（表7-8）。

2007年苏南地区各市规模以上工业产值（按产权类型）　　表7-8

城市	总产值（亿元）	国有控股企业		其他内资企业		港澳台商投资工业企业		外商投资工业企业	
		产值（亿元）	比重（%）	产值（亿元）	比重（%）	产值（亿元）	比重（%）	产值（亿元）	比重（%）
苏州市	15908.9	343.4	2.2	4993.8	31.4	2518.5	15.8	8053.2	50.6
无锡市	8939.9	514.8	5.8	5053.6	56.5	1200.3	13.4	2171.2	24.3
常州市	4253.9	238.8	5.6	2595.6	61.0	633.4	14.9	786.2	18.5

资料来源：《江苏统计年鉴2008》。

2. 全球化、区域化重构苏南经济版图

进入21世纪，全球化在江苏省域范围内深度渗透。苏南地区抓住中国加入世界贸易组织的新机遇，在江苏省从“经济外向化”向“经济国际化”发展的进程中始终处于“排头兵”位置。苏南地区先后建立了大批开发园区，并将开发园区建成了招商引资的前沿平台。同时，多尺度的区域一体化水平不断提升。在长三角层面，沪宁通道和沿江通道构筑了“之”字形城市群的北轴线，加速了苏南地区与上海市的一体化发展。在省级层面，江苏省强化省域交通网络建设，相继启动沿江开发和沿海开发，将战略性制造业和高新技术产业向苏中、苏北转移。在地方层面，江苏省着力推进城乡一体化发展，激活了乡村地区的内生发展动力（罗震东，胡舒扬，2014）。

3. 沿江、邻沪产业强镇加快发展，新的增长点出现

伴随着全球化和长三角一体化的推进，苏南地区产业格局呈现新的局面，并进一步影响了产业强镇的发展。一方面，外来资本在更大空间尺度上进行扩张，部分后发地区抓住时机，积极承接产业转移，形成新的工业增长点。如天目湖镇在2000年之前的主要定位是重要的旅游目的地，进入21世纪之后，天目湖镇在对接溧阳市工业园区、邻近交通干道之处，跳出传统镇区建设镇级工业园区，承接外资为主的转移产业，工业快速发展起来。另一方面，伴随着江苏省沿江开发和上海市全面发展，苏南地区长江沿线和邻近上海的太仓、昆山等地区加快发展，沿江的金港镇、锦丰镇和邻沪的角直镇等产业强镇发展优势得到进一步强化。

7.3.3　浙江省：全球化、城镇化与民营经济转型

进入21世纪，全球经济进入快速增长的黄金时期，国际消费需求较为旺盛，浙江省对外贸易增速加快，规模不断扩大，地方企业集群的国际化程度不断加深。随着生活水平的提高，人们对住房、汽车、手机和电脑等耐用消费品的需求更加旺盛，引发了新一轮的消费结构升级热潮，促进了汽车、通信和电子设备等产业的快速发展。在全球第一轮产业转移中，浙江省充分发挥了良好的港口优势，承接了造船、金融冶炼和新材料制造等产业，工业的重型化更加明显（史晋川，等，2008）。

1. 地方企业集群的国际化程度不断加深

随着我国全球化程度的不断加深，浙江省经济的开放度不断提升（叶建亮，钱滔，2008）。2007年，浙北地区各市港澳台商和外商投资企业工业产值比重均在20%以上，宁波

市在40%以上；浙南地区的温州市仍是内资绝对主导，内资企业比重高达91.1%（表7-9）。民营企业集群经过长期的发展和优胜劣汰，在国内外市场上占有一席之地，一些企业集群已成为全球产业链的重要环节，如义乌小商品、柯桥轻纺、永康五金、嵊州领带、海宁皮革等企业集群已成为国际化程度较高的生产销售中心（李永刚，2004；史晋川，等，2008）。

2007年浙江省各市规模以上工业总产值（按产权类型） 表7-9

城市	工业总产值（亿元）	内资企业		港澳台商投资企业		外商投资企业	
		产值（亿元）	比重（%）	产值（亿元）	比重（%）	产值（亿元）	比重（%）
杭州市	8351	5704	68.3	1029	12.3	1618	19.4
宁波市	7789	4459	57.2	1529	19.6	1801	23.1
嘉兴市	3338	2173	65.1	393	11.8	772	23.2
绍兴市	4869	3820	78.4	738	15.2	311	6.4
温州市	3343	3046	91.1	80	2.4	217	6.5

资料来源：《浙江统计年鉴2008》。

2. 全球市场重构推动企业组织网络呈现本地与非本地双重扩张

21世纪以来，国内市场的持续扩张带来新企业数量的迅速增长，“小商品、大市场”、家庭工业、专业市场、小城镇等传统特征逐步被突破。考虑到本地化经济、交通便利性与地方政经关系等因素，新企业倾向于集聚在原有产业基础较好的区域，从而形成“地方依赖”现象。然而，企业集团的出现，使得产业区组织结构的等级制趋势不断增强，造成集聚不经济，从而导致企业向外迁移扩张和产业区的“尺度升级”（王周杨，2012）。企业组织网络从发源地向更高层级区域扩展，有寻求低成本的空间扩散、生产网络转换、学习空间的重构三种主要的空间重构模式。企业集群的分工演进空间尺度放大到国内甚至全球范围，生产性迁移相对多元化，呈现出一定的市场导向；而研发性和总部性迁移集中于上海市、广东省（徐剑光，2014）。

3. 经济发展动力由工业化向城镇化转型

浙江省工业企业长期存在的“三高一低”问题累积形成了深层次的矛盾，加上“小、低、散、弱”的结构性问题（郭占恒，2019），使传统上“乡村工业化＋乡村城镇化”的发展路径遭遇重大瓶颈。工业经济的可持续发展需要资本、技术、人才、信息等现代要素来支撑，而这些要素需要一定等级的城市才能提供（叶建亮，钱滔，2008）。浙江省产业集聚逐步呈现以轴线分布为基础、以块状经济为特色、以各类园区为载体的特点，推动了城镇化进程和集聚发展（葛立成，2004）。城镇化本身蕴含的巨大投资和消费空间可以成为经济发展动力，并且高等级城镇对现代生产要素的凝结和对生产网络的高效组织，更对现代经济发展具有重要意义，城镇日益成为先进制造业和高附加值产业的集聚之地。

7.4 第三阶段：升级转型推动建设用地更新为主的空间生产路径分化

7.4.1 珠三角：产业升级与产业扩散

1. 产业结构转型升级持续推进

在“双转移”战略的倒逼机制下，珠三角持续向现代装备、汽车、船舶等先进制造业和电子信息、生物、新材料等战略性新兴技术产业转型，粤东西北则积极承接珠三角传统制造业转移，区域之间形成明显的“主体-配套”分工格局。制造产业形态不再仅局限于“三来一补”产业模式，逐步从单纯的代工制造出口发展为深度参与国际产业分工体系（张斌，2018）。

在珠江东岸，产业集群主要围绕“产业链条的跨越、产品层次的提升、创新能力的积累、外销内销的共进、制造基地的转移”等策略进行升级。深圳市在计算机及软件、通信、微电子等高新技术领域形成了发达的产业集群，并与周边地区之间产生很强的产业梯度分工，传统产业和高端产业部分产业环节向外扩散，形成周边地区发展的强大动力。一定程度上，深圳市已经成为珠三角高端产业的孵化器和产业扩散源头；东莞市也出现较多的传统产业扩散。这一阶段，外资比重明显下降；内资比重很高，但主要是以深圳为主的产业扩散所带来的，而不仅仅是自身崛起。到2020年，珠江东岸的东莞市规模以上工业总产值中，港澳台商和外商投资工业企业比重由2007年的78.9%下降到34.2%，其他内资企业产值比重则由2007年的14.2%上升到61.2%。

在珠江西岸，佛山、中山等地区的产业强镇分化逐步显著。佛山市由于承接深圳产业转移和广佛一体化带来的巨大动力，新经济发展势头较好，对陶瓷、金属加工、家具、建材等“三高一低”的企业迁出去具有较大的信心（张琰，2014）。“腾笼换鸟”的过程，也是“三旧改造”得以推进的过程。与之相对比，中山市的企业基本内生于本地经济网络，且以小企业集群的特征更显著；受区位制约，无论是在争取外资方面还是依靠深圳市的带动作用方面，中山市的信心相对不足。若进行“三旧更新”，比如要求削弱现有权益人“当下的”经济利益，却对未来的经济利益保障不足，就会使“三旧改造”困难重重，进而无法创造高端工业空间支持产业发展。在中山市，地方的发展策略叫“升级转型”，而非“转型升级”，微观层面的动作是主要方向。到2020年，珠江西岸外资经济比重明显下降，民营经济比重则进一步上升。2020年，佛山市、中山市港澳台商和外商投资工业企业产值比重分别下降到28.5%和39.8%，明显低于珠江东岸；而其他内资工业比重分别由2007年的58.3%和34.7%，上升到66.8%、53.2%（表7-10）。

2020年珠三角各市规模以上工业总产值（按产权类型）　　表7-10

城市	工业总产值（亿元）	国有工业		集体工业		其他内资工业		港澳台商投资工业		外商投资工业	
		产值（亿元）	比重（%）	产值（亿元）	比重（%）	产值（亿元）	比重（%）	产值（亿元）	比重（%）	产值（亿元）	比重（%）
广州市	20310.2	7691.4	37.9	23.0	0.1	1934.5	9.5	1991.1	9.8	8670.2	42.7
惠州市	7714.4	1413.1	18.3	1.6	0.0	2679.6	34.7	1950.0	25.3	1670.1	21.6
东莞市	21863.0	998.7	4.6	17.3	0.1	13387.5	61.2	4713.2	21.6	2746.3	12.6
佛山市	23037.4	1077.9	4.7	18.7	0.1	15379.4	66.8	3760.9	16.3	2800.5	12.2
中山市	5375.8	374.3	7.0	3.0	0.1	2861.5	53.2	945.3	17.6	1191.9	22.2

注：①来源于《广东统计年鉴2021》；②广州不属于东西岸的范畴。

2. “腾笼换鸟”推动传统低端产业向外扩散

2008年，世界金融危机爆发，珠三角大量“三来一补”企业和劳动密集型企业受到严重冲击，普遍陷入利润下降、工厂倒闭和“用工荒”等困境。依托土地、劳动力等资源优势的低成本工业化模式和简单模仿、复制的代工模式难以为继，基于科技、人才、资金等高级生产要素的内涵式发展模式成为必然选择（丁俊，王开泳，2018）。广东省政府提出“双转移战略”，推动珠三角与粤东西两翼和粤北山区之间通过劳动密集型产业和劳动力双转移实现联动发展。同时积极承接外来的高端产业，实现产业结构的“腾笼换鸟”。部分产业强镇在此过程中出现了传统劳动密集型产业的大量外迁。

专栏 44　东莞市某镇服装制造业外迁
某镇 20 世纪 90 年代有过辉煌，是服装制造名镇，主要经营童装、运动品牌，都是贴牌代工，自有品牌较少。现在加工成本高，生产转移到东南亚，设计、出口留在本地；现在服装产业规模很小，几乎没有出口。
资料来源：2020 年 8 月 13 日某镇访谈。

3. 产业扩散在珠三角外围地区催生新的产业强镇

2008 年以来，珠三角核心区“三来一补”外向型经济趋弱，土地、劳动力等“要素推动”作用不可持续，迫切需要向以科技、人才、资金等高级生产要素投入为主的“知识驱动”工业化模式转型（周春山，代丹丹，2015）。随着“双转移”战略的实施，传统的“三高一低”的产业和高端产业的标准制造环节向外扩散，外围地区随着生产条件的完善吸引全球资本和转移资本的入驻，工业空间快速扩展，并催生新的产业强镇。总体而言，此阶段珠三角的工业空间呈现“大分散、小集中”的特征，扩展热点已由核心区逐渐转移到外围区，且呈多点开花的态势（丁俊，王开泳，2018）。佛山市三水区大塘镇即在 2008 年之后进入突飞猛进的发展状态，目前也已逐步进入“转型升级”阶段。

专栏 45　佛山市三水区某镇发挥化工园区优势
2011 年佛山环保局批复化工园区，是一个重大节点。当时很多地方担心危险。现在化工是第二大产业，有 69 家企业。2019 年江苏响水爆炸事故后很多化工园区关闭，安全要求更高。纺织印染产业由国家控制，不发新牌照；陶瓷、铝型材、水泥等已有产业园区可升级现有产业，但不发新牌照。未来向精细化工、化学新材料转型，降低产业潜在的危险。
资料来源：2020 年 8 月 5 日、18—19 日某镇访谈。

7.4.2　苏南地区：创新经济与产业转型

1. 积极提升产业经济的技术密度

2008 年以来，为应对世界金融危机的冲击，江苏省以创新驱动为发展主动力，实现从经济大省向经济强省的转型，以解决全省区域发展不平衡、经济增长粗放、资源环境约束趋紧等问题。苏南地区作为江苏省的排头兵，科教资源和人才资源丰富，与全球市场联系非常紧密。依托国家自主创新示范区建设，大力发展战略性新兴产业，引领产业链和创新链向高端延伸（刘德海，刘西忠，2018）。各地产业强镇以培育和壮大特色产业为抓手，打造一批专业乡镇、特色乡镇；但受高端生产要素不足的制约，产业强镇往往更适宜发展技术密集型而非高新技术产业。

专栏 46　无锡市江阴市某镇产业高新化的生产要素不足

企业的高新化和招商引资的需求较大，政府资源较少，优质的科技项目无法落地。人才较少，目前有建设孵化器、加速器等设施的需求，但是受层级问题的限制，无法留住人才。

资料来源：2022 年 8 月 24 日某镇访谈。

2. “腾笼换鸟”推动产业转型升级

21 世纪以来，苏南地区制造业迅速发展，轻工、纺织等传统产业优势不断强化，装备制造、石油化工等主导产业高效发展，新材料、生物医药等战略性新兴产业快速崛起。但整体而言，苏南地区产业强镇的制造业属于粗放的发展方式，“三高”问题较为突出，技术含量和附加值不高，对生态环境造成巨大的压力。2008 年世界金融危机对传统经济模式造成巨大的冲击，苏南地区产业强镇的传统产业向苏北的转移加速推进。通过工业空间“腾笼换鸟”，将以劳动和原材料密集型产业为代表的低附加值、“三高”问题突出的传统产业向外转移，向传统产业的高端环节和先进制造业等高附加值产业转型，主动为上海市配套，引进世界前沿技术和先进产业，全面提升主导产业的资本和技术含量（周善乔，2013）。

3. 内资企业的支撑作用进一步上升

2008 年以后，世界经济进入深度调整期，外需不稳、资源环境的双重约束加剧；从资源、人才到技术、品牌、标准等方面，全球化和地方化两个层面的竞争更加激烈。苏南地区加快推动经济社会由资源依赖向创新引领、由粗放型增长向集约型发展转型。在国家积极的刺激政策下，内资企业获得进一步发展，国有控股工业企业营业收入比重上升 1～2 个百分点；其他内资工业企业营业收入比重方面除无锡市较为稳定之外，苏州市和常州市均上升 9 个百分点左右；港澳台商和外商投资工业企业比重则明显下降（表 7-11）。

2020 年苏南各市规模以上工业营业收入（按产权类型）　表 7-11

城市	营业收入（亿元）	国有控股工业企业		其他内资工业企业		港澳台商投资工业企业		外商投资工业企业	
		营业收入（亿元）	比重（%）	营业收入（亿元）	比重（%）	产值（亿元）	比重（%）	产值（亿元）	比重（%）
苏州市	37007	1170	3.2	14794	40.0	6528	17.6	14515	39.2
无锡市	18830	1677	8.9	10650	56.6	2133	11.3	4370	23.2
常州市	11497	744	6.5	8102	70.5	1324	11.5	1327	11.5

资料来源：《江苏统计年鉴 2021》。

7.4.3　浙江省：提质升级与集群发展

2008 年美国金融危机引发波及全球的经济危机，我国出口导向的经济发展受到很大冲击，2009 年浙江省 GDP 增长率一度降到 4.85%。为应对经济危机的影响，国家加大投资力度，以“铁公基”为主的重大设施建设成为投资重点。根据国家战略长三角核心区的杭嘉湖地区和宁绍地区成为培育重点，温台地区则相对边缘化。

1. 产业强镇的生产制造功能得到强化

在经济全球化的浪潮下，企业间的竞争更多的是对信息和人才的竞争（李王鸣，等，2004）；公司总部向设区城市或更高级别城市转移，研发基地则直接在上海、杭州、南京等一线城市建立，营销网络中心则表现为大企业的自有营销网络或遍及全国的专业市场，地方小城镇的专业市场的地位下降。另外，产业强镇的居住、服务功能不断优化，但以本地市场为主要服务对象，且受建设空间的制约，往往品质不算高。总体而言，产业强镇越来越成为高级生产网络的生产基地。

专栏 47　绍兴市诸暨市某镇大企业研发、管理功能在杭州市

盾安环境：起步时总部在店口镇，2010 年左右到杭州市成立了技术研发公司，为生产公司服务。生产公司也有部分研发、测试需求，也有一部分研发部门、实验室在本镇。

海亮集团：注册地在店口镇，办公总部在杭州市。

资料来源：2020 年 9 月 8 日某镇访谈。

2. 现代产业集群的国产化程度进一步提升

2008 年以来，在国内外更加激烈的竞争压力下，浙江省着力调整经济结构，以各种类型和规模的产业园区为依托，建设各类生产性服务平台，进一步提升块状经济品质，构建现代化的产业集群，提高集群经济的科技水平和国产化程度。2007—2020 年，浙南地区的温州市内资企业产值比重从 91.1%上升到 94.2%，浙北地区四市内资企业产值比重也往往上升 6%～10%（表 7-12）。

2020 年浙江省各市规模以上工业规模以上工业产值（按产权类型）　　表 7-12

城市	工业总产值（亿元）	内资企业		港澳台商投资企业		外商投资企业	
		产值（亿元）	比重（%）	产值（亿元）	比重（%）	产值（亿元）	比重（%）
杭州市	14712.1	10977.9	74.6	1094.6	7.4	2639.6	17.9
宁波市	18103.7	12867.6	71.1	3251.9	18.0	1984.2	11.0
嘉兴市	10391.4	7728.9	74.4	923.9	8.9	1738.6	16.7
绍兴市	7045.3	5934.2	84.2	558.5	7.9	552.6	7.8
温州市	5652.9	5326.8	94.2	75.4	1.3	250.7	4.4

资料来源：《浙江统计年鉴 2021》。

7.5　转型动力导致产业强镇空间生产路径与特征的区内分化

城镇空间是实现资本增值的重要平台，其生产路径取决于资本积累的需要。一般来说，产业经济模式是资本的地方化形态，在影响产业强镇空间生产路径时，以是否有利于完成资本积累作为重要的判断角度。

7.5.1　珠三角的区内分化：空间混杂程度核心区低于外围区

1. 珠三角核心区产业强镇转型动力强于外围地区

经过改革开放 40 多年的发展，珠三角核心区积累了深厚的工业化基础，在以对外经济为特色的基础上，本地经济获得高度发展。一方面，外来资本仍源源不断地支撑着珠三角工业化进程；另一方面，深圳市、东莞市、佛山市等工业重地已形成高度发达的工业基础，尤其是深圳市成为珠三角高端产业扩散的中心。

从人均产出来看，珠三角核心区的佛山市、东莞市明显高于核心区边缘的惠州市、中山市。最高的佛山市人均工业产值达到 24.2 万元，其次东莞市也达到 20.9 万元。核心区边缘的惠州市和中山市人均工业产值则分别为 12.7 万元和 12.1 万元。广州市长期以商贸发达著称，人均工业产值仅为 10.8 万元，处于最低水平（表 7-13）。

2020 年珠三角各市规模以上工业发展情况　　表 7-13

城市	人均工业产值（万元）	工业企业平均产值（亿元）
广州市	10.8	3.3
惠州市	12.7	2.5
东莞市	20.9	1.9
佛山市	24.2	2.9
中山市	12.1	1.4

注：①来源于《广东统计年鉴 2021》；②广州不属于东西岸的范畴。

从成长能力来看，产业强镇受外来资本影响很大。深圳市先进制造业领先珠三角其他地区，深圳市已成为珠三角最大产业扩散中心。因此，从珠三角核心区向边缘乃至外围地区，随着与深圳市距离的增加，接受产业转移的可能性逐步下降，产业强镇政府对于承接产业转移的信心也逐步降低。

专栏 48　佛山市顺德区某镇对于产业成长能力的判断

新兴产业来自深圳市，每年新来 100 多家，以电商、家电为主，产业结构不断优化调整。广东省深圳市迁来的企业整体优秀，东莞市区位优越，本地产业链优势明显。家电类在此研发，可以配套做出来。迁入企业足以弥补迁出企业。

资料来源：2020 年 8 月 6 日佛山市顺德区某镇调研资料。

专栏 49　中山市某镇对于产业成长能力的判断

产业升级。（1）打造平台。某镇拥有中山市 9 个产业平台之一，利用其打造一个载体为产业提供新的发展空间。（2）原有企业升级改造。推进 3 个智能化，包括产品智能化、生产过程智能化（技术改造）、经营决策智能化。（3）重点企业培育。本镇有很多行业的隐形冠军，从原有优势产业出发，利用新技术，对传统企业改造。离深圳较远，本地承接产业较少；产业走升级转型而非转型升级之路，先升级再转型。

资料来源：2020 年 8 月 7 日中山市某镇调研资料。

2. 珠三角核心区产业强镇集群类型更有利于空间再生产

从企业联系来看，珠三角多数产业强镇是围绕专业化市场建立的，以横向一体化专业分工为主；既有贴近市场、易于进入、聚集扩展等优势（欧阳俊，张岳恒，2009），也具有企业独立发展、破碎用地的特征。仅有石楼镇和北滘镇存在明确的龙头企业，以及为其服务的一系列中小企业，形成纵向一体化的企业联系，从而促进了企业的集聚布局，带来空间再生产的动力（表7-14）。

珠三角调研镇产业类型与集群结构 表7-14

镇名	产业类型	集群结构
大塘镇	纺织印染、精细化工、五金机械、塑料皮革、家具	多行业＋中小企业群
北滘镇	家电制造、金属材料、装备制造，智能制造转型	龙头企业＋多行业＋中小企业群
小榄镇	五金、电子电器、服装、食品加工、日用化工、印刷包装	多行业＋中小企业群
石楼镇	汽车及零部件、电梯	龙头企业＋多行业＋中小企业较弱
新塘镇	以牛仔服装为主，家具、食品、家电等为辅	单行业＋中小企业群
园洲镇	服装纺织、电子、智能装备制造	多行业＋中小企业群
茶山镇	电子信息、食品加工、服装生产加工	多行业＋中小企业群

从产权结构来看，改革开放以来，珠江东岸的东莞、惠州等地区，以外来资本作为推动工业化的初始动力，同时内资工业也逐渐崛起。其中东莞市以其优越的区位和良好的市场环境，逐步确立内资主导的产权结构，这意味着地方市场经济主体也发生了重大变迁，尤其是2008年经济危机带来的“腾笼换鸟”，给实行空间再生产带来重大契机。珠江西岸的佛山、中山等地区，长期以来以集体（基本已改制）和内资工业为主，旺盛的新生企业较多衍生于本土环境，其空间再生产要承担既有产业安置和新生产业接续双重成本，不利于空间再生产。相对而言，佛山市由于产业基础优于中山市，在广东省“腾笼换鸟”时积极转移落后产能，为空间再生产打下了良好的基础。

从规模结构来看，珠三角产业强镇以中小企业为主导，规模以上工业企业比重基本在9%以下，小榄镇规模以上工业企业比重低至3.1%，这导致工业企业集群对低成本的市场环境具有很大的需求，不利于企业“退村进园”，形成集中统一的开发布局。由于存在明确的龙头企业，北滘镇和石楼镇规模以上工业企业比重相对较高，围绕龙头企业形成相对集中的工业园区（表7-15）。

2020年珠三角镇域规模以上工业企业比重 表7-15

镇名	工业企业个数	规模以上工业企业个数	规模以上工业企业比重（%）
北滘镇	3096	331	10.7
小榄镇	15003	469	3.1
石楼镇	784	119	15.2
新塘镇	3985	357	9.0
园洲镇	1563	119	7.6
茶山镇	3910	306	7.8

资料来源：《中国县域统计年鉴2021（乡镇卷）》。

3. 中心城市需求催生更多的商住地产

作为珠三角的管理和服务中心的广州市，其产业强镇工业基础相对薄弱，“工改工”难度较大；广州中心城市庞大的市场需求对周边产业强镇的“三旧改造”产生了巨大的影响，“工改商住”对“工改工”造成很大的冲击。新塘镇、石楼镇与广州市已通地铁，成为广州中心城区重要的“卧城”；石楼镇甚至在2010年之前就已纳入广州市统一规划，大型社区亚运城于此时逐步建成。虽然北滘镇属于佛山市，但随着广佛一体化的推进，其房地产行业接受了越来越多的广州市顾客。由于广州市对“工改商住”管控松，新塘镇和石楼镇面临巨大的房地产化压力（表 7-16）。

珠三角相邻中心城市与产业强镇房价对比　　**表 7-16**

中心城市/镇名	产业强镇区位	中心城市房价（万元/m^2）	产业强镇房价（万元/m^2）	房价比
广州市/北滘镇	近郊型	4.8	1.8	2.7
广州市/石楼镇	远郊型	4.8	2.6	1.8
广州市/新塘镇	近郊型	4.8	1.6	3.0
广州市/园洲镇	远郊型	4.8	1.0	4.8
东莞市/茶山镇	近郊型	3.0	2.0	1.5
中山市/小榄镇	近郊型	1.3	1.1	1.2

资料来源：贝壳找房，http：//www. ke. com，2022 年 4 月 19 日。

产业强镇中的居住区，由于居住环境较好和价格较高，往往以周边中心城市为主要客源地，广州市中心城区是广州的石楼镇（亚运城）、新塘镇（碧桂园）和佛山市的北滘镇商业居住区的重要客源地。早在 20 世纪 90 年代后期，由于碧桂园凤凰城、金地荔湖城、合生湖山国际等大型房地产项目落户，新塘镇就成为广州市品牌房地产的集聚地，吸引了广州市、东莞市众多的购房群体（宋雁，2009）。园洲镇的客源地主要是东莞。小榄镇则受区位的限制，以本地客户为主，受周边中心城市影响较小。

专栏 50　广州市增城区某镇、惠州市博罗县某镇商品房市场情况

广州市增城区某镇。该镇目前拥有房地产开发商数十个，坐拥大大小小的房地产项目（含在建），已经成为广州市东部最大居住区域。保利东江首府、现代城、锦绣香江翡翠绿洲、锦绣天伦、锦绣新天地、新世界花园、海伦堡花园、山湖珺景、新康花园、合生·湖山国际、汇东国际、豪进广场、假日花园、顺欣花园、金泽花园、金泽华庭、金泽豪庭、东方名都、盛世名门、合汇·学府名郡等成为主体楼盘，形成了广园东新塘板块的“大盘围城”格局。

惠州市博罗县某镇。市场相对成熟。有大大小小楼盘 20 个左右。20 世纪 90 年代开始进行商品房开发，2005 年有了第一个商品房小区。会吸引深圳市、东莞市等地的人群来买房。外来买房人员占 30%左右。2016 年房价为 3000 元/m^2 左右，近两年为 8000 元/m^2。

资料来源：《广州增城市××镇总体规划（2005—2020）》；2020 年 8 月 12 日惠州市博罗县某镇访谈。

7.5.2　苏南地区的区内分化：空间混杂程度东部低于西部

1. 苏南地区产业强镇转型动力自东向西递减

由于经济发展动力的差异，苏锡常地区的转型动力呈现显著的东高西低态势。2020 年，苏州市人均营业收入 29.0 万元，工业基础最为强大；不仅拥有充足的外来投资，由于区位优势还获得大量的发展上海配套产业的机会，所以，苏州市转型动力最为强劲。常州市工业基础相对薄弱，人均营业收入仅 21.8 万元；且受上海的辐射带动也最小，故转型动力最小。无锡市位于两者之间，转型动力也处于中间状态（表 7-17）。

2020 年苏南三市规模以上工业发展情况 表 7-17

城市	人均营业收入（万元）	工业企业平均营业收入（亿元）
苏州市	29.0	3.1
无锡市	25.2	2.7
常州市	21.8	2.3

2. 苏南地区东部与西部相比集群类型更有利于空间再生产

从企业联系来看，相对于珠三角和浙江省行业较为单一的“专业镇”模式，苏南地区的产业强镇的多行业特征更为明显。一般来说，具有明确的龙头企业的产业强镇，往往呈现为围绕龙头企业的纵向一体化，如张家港市锦丰镇围绕沙钢集团的钢铁产业而拓展有色金属、物流等产业。其他行业则呈现较强的横向一体化特征，布局相对分散；沙钢集团拓展的非主营业务，比如医疗器械、工业油烟机等，与钢铁厂的联系相对松散，选址上亦可脱离传统的产业集聚区域。根据集体产权土地的供应（正规或非正规）情况，工业企业布局呈现集中和分散并存的格局（表 7-18）。

苏南地区调研镇产业类型与集群结构 表 7-18

镇名	产业类型	集群结构
金港镇	化工、纺织、机械电子、粮油、冶金	多行业＋中小企业群
锦丰镇	冶金、玻璃建材、五金机械、轻工纺织	龙头企业＋多行业＋中小企业群
角直镇	模具装备、智能制造	多行业＋中小企业群
新桥镇	纺织服装、仓储物流和铝合金制品	龙头企业＋多行业＋中小企业群
横林镇	强化木地板、绿色家具	多行业＋中小企业群
天目湖镇	旅游、装备制造、纺织轻工	多行业＋中小企业群

从产权结构来看，“苏南模式”向“新苏南模式”的转型，不仅意味着产业结构的转型升级，也意味着不同地区企业产权结构的转变。2020 年，苏州市外资企业收入比重高达56.9%，且有集中布局的内在动力；传统分布在村域的乡镇企业衰落后，外来企业填补了这一空白，空间集聚的安置成本大为降低。所以，苏州市推动空间再生产的转型成本最低。常州市私营经济最发达，其他私营企业收入比重高达70.5%，远高于其他两市；新生企业也往往内生于现有的经济网络，且广泛分布在小城镇层面的存量空间，空间再生产面临巨大的安置成本；政府更易倾向于保护民营经济，而降低对空间形态的干扰。无锡市企业产权结构介于中间水平，故空间再生产成本也处于中间。

从规模结构来看，苏州市规模以上工业企业平均规模达 3.1 亿元，明显高于无锡市和常州市平均水平；规模较小的私营企业比重又在苏锡常三市中最低，有利于空间再生产。常州市工业企业平均营业收入仅为 2.3 亿元，属于内生经济模式，故不利于空间再生产。无锡市的企业平均规模介于苏州市和常州市之间，其对空间再生产的促进作用也介于两者之间。

3. 苏南地区产业强镇商住市场呈现多元化

与珠三角产业强镇以中心城市周边为主进行布局的特点相比，苏锡常地区的产业强镇布局相对均衡，既有近郊型，又有远郊型，因而商住地产的市场主要有三种。

第一类，以本地市场为主。部分产业强镇属于远郊型或独立型，商住需求受外界因素影响较小。根据调研，新桥镇镇区、金港镇、锦丰镇较早推动“三集中”“三优三保”等土地整治措施，推动了空间再生产，导致居住区、新村比重较高，而旧村较少。这既导致居住区本地需求规模偏小；相邻中心城市与案例镇房价比均小于1.8，又导致居住区以外来需求不大。

第二，以周边市场为主。部分强镇受周边城市影响，推动了面向中心城市的商品房开发。根据调研，角直镇靠近苏州工业园，居住环境优美，房价有优势，新建商品房80%被来自苏州工业园的群体买走。新桥镇离江阴市区较远，与张家港市相比房价较低，北部地区开发的商品房和商务办公地产，主要面向张家港市的需求。

第三，以区域市场为主。部分产业强镇由于具备特殊的环境禀赋，其商品房开发面向更大的区域市场。如天目湖镇，依托天目湖的良好环境，其高端居住区面向大区域市场，而非本地及周边市场，成为高端人士的第二居所（表7-19）。

苏南地区相邻中心城市与产业强镇房价对比　　　　表7-19

中心城市/镇名	产业强镇区位	中心城市房价（万元/m²）	产业强镇房价（万元/m²）	房价比
张家港市/金港镇	远郊型	1.6	0.89	1.80
张家港市/锦丰镇	远郊型	1.6	0.93	1.72
苏州市/角直镇	近郊型	4.4	2.3	1.91
江阴市/新桥镇	远郊型	1.4	0.94	1.49
常州市/横林镇	近郊型	1.4	1.0	1.40
溧阳市/天目湖镇	独立型	1.1	1.0	1.10

资料来源：贝壳找房，http：//www.ke.com，2022年4月19日。

专栏51　苏州市吴中区某镇商品房小区吸引大量周边地区客户

苏州工业园区、昆山市的人会来本镇居住。本镇房价2.1～2.2万元，相比周边苏州市区、昆山市是房价洼地。但是，大量的外来居住人口给公共设施、基础设施配套带来压力。本镇商品房销售的对象，70%～80%是苏州、昆山高房价挤压来的人群，仅20%是本镇的人员。

资料来源：2020年9月18日某镇访谈。

4. 由于部分产业强镇具有自身产业特质，其空间特征异于地域普遍特点

由于产业经济模式具有个性化特征，部分产业强镇基于自身特质，形成了不同于地区一般特征的产业经济模式，使其空间特征呈现异于地域典型模式的特点。概括来说，基于企业规模结构形成的产业强镇主要有两种类型。

一是少混杂空间地区中的“混杂镇”，以吴中区角直镇为例。20世纪90年代浦东开发以后，角直镇大力招商引资，台资进入带来计算机配件、陶瓷等劳动密集型产业，后来转型升级，形成模具机械、计算机配件、化妆品外壳三大主导产业。工业围绕着居住区，镇区层面形成“大混合、小分离”，近年来沿路、向镇外蔓延发展。不同于苏州地区企业规模偏大的特点，角直镇长期以来的小企业主导特征非常明显。2020年，角直镇工业企业中，规模以上企业仅占5.0%，既难以提供足够的财力支持城镇更新，又具有很强的就地发展倾向，从而造成角直镇“二次开发”较为困难。

二是多混杂空间地区中的“不混杂镇”，以江阴市新桥镇为例。20世纪80年代乡镇企业起步，新桥镇也出现“苏南模式”工业居住混杂的现象。但新桥镇较早形成大企业阳光集团和海澜集团，21世纪初江苏省开始推广“三集中”时，镇办大型企业改制过程中回收大笔资金，为新桥镇推动“二次开发”奠定了雄厚的财力基础（耿健，2011），从而在“苏南模式”的核心区，出现了生活区和工业区良好分工的典范（表7-20）。

苏南地区案例产业强镇的工业企业规模结构 表7-20

镇名	工业企业个数	规模以上工业企业	
		个数	比重（%）
金港镇	2563	364	14.2
锦丰镇	1510	93	6.2
角直镇	3035	151	5.0
新桥镇	284	46	16.2
横林镇	1906	177	9.3

资料来源：《中国县域统计年鉴2021（乡镇卷）》。

7.5.3 浙江省的区内分化：空间混杂程度浙北地区低于浙南地区

1. 浙北地区的转型动力高于浙南地区

由于经济发展动力的差异，浙江省的转型动力呈现浙南浙北地区的差异。2020年，浙南地区的杭州市、宁波市、嘉兴市和绍兴市工业基础较为扎实，其人均工业产值分别达到12.3万元、19.2万元、19.2万元和13.3万元，高于浙南地区温州的5.9万元。相对于珠三角和苏南地区，浙北整体处于偏低的水平，对推动空间再生产能力不足。即使在人均产出最高的宁波市和嘉兴市，人均工业产值也只有19.2万元，显著低于苏南三市（常州市规模以上工业企业人均营业收入在三市中最低，为21.8万元），在珠三角处于中等水平（工业强市佛山市和东莞市规模以上工业企业人均工业产值均在20万元以上）；杭州市、温州市、湖州市、绍兴市与珠三角相比则处于较低水平。浙北地区由于具有区位优势，在承接外来产业转移方面也有显著优势，而温州市则外来投资较少。因而浙北地区产业强镇的转型动力较浙南地区更有优势（表7-21）。

2020年浙江省各市规模以上工业发展情况 表7-21

城市	人均工业产值（万元）	工业企业平均规模（万元）
杭州市	12.3	24553
宁波市	19.2	21122
嘉兴市	19.2	16328
绍兴市	13.3	15447
温州市	5.9	8407

资料来源：《浙江统计年鉴2021（乡镇卷）》。

2. 浙北地区产业强镇集群类型较浙南地区更有利于空间再生产

从企业联系来看，浙江省产业集群呈现典型的“块状经济”特征，产业内实行的是纵向一体化分工，专业分工和社会化协作共同构筑成地方生产系统（欧阳俊，张岳恒，

2009)。由于案例镇的产业类型以轻工业为主，中小企业和家庭作坊式企业构成企业群主体，且运输成本较低，故这种地方生产系统基于镇域进行产业链组织（表 7-22），而非要求企业集聚在同一园区，容易形成分散的空间形态。

浙江省调研镇产业类型与集群结构　　表 7-22

镇名	产业类型	集群结构
濮院镇	毛针织产业	单行业＋中小企业群
观海卫镇	家用电器、低压插座、五金工具、电子元件	龙头企业＋单行业＋中小企业群
瓜沥镇	电气五金机械、塑料制品、纺织、化纤、热电	多行业＋中小企业群
店口镇	铜加工、水暖、制冷、汽配、纺织、农产品	龙头企业＋多行业＋中小企业群
柳市镇	电动电气	龙头企业＋单行业＋中小企业群

从产权结构来看，与珠三角和苏南地区内外资共同发展不同，浙江省呈现很强的内生发展特征。从规模以上工业增加值比重来看，内资企业占有绝对主导地位。2020 年，即使在外来资本较多的浙北地区，内资比重最低的宁波市这个比重也有 71.1%；在内资比重最高的温州市，内资企业产值比重更是高达 94.2%。相对于苏南和珠三角，浙江省内资企业比重处于很高的水平。

从规模结构来看，小企业群是浙江省乡村工业化的重要特征，企业整体规模偏小，浙江省产业强镇规模以上工业企业比重基本在 8%以下，整体低于珠三角和苏南地区的产业强镇，观海卫镇和柳市镇更是低至 4.5%和 3.8%。只有杭州市郊的瓜沥镇，由于承接了较多的外来资本，规模以上工业企业相对较多，达到 16.2%（表 7-23）。

2020 年浙江省镇域规模以上工业企业比重　　表 7-23

镇名	工业企业个数	规模以上工业企业个数	规模以上工业企业比重（%）
濮院镇	1290	132	10.2
观海卫镇	2869	130	4.5
瓜沥镇	1680	272	16.2
店口镇	3156	232	7.4
柳市镇	11837	454	3.8

资料来源：《中国县域统计年鉴 2021（乡镇卷）》。

3. 产业强镇居住空间以满足自身需求为主

在三大典型地区中，浙江省属于最典型的自下而上的工业化模式，产业强镇的产业主要依托于自身的内生动力，与周边中心城市往往联系相对偏弱。由此，浙江省的产业强镇独立性最强，其居住空间以满足自身需求为主，故居住空间比重最低（表 7-24）。由于杭州市近年来房价上涨过快，房价是店口镇的 2.50 倍。店口镇商品房小区吸引部分萧山区客户来此购房，但本地人口仍是购房主力。

浙江省相邻中心城市与产业强镇房价对比　　表 7-24

中心城市/镇名	产业强镇区位	中心城市房价（万元/m^2）	产业强镇房价（万元/m^2）	房价比
桐乡市/濮院镇	近郊型	1.8	1.3	1.38
慈溪市/观海卫镇	远郊型	1.5	1.2	1.25
杭州市/瓜沥镇	近郊型	3	1.5	2.00

续表

中心城市/镇名	产业强镇区位	中心城市房价（万元/m²）	产业强镇房价（万元/m²）	房价比
杭州市/店口镇	远郊型	3	1.2	2.50
乐清市/柳市镇	近郊型	1.2	0.85	1.41

资料来源：贝壳找房，http：//www.ke.com，2022年4月19日。

专栏52　绍兴市诸暨市某镇商品房小区吸引少量萧山客户

某镇原来有20个小区，最近又多了7个。有26个正规的商住小区，房价在1.1～1.2万元/m²。2012年为6500元/m²，2016年下降到2500～2800元/m²，土地一直卖不掉。2017年到现在，房价陡涨到1.2～1.3万元/m²。外来人口想留在某镇的比较多，但是房价相对偏高。商品房大部分是本地人买，近年来萧山人也来买，房价与杭州相比便宜很多。

资料来源：2020年9月8日某镇访谈。

7.6　小结

产业强镇在发展早期普遍呈现“大分散、小集中”的状态，大量民营企业散点分布、各级工业园区块状分布。基于历史原因，在产业强镇中通常是农户、村、镇、区县等各层级的工业开发单元并存（林永新，2015）。随着各地“工业入园”的政策号召，规模化、集聚化无疑是未来空间整合的主要趋势，但产业强镇中残留的大量产业集聚点，往往已形成一定规模，且达到较高的开发强度，也是增加城镇活力、培育民营经济的重要组成部分。

空间生产过程是内生的社区权利要素和外生的国家治理要素，推动经济转型要素引导空间变迁的过程。空间政策反映了权力的引导意图，是行政权力（规划管控）在特定经济社会情境下，在维持地方活力和优化空间组织之间理性选择的结果。政府作为“理性人”，其行为要兼顾经济发展和空间合理。假设地方经济活力十足，政府会把自身意图放在首位，强化工业空间布局管控；地方经济活力偏弱，政府对本地企业依赖较大，则倾向于尊重企业既有的空间布局，容易出现混杂的布局。

珠三角核心区的产业强镇转型动力较强，更易获得充足的外来投资，工业集群类型和中心城市带来的“工改商住”动力也有利于推进空间再生产，从而较外围区产业强镇更有能力推动空间再生产，导致在空间混杂程度上，核心区产业强镇低于外围地区产业强镇。与此相类似，从有利于空间再生产角度来看，苏南地区东部优于西部地区，浙北地区优于浙南地区，从而塑造了在产业强镇空间特征上苏南地区东部与西部、浙北地区与浙南地区之间的差异。

第 8 章　土地开发运作与产业强镇的空间生产

改革开放以来在我国快速的经济社会转型过程中，经济社会制度发生适应性调整。在此期间，为适应经济社会发展的需求，我国土地开发运作也发生相应的变化，从而呈现出动态的时间性。同时，土地开发运作深刻地嵌入地方的经济社会背景中，具有很强的空间性，尤其在国家治理作用最弱、基层社区作用最强的乡镇层面。

8.1　土地开发运作的理论原理

8.1.1　土地开发运作的内涵

在土地开发管理的范畴内，目前并没有发现土地开发运作的正式概念。本书提出此概念，作为建设用地开发管理制度、政策等方面的统称，主要涉及四部分内容。①建设用地用途转用制度，包括土地用途分区、农用地转为建设用地、建设用地用途转用等。一般来说，该类开发制度决定了土地发展权的产权结构、空间布局、时间安排和权益主体等四个方面。②建设用地开发管控制度，主要为控规的管控内容，包括用地性质、用地面积、建筑密度、容积率、建筑控制高度、建筑红线后退距离等规定性指标和建筑形式、体量、色彩、风格要求等指导性指标，是土地出让和编制建设方案的重要依据，决定了建设用地的开发方式。③建设用地开发建设标准，主要涉及与规划建设相关的规范标准和地方性规定等，决定了建设用地开发的一般性要求。④建设用地相关影响政策，主要涉及产业政策、财税政策等方面，如产业“腾笼换鸟”“亩产论英雄”、税制改革等，决定了建设用地开发的激励机制。

8.1.2　土地开发运作的动态性

土地开发运作的动态性是指在建设用地开发过程中，由于时代诉求和管理对象的变化，土地开发运作的主要内容必然发生动态变迁，而且部分变迁引起了土地开发逻辑的根本性转变。一般来说，建设用地开发管控制度和建设用地开发建设标准两方面的制度变迁仅会引起土地开发方式的变迁，不会引起开发逻辑的转变；而建设用地用途转用制度和建设用地相关影响制度变迁不仅影响开发方式的变化，还可能引起开发逻辑的变化（图 8-1）。

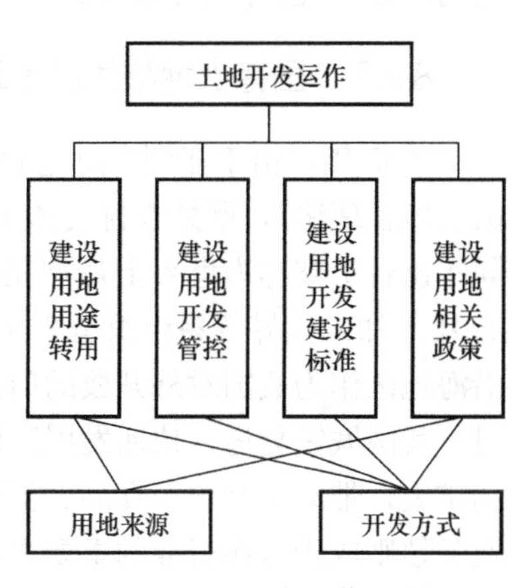

图 8-1　土地开发运作的内涵

8.2 土地开发运作的政策基础

改革开放以来，为适应经济社会发展的需要，我国社会治理经历了从数量到质量、从粗放到集约的管控转型过程。与之相伴，宏观层面的土地开发运作先后发生了一系列变化，又以1998年实施的《中华人民共和国土地管理法》和2007年颁布的《国务院办公厅关于严格执行有关农村集体建设用地法律和政策的通知》影响最大，从而使得土地开发运作呈现出显著的动态性和阶段性。

8.2.1 农村集体土地进行非农化开发阶段（1978—1997年）

改革开放初期，鉴于改革开放以前高度中央集权体制的弊端，我国开始了分权化改革的新历程，出现中央向地方放权、政府向社会放权的特征，社会主体的积极性得到极大程度的释放。地方政府深度参与到乡镇企业的发展过程中，为地方经济注入强大的推动力（郭明，2014）。农村集体土地作为重要的生产要素，支撑了乡镇企业的快速发展，也带来了20世纪80年代早期农村土地扩张的失控。

为保障国家粮食安全，中央政府委托县和县级以上政府加强对农村集体土地非农化的管制，期望改变早期农村土地的无序开发状态。1986年，中共中央、国务院出台《关于加强土地管理、制止乱占耕地的通知》，强调国家建设、乡镇企业、农民盖房等占用农地，由县和县以上人民政府进行审批，削弱了村集体手中的土地非农使用权。1988年，《中华人民共和国宪法修正案》第一次允许土地使用权依法转让，确立了土地的有偿使用制度，进一步激活了土地的经济价值。1994年，国家推动分税制改革，地方政府由于收益降低、风险增加而逐渐减少经营企业行为，经营土地成为地方政府发展经济的抓手（周飞舟，2010）。这些因素导致大规模的土地开发，房地产经济赋予了土地更多的财产属性，极大地提升了土地价值（王会，2020）。

这一时期，地方政府虽然有耕地保护的任务，但以土地参与企业经营和运营园区或城镇更符合自身利益，且以乡镇企业的名义获得集体土地的开发权利一直被许可。因此，产业强镇政府自身或允许村集体利用农村集体土地，发展乡镇企业或运营园区和城镇土地，空间扩张呈现出以集体土地为主体、快速分散扩张的特征。

8.2.2 国有土地与集体土地双轨开发阶段（1998—2007年）

1998年，由于亚洲金融危机爆发，中央紧急收紧土地供应，并修订《中华人民共和国土地管理法》，严禁农村集体土地用于任何非农建设，非农建设必须申请国有建设用地；同年出台了被称为世界上最严格耕地保护制度的《中华人民共和国基本农田保护条例》。2001年加入世界贸易组织至2008年世界金融危机期间，我国国民经济获得空前快速发展。沿海地区作为我国对外开放的门户，积极加入世界经济大循环，外向型经济发展迅速。同时，我国城镇化进入快速发展阶段，带动了城镇土地开发、房地产业的兴起。国内外市场的扩大，带动了服装、食品、钢铁、建材、电器、电子、工程机械等产业的快速发展，产业强镇则成为这些行业的重要生产基地。

这一时期，产业强镇广泛开展镇级产业园区建设，相当一部分建设用地使用国有用地。但是，由于允许农村集体经济组织以个体经营和联营企业等途径使用集体土地（汪晖，2002），大量民营经济以“乡镇企业”的名义，占用集体土地开展生产活动。大量集体农用地通过“以租代征”等方式进入非农业建设用地市场。总之，这是产业强镇土地扩张最为迅速的阶段，也是国有、集体土地共同参与扩张的阶段。

8.2.3　存量建设用地更新为主的空间再生产阶段（2008 年至今）

为限制农村集体土地的无序开发，2007 年 12 月 30 日，国家颁布《国务院办公厅关于严格执行有关农村集体建设用地法律和政策的通知》，严禁以“乡镇企业”、乡（镇）村公共设施和公益事业的名义，对农村集体土地进行非农业建设（陈波，2014）；同时，加强土地督察，严格执行《土地管理法》。征地必须有国家下达的建设用地指标，严禁村一级的集体土地出租搞非农建设，已建成厂房的农村集体土地则成为集体经营性建设用地（贺雪峰，2018）。产业强镇土地开发的逻辑又一次发生重大转型。

随着国家越来越强调耕地保护和生态文明，新增建设用地指标受到越来越严格的控制。地方政府经营土地的方式从早期“低价征地高价卖地”的“土地财政”，逐步转型为“以地套现”的“土地融资”（邓沁雯，2019），新增建设用地指标主要配置在县及县以上级别城市。作为行政体系的最基层，产业强镇获得的新增建设用地指标也较为有限。在《土地管理法》严格执行之前，产业强镇的集体土地不少被用于工商业开发，形成了规模庞大的集体经营性建设用地（王会，2020），且这些土地构成了产业强镇建设用地的主体。在 2009 年“四万亿”刺激计划之后，我国经济率先走出低谷。由于产业强镇新增建设用地指标严重不足，在新时期无论是进行工业生产还是进行商品房建设，推动集体建设用地存量开发成为必然选择。早在 2005 年，广东省就针对巨量的集体经营性建设用地，发布了《广东省集体建设用地使用权流转管理办法》，为集体建设用地存量开发找到了合法性。关于让集体土地与国有土地享有平等权益的问题，2008 年中央首次提出建立“城乡统一的建设用地市场”的改革目标，2013 年《中共中央关于全面深化改革若干重大问题的决定》进一步深化改革思路，2019 年修订的《中华人民共和国土地管理法》把集体经营性建设用地入市正式写入法律文件。

这一时期，产业强镇经济动力充足、增量建设用地有限，因而土地开发转向存量建设用地更新为主，低效的集体建设用地是更新的重点对象。珠三角以“旧城镇、旧厂房、旧村庄”为重点，积极推动“三旧改造”。苏南地区则在“三集中”的基础上，进一步推动“万顷良田建设工程”，推动城乡土地全域整治。浙江省则深入开展“三改一拆”三年行动，推动深化“亩均论英雄”改革。总之，该时期产业强镇较少获得新增建设用地指标，土地扩张较为缓慢，建设用地指标主要来自以存量建设用地更新为主的空间再生产。

8.3　土地开发运作的适用范围

8.3.1　土地开发运作在乡镇层面的表现最明显

在我国的行政体系中，政府层级越低，与地方经济利益的关联度就越高。因此，乡镇政府不但对地方利益敏感，也是经济发展任务的重要承担者，尤其是产业强镇。另外，作为我国最基层的行政机关，乡镇政府的经济权力（如空间规划、土地指标、财政税收、项目审批等）是最弱的。中央政府为严守18亿亩耕地的红线，实行建设用地指标的计划式管理，指标自上而下地分解到地方（邓沁雯，2019）。

因此，在乡镇层面，国有、集体土地共同参与开发，支撑经济社会发展。集体土地的低廉性和排外性限制了经济要素流动，经济要素以村庄为单元形成簇群式布局，成为城镇空间碎化的关键原因（郑卫，邢尚青，2012），又部分满足了基层社区自下而上的工业化需求（田莉，罗长海，2012）。同时，由于获得建设用地指标的数量和方式受政策因素影响较大，土地开发运作对乡镇层面的土地开发往往产生直接和显著的影响。而县级以上政府干预空间的能力较强，也有较多的土地资源保障发展需求，集体土地开发在整体格局中影响较小。

8.3.2 县级以上城镇土地开发呈现较强的规范性和统一性

土地开发运作的作用不仅在于制度的动态性，更在于需求主体难以通过正规途径获得足够的国有土地，从而通过集体土地和“以租代征”等途径满足建设用地需求。不仅新增建设用地指标，增减挂钩节余指标也往往优先保障县级以上城市发展。在县级以上城市的建设用地中，国有土地比重较高，尤其是近年来新扩张的建设用地，集体土地和非正规途径来源的建设用地比重很小。从而，县级以上城市无论行政能力和法理依据方面均易采取规范和统一的土地开发方式，以建设用地用途转用制度为代表的土地开发运作的作用相对较小。

8.3.3 产业强镇土地开发的空间复杂性

土地开发运作的时空二重属性，对产业强镇的建设用地扩展产生深刻的影响，涉及两个关键问题。一是建设用地产权构成，即国有和集体土地以多大规模和比例参与城镇空间开发。二是建设用地发展权分配，即国有和集体土地参与城镇建设时，地方政府和农村社区组织如何掌握土地的开发权力。

在土地开发运作的作用下，参与开发的土地产权和开发主体形成了多元化和动态化的格局，从而造成了复杂的土地开发局面。虽然政府主导了国有土地的开发，但基层政府、基层社区（村委会、村民小组），甚至村民都一定程度上影响了集体土地的开发，进一步增加了土地开发格局的复杂性。国有和集体土地共同参与土地开发，不同产权土地在空间上的穿插布局普遍存在，这是导致产业强镇空间破碎化的重要原因。同时，多数产业强镇是从多个村庄的组合体发展起来的，除部分村庄改制为居委会外，大部分村庄仍保留原来的村建制，这进一步增加了城镇政府统筹土地开发的难度（郑卫，邢尚青，2012）。同时，在不同地区、不同发展阶段，各地产业强镇政府和农村社区对土地发展权的掌控不同，进一步增加了城镇土地开发的空间复杂性。

8.4 土地开发运作塑造空间形态的阶段性

产业强镇空间是权力、社区、资本三要素通过土地开发运作共同作用的结果。土地开发运作的约束性具有阶段性特征，因此，产业强镇的空间生产必然发生阶段性变迁。

8.4.1　农村集体土地低效、混杂开发阶段（1978—1997 年）

1. 珠三角：集体土地参与招商引资和企业生产，形成分散的空间布局

改革开放之后，作为我国对外开放的前沿，广东省获得改革与开放探索的权力，并基于“对外更加开放，对下更加放权”的发展思路，实行对下层层放权。借助地缘优势，依托土地和劳动力的成本优势，县市、乡镇、村、组四级利用集体土地进行招商和企业经营，创造了地方政府和农村社区多元主体联合的外向型工业化模式。面对“三来一补”和短缺经济带来的市场契机，各级地方政府形成一种重心在基层社区的“发展联盟”，积极实施招商引资，利用“非正规”的农村集体土地推动乡村工业化发展（图 8-2）。

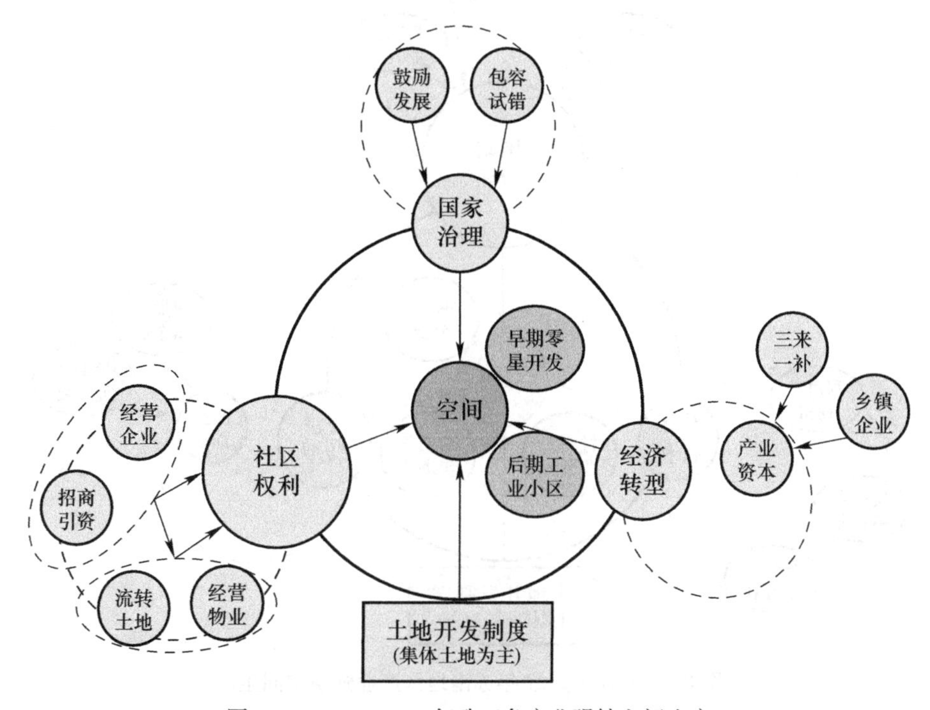

图 8-2　1978—1997 年珠三角产业强镇空间生产

由于乡村工业化符合各级政府和农村社区共同的价值取向，故乡村大量的非正规土地利用被鼓励、包容和默许。在乡村工业化早期，农村社区和农民利用集体土地招商引资和经营企业，大部分工业企业规模小、效率低，以村域为单元形成独立、零散的用地布局，虽然县、镇也在各自的土地上兴办企业，但镇村企业对城镇空间影响最大。20 世纪 90 年代，乡镇企业日渐衰落；1994 年分税制改革后，地方政府对土地财政的依赖越来越大，扩张建设用地成为地方政府的行为取向。村集体从企业经营中退出，积极探索集体土地流转的组织方式，逐步转向建设开发区、房地产以捕获土地开发红利。在庞大的经济利益刺激下，强大的宗族观念深刻地参与到产业强镇空间生产过程中，村集体对土地开发具有强烈的权利意识，极大程度上影响、主导了村级集体土地的开发，并逐步从零星开发，转向开发运营村级工业小区。

2. 苏南地区：农村社区利用集体土地发展乡镇企业，造成村域内分散布局

改革开放以前，苏南地区即形成了悠久的社队工业发展传统。改革开放以后，面对短缺经济刺激、剩余劳动力转移压力、沪宁等大城市辐射带动等经济社会背景，苏南地区地方政府出面组织协调，农村社区以自身的土地、劳动力组织企业经营，形成由镇、村、农民组、联户等为主体的乡镇企业。依托乡镇企业，地方政府积极实施“小城镇、大战略”，造就了乡村工业化主导的“离土不离乡，进厂不进城”的“自下而上”的城镇化。村集体利用“责任田”发展乡镇企业，导致乡村地域呈现出以村域为单位，居住用地、工业用地、农用地相互参差的“三位一体”现象，造成乡村产业空间比较分散，乡镇企业呈现在村域范围内的分散布局态势（图 8-3）。

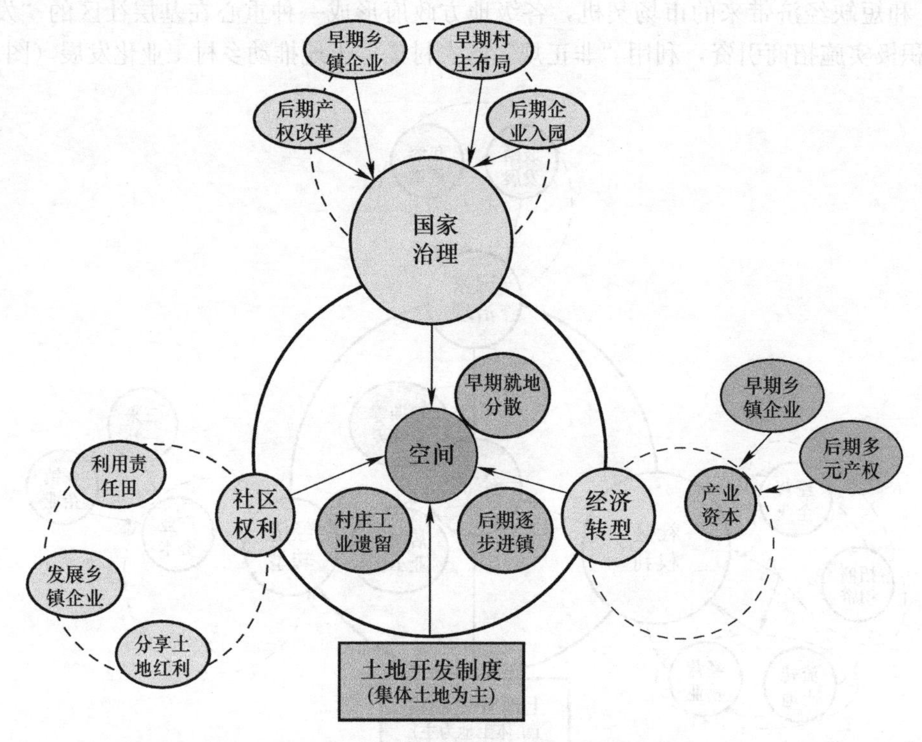

图 8-3　1978—1997 年苏南地区产业强镇空间生产

20 世纪 90 年代，国内市场由短缺经济进入过剩经济，低质量的乡镇企业逐步被市场淘汰，集体企业趋向于衰落。1992 年党的十四大确立社会主义市场经济体制改革目标，1990 年开始实行浦东开发开放战略，长三角外向型经济掀开了新篇章。随着外资的大举进入，苏南城区城镇积极兴办各类开发区，承接了大量的外来资金，尤其是接近上海的地区，如昆山市；苏州市吴中区的甪直镇就是在这一阶段迈向快车道。1995 年以后，苏南地区先后启动乡镇企业产权改革，以全球化带动产业经济多元化发展。地方政府适时推动“三集中”，推动非农经济逐步转移到镇区集中开发，先开始非农产业“脱村域化”过程。但由于实施时间尚短，且土地、厂房、设备及资金等生产要素具有很强的社区属性，因此村中企业并未大量地向城镇集中，分散化布局的态势仍延续了下来。

3. 浙江省：企业经营者利用集体土地从事生产，乡镇企业分散布局

改革开放以前，由于地处国家的边防前沿，浙江省较少获得大规模投资和政策扶持。政府推动地方发展能力较弱，也很少直接干预民间的生产活动。首先，地方经济以个体和私营企业为主，政府和农村社区直接参与较少。改革开放以来大量劳动力迫于生计外出创业谋生，在积累了丰富的经商经验和创业资本后返乡，培育了一大批个体和私营企业；虽然诞生了一批镇村办企业，但其在整体经济中未占主导地位。其次，对于经营者占用集体土地从事企业经营的活动，虽未给予合法化认可，但地方政府采取了默许的态度。随着民营、乡镇企业与专业市场的蓬勃发展，乡村工业化推动各地小城镇迅速崛起。

在“弱政府、弱社区”的弱组织模式下，浙江省产业强镇的空间形态更多反映了产业资本的空间诉求。20 世纪 80 年代，乡镇企业利用农村集体用地进行生产经营，企业主要布局在社区范围内，从而形成了基于村域单元的散点分布态势。从镇域层面来看，乡镇企业呈现沿江、沿河、沿路、沿平原的空间分布形态；从镇区层面来看，乡镇企业呈现点状和沿街道分布两种空间形态。随着 20 世纪 80 年代中后期专业市场的兴起，专业市场周边成为乡镇企业新的区位选择方向。20 世纪 90 年代，随着短缺经济的结束和过剩经济的来临，拓展国外市场、推动产品出口成为乡镇企业的必然选择。企业集群纷纷探索专业分工和协作生产之路，乡镇企业逐步进入兼并重组与优化升级的“二次创业”阶段，开始出现乡村企业向小城镇集中、乡镇骨干企业经营中心逐步向大中城市迁移的态势，乡村存量企业初步显现去地域化的趋势。各级城镇兴建的产业园区则成为三资企业、乡镇骨干企业、城区搬迁企业、高新技术企业等新兴工业的集聚基地。镇区边缘公路沿线成为新企业的优选之地，城镇边缘沿对外交通线逐步形成分散发展的工业点（片）。

总体而言，由于农村社区在低价供给土地、社会资本等方面具有优势，发源于农村社区的乡镇企业进镇进园的动力不足；镇级工业园集聚的工业占镇域工业的比例不高，仍有大量乡镇企分散布局在村域范围，并逐步形成少量的村级小微园区或工业集中点。分散布局是该阶段乡镇企业空间布局的主要特征（图 8-4）。

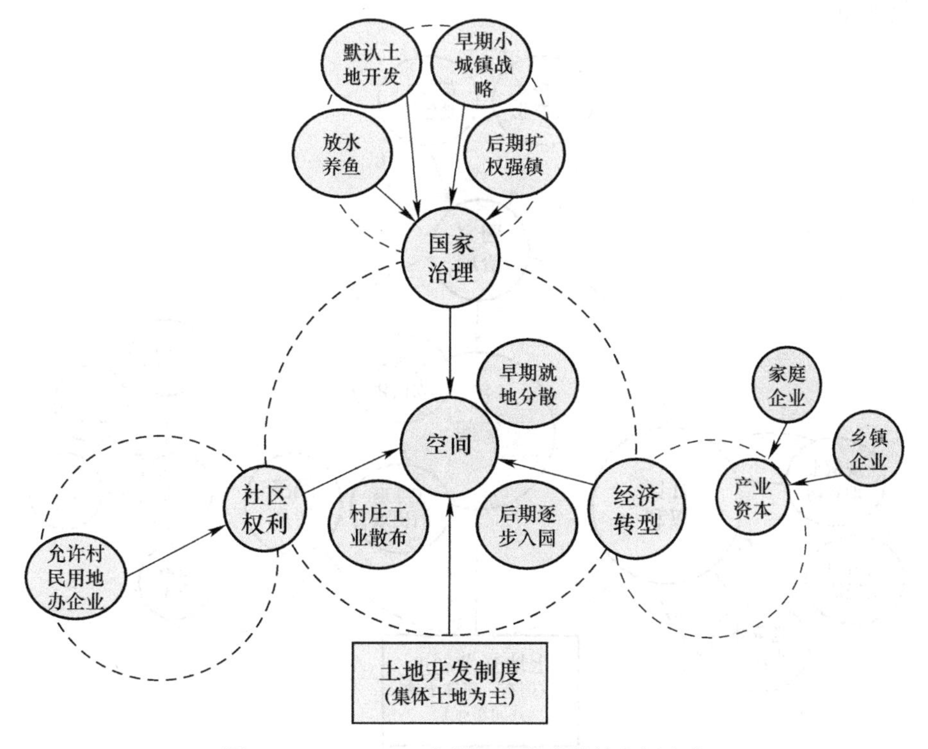

图 8-4　1978—1997 年浙江省产业强镇空间生产

8.4.2 国有、集体土地双轨与有序、无序开发并存阶段（1998—2007 年）

1. 珠三角：农村社区统筹开发集体物业，村级单元空间组织初步形成

2001 年加入 WTO 后，珠三角开始全面融入全球经济，全球化不仅带来了外来经济的升级，也促进了地方经济的发展；私营企业逐步变为主体，内资逐渐超过外资。由于成本上升，大量的劳动力密集型企业迁移到珠三角外围地区、内陆省份或东南亚。珠三角核心区边缘的产业强镇如园洲镇于此阶段快速发展起来。1998 年《土地管理法》修订，要求非农建设必须通过农转非获得土地指标，要求把城镇和工业化发展纳入统一的规划管控之下。针对农村社区已经形成的巨大集体土地开发收益，国家给予一定的支持，并于 2001 年确立顺德市为农村集体土地管理制度改革试点；2005 年颁布的《广东省集体建设用地使用权流转管理办法》，既加强了对农村集体建设用地的管理，也为农村集体建设用地争取到了很大的合法权益。

随着村集体逐步减少经营企业，招商引资成为捕获土地红利的主要手段，村集体主要通过两条途径维护与培育集体经济：一是村集体允许外来企业注册在村内，以乡镇企业名义规避土地管制；二是推动土地经营权流转、实现统一开发，在集体土地上建设厂房、市场、出租房等物业以获取租金收入，积极吸纳外来资本。为了实现集体土地经营权流转，农村社区探索了基于社区成员的土地股份制，进一步固化了农村社区的土地权益，也导致村级单元的空间组织作用越来越明显。由于镇、村、村民、企业等多元主体参与土地开发，镇村在土地开发管理范围方面割裂较为严重，土地开发呈现严重的无序状态。同时，村社企业具有很强的根植性，“退村进园”难度较大，产业强镇人口和土地呈现出很强的半城镇化现象（图 8-5）。

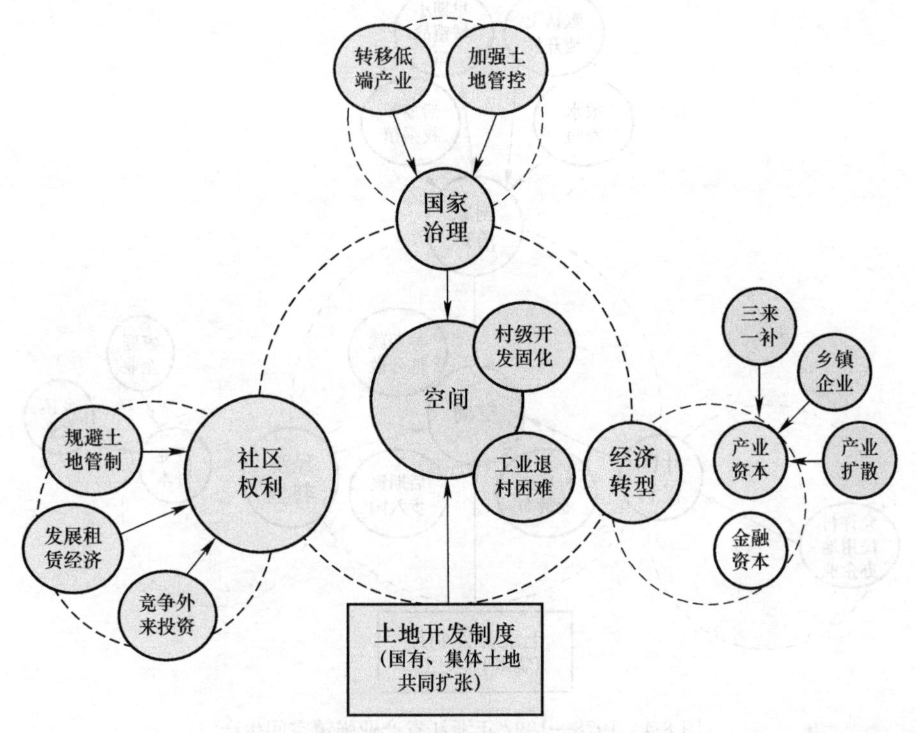

图 8-5 1998—2007 年珠三角产业强镇空间生产

2. 苏南地区：多元经济推动率先由空间混杂走向功能分区

20 世纪 90 年代后期，苏南地区全面启动乡镇企业产权改革，企业产权结构发生了根本性变化。2000 年以来的全球化不仅使外资企业进入本地，也带动了民营经济的转型升级。伴随着江苏省沿江开发和上海市进一步崛起，苏南地区沿江和邻沪地区发展优势更加显著。同时，交通等基础设施改善加快了区域一体化进程，外来资本在更大空间尺度上进行扩散；常州市溧阳市天目湖镇在 2000 年之后积极承接外来资本，快速崛起成为产业强镇。

在这一过程中，苏南地区地方政府强势介入了经济社会发展。随着土地开发“五统一”体制的进一步推广，开发区作为新时期的主要经济载体，由政府统一规划建设。在 20 世纪 90 年代后期的探索基础上，地方政府全面推动“三集中”，并积极利用好“增减挂钩”政策，推动乡镇企业“退村进园”。为改变早期小城镇规模过小、密度过大、布局散乱带来的问题，1998 年大规模推进乡镇行政区划调整，1999 年开始集中发展重点中心镇。这些措施均深刻影响了苏南地区的城镇化格局。

在产业转型和行政力量的双重驱动下，苏南地区产业强镇的空间特征发生了显著的转变。乡镇区划的调整，打破了以往单中心的小城镇空间结构，奠定了产业强镇多中心组团结构的基础。政府大力推动“三集中”工程，乡镇企业逐步由村域分布为主向镇区集中为主演化，加之外来企业优先向工业园区集中，产业强镇空间形态由空间混杂逐步走向功能分区，产镇空间融合发展态势初步显现（图 8-6）。

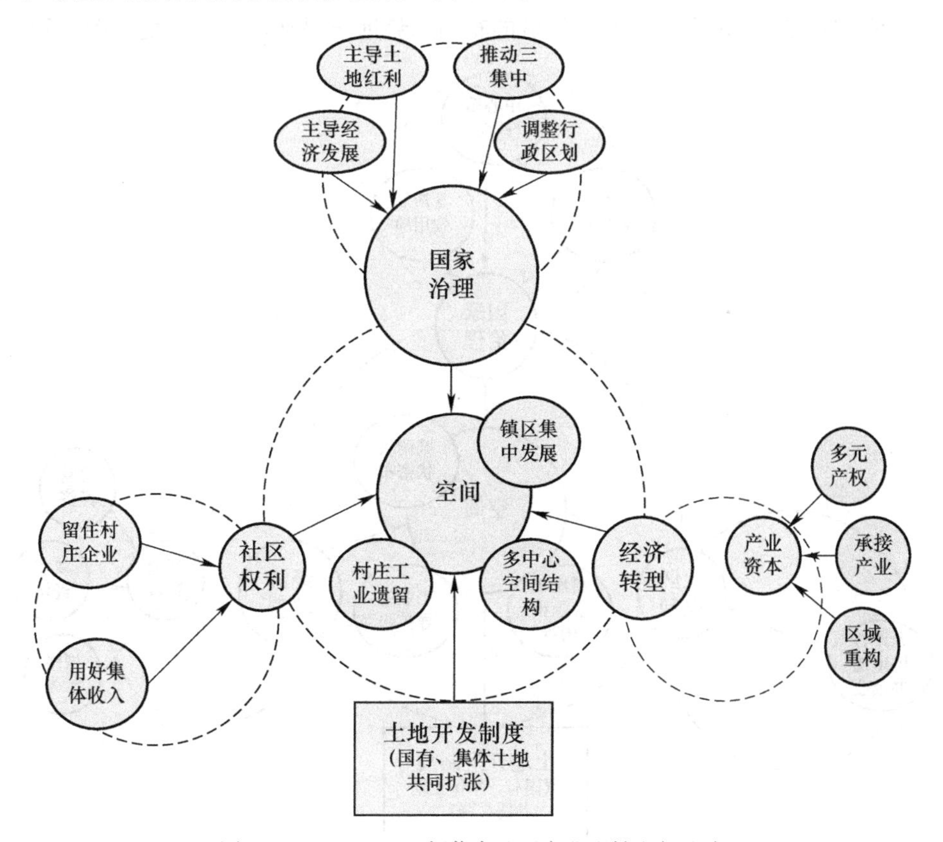

图 8-6　1998—2007 年苏南地区产业强镇空间生产

3. 浙江省：企业集群催生块状经济空间，推动小城镇块状密集区扩张

1990年末以来，随着全球化和区域化程度的不断加深，区域之间的经济竞争更加激烈，各级政府提出集约高效的新型工业化道路，传统上以家庭工业、专业市场、小城镇等为特征的“小商品、大市场”模式面临重大转型，企业生产网络呈现本地与非本地扩张双重趋势。传统上全面发展的小城镇导向的城镇化模式难以适应企业集群的发展需求，小城镇逐步由低效均质扩展转变为分化发展，部分小城镇则发展停滞，部分则强者恒强。发挥中心城市在区域竞争中的引领作用成为时代的必然选择。1999年开始，浙江省先后出台《浙江省城市化发展纲要》《浙江省人民政府关于加快推进城市化若干政策的通知》等重要文件，逐步转向中心城市引领、大中小城市以及小城镇协调发展的城镇化道路；小城镇发展策略由全面发展转为中心镇优先发展，并以镇级工业园区作为培育产业的主要载体。

随着城镇化空间形态由乡村分散型逐步转向城镇集聚型，小城镇呈现分化发展趋势，尤其是区域分化。在发达的块状企业集群的支持下，在有限的地域范围内聚集了发达的产业强镇，形成中心镇引领的产业强镇块状密集区，温州市的瑞安市、乐清市，杭州市与绍兴市的交界地区均强镇林立。同时，镇级园区的兴起既增加了镇区在镇域产业板块中的份额，也增加了产业职能在镇区功能中的份额，使得城镇职能中工业职能的比重进一步上升。乡村工业化“低、小、散”的问题开始受到重视，2004年开始，浙江省开始推动低效城乡建设用地整治，推动低效城镇空间再生产提上历史日程。但由于乡镇企业对农村社区强烈的根植性，以及允许以乡镇企业名义利用农村集体土地从事生产经营，“退村进园”工作进展不甚理想。乡镇企业散布在村域的布局态势远未得到根本性改变（图8-7）。

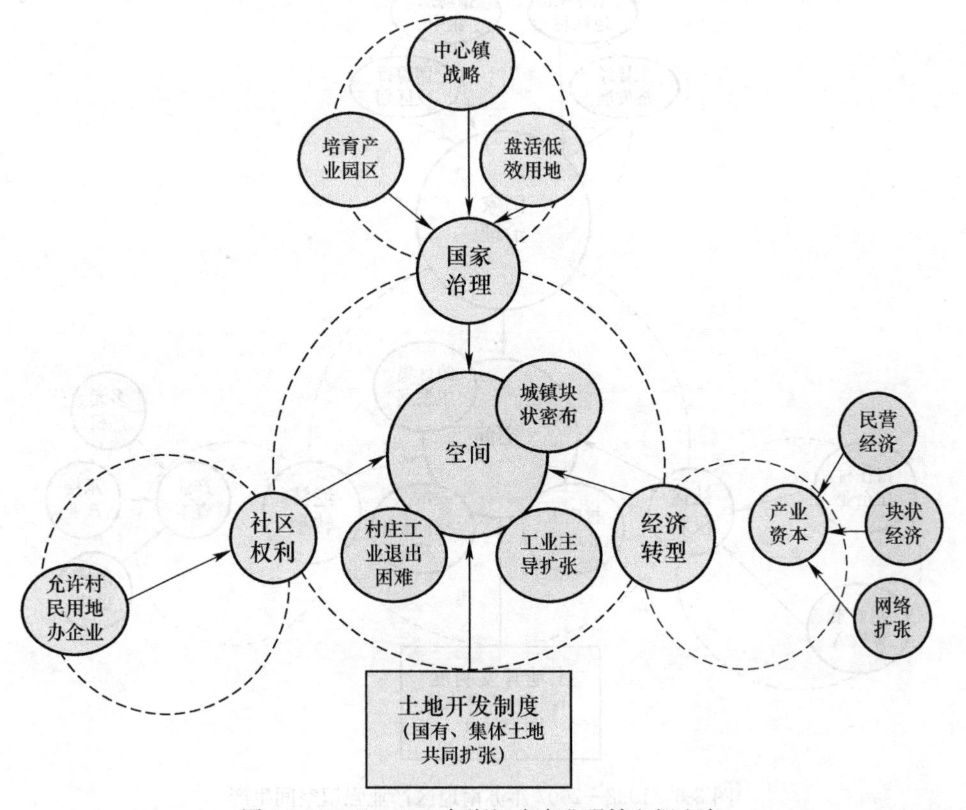

图8-7 1998—2007年浙江省产业强镇空间生产

8.4.3　空间再生产与空间的高效、有序转型阶段（2008 年以来）

1. 珠三角：村级单元推动“三旧改造”，实施城镇空间再生产

2008 年，世界金融危机对珠三角外向型经济造成很大的冲击，传统低成本、粗放式的发展模式难以为继，要求转向创新、集约导向的内涵式发展模式。为了优化珠三角的城镇和产业发展格局，广东省采取积极政策措施，推动产业结构和空间的双升级。产业结构转型升级方面，以《广东省人民政府关于促进加工贸易转型升级的若干意见》为起点，广东省政府出台一系列优化加工贸易模式的政策，以提升工贸易整体层次和企业核心竞争力，实现加工贸易梯次分布和集聚发展。产业布局优化升级方面，以《关于推进产业转移和劳动力转移的决定》为起点，中共广东省委、广东省人民政府积极实施“双转移”战略，引导珠三角核心区的低端劳动密集型产业向珠三角外围地区，甚至中西部地区转移，置换出空间以培育高级生产要素密集型产业。

长期以来，珠三角产业发展存在双重差异，即珠江东岸和西岸的发展模式差异，珠三角核心区、边缘区和外围区的发展水平差异。从珠江东岸和西岸的发展模式差异来看，珠江东岸从早期的以“三来一补”外向型企业为主，转化为内资、外资企业共同发展；珠江西岸以面向市场需求的内生型企业为主，在全球化过程中实现了内资企业的质、量同步上升。珠三角核心区、边缘区和外围区的发展水平差异，主要体现为发展水平从核心向外围梯次降低。“双转移”战略在珠三角外围地区催生新的产业强镇，佛山市三水区大塘镇在 2000 年之后启动工业化进程，在 2008 年之后进入飞速发展状态。

由于产业经济模式的差异，产业强镇的空间需求和空间再生产路径发生显著的分化。从发展模式来看，小规模企业集群的地区更容易形成高度碎片化、相互混杂的空间形态，龙头企业引导关键产业集聚的地区更容易形成工业用地呈组团状集聚的空间形态。从发展水平来看，东莞市、广州市、佛山市等珠三角核心区发展基础好、产业衍生能力强，更倾向于以“腾笼换鸟”实现产业转型升级，推动“三旧改造”的信心和动力较足；珠三角边缘区和外围区基础相对薄弱、产业衍生能力不足，更倾向于产业“升级转型”而非“转型升级”，倾向于微改造而不是大刀阔斧的“三旧改造”。珠三角由于中心城市强大、城镇密集，使得中心城市对周边城镇的空间特征产生深刻影响，中心城市需求催生更多的商住地产需求，以金融和投机资本参与了产业强镇的空间生产（图 8-8）。

2. 苏南地区：强政府统筹城乡开发，形成区镇一体化格局

在“三集中”的基础上，2008 年开始，苏南地区地方政府先后实施“万顷良田建设工程”“三优三保”，实施镇域土地综合整治，重点推动低效城镇空间再生产，建设用地集约节约利用水平有了很大提升。以苏州市的探索为起点，苏南地区积极推动县域单元的城乡一体化发展综合配套改革，引导产业强镇资源整合、优势互补、错位发展。

相对于珠三角和浙江省，苏南地区产业基础最强，转型动力整体较强，基于苏南地区强势政府掌控存量土地开发权力，通过大力推动“万顷良田建设工程”“三优三保”等土地综合整治工程，苏南地区镇域土地统筹开发和乡村企业“退村进园”程度最高，混杂空间比重最低，工业空间比重最高，居住区和新村两种品质较高的居住空间比重也较高，保

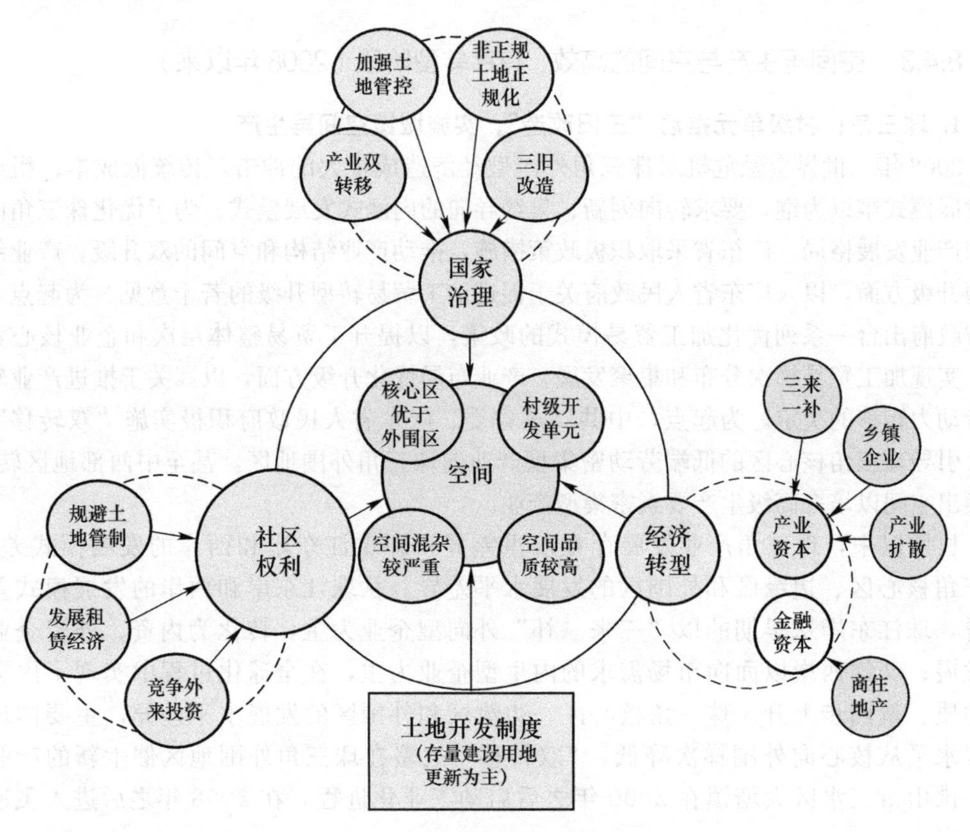

图 8-8　2008 年以后珠三角产业强镇空间生产

持传统形态的旧村空间比重最低。

在苏南地区内部，由于全球化和地方化的双重影响，产业强镇的产业经济模式出现显著的区域差异。总体而言，苏州市产业基础最好，产业集群多具有明确的龙头企业，外资企业比重较高，外来资本成为增强企业衍生能力的重要路径；常州市产业基础和企业衍生能力相对偏弱，且小企业集群特征更为突出，私营企业主导的内生型特征最明显；无锡市产业经济特征介于两者之间。苏南地区产业强镇空间混杂程度整体上呈现自东向西递减的态势，也存在部分产业强镇的空间特征异于地域模式的情况，如空间混杂程度较低的苏州市，也存在空间较为混杂的角直镇；空间混杂较为普遍的无锡市，也存在空间混杂程度很低的江阴市新桥镇（图 8-9）。

3. 浙江省：弱组织＋低工业化，空间再生产程度整体水平较低

在 2008 年世界金融危机的冲击下，浙江省持续开展创新驱动、浙商回归、市场主体升级、小微企业成长、八大万亿产业培育、特色小镇建设、数字经济等转型升级，积极发展新经济、新业态、新模式，推动“低小散”转型为“高精尖”。为适应激烈的区域竞争，企业的总部和研发基地开始向国内高级别城市转移，产业强镇本身则逐渐成为高级生产网络的生产制造基地，并逐步由居住功能为主向宜居宜业的综合型城镇转型。

2007 年开始，浙江省人民政府先后出台一系列中心镇培育政策，在全国率先提出把中心镇培育为新生小城市。同时，人居环境成为新时期的重要建设内容，“三改一

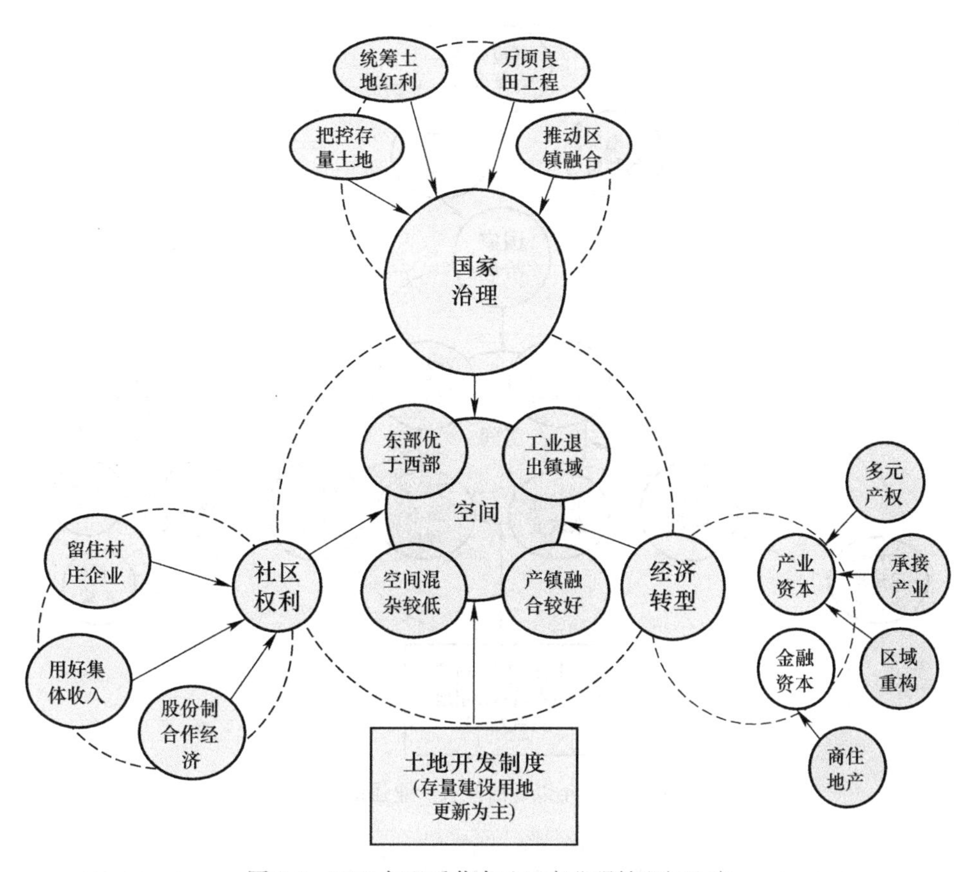

图 8-9　2008 年以后苏南地区产业强镇空间生产

拆”、小城镇综合环境整治、美丽城镇等一系列行动全方位提升了城镇的空间品质，也成为低效城镇空间再生产的重要手段。各地以特色小镇为载体，探索集生产、生活、生态于一体的空间平台，2014 年 10 月首次公开提出特色小镇后迅速成为全国创新发展平台的典范。

在这一阶段，浙江省积极推动“以物质更新（新空间、新环境）促功能复兴（新功能、新业态）”的发展思路，产业强镇呈现新的空间特征。一是城镇空间走向品质化和特色化。经过多轮人居环境整治和小城镇特色化发展，产业强镇的基础设施、生活服务设施方面的短板得到很大弥补，历史文化与城镇风貌更加彰显，产业强镇空间品质更好和更具特色。二是空间再生产进展不理想，工业布局仍较分散。浙江省产业强镇工业化水平相对于珠三角和长三角整体偏低，又属于内生发展模式，较少承接外来产业转移。且浙江省产业转型较多体现在产品更新、工艺创新和附加值增加等方面，产业发育的空间地域和经济主体都较为稳定，较少发生大的变化。故推动空间再生产的产业基础较为薄弱，村内工业的退出程度最低，城镇空间混杂特征也最为突出。三是城镇更新以自身动力为主。浙江省产业强镇受中心城市影响普遍偏小，较少依靠来自外部的商业资本推动“工改商住”，产业强镇面向外部市场的商住地产较少（图 8-10）。

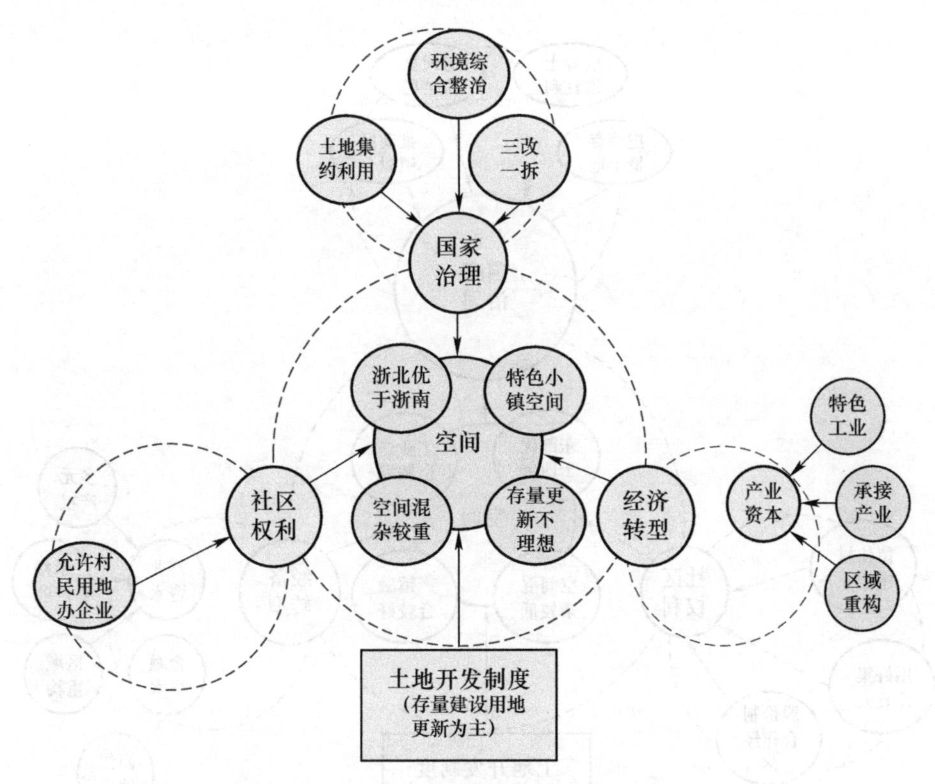

图 8-10　2008 年以后浙江省产业强镇空间生产

8.5　土地开发运作塑造空间扩张的“快—快—慢”过程

改革开放以来，随着政策的强化和全球化程度的深化，我国工业化获得空前的发展。在城乡二元体制的约束下，早期工业化优先在乡村地区发展，产生了各具特色的产业强镇，并形成了以珠三角模式、苏南模式、温州模式为代表的典型模式。在自下而上的工业化过程中，农村社区利用集体土地推动工业化发展，产业强镇土地开发先后经历了三个阶段。

8.5.1　建设用地快速扩张阶段（1978—1997 年）

改革开放至 1997 年，国家推动了一系列财政、行政等方面的分权化改革，以激活地方政府和社会主体的积极性，允许农民利用集体土地兴办乡镇企业。地方政府虽然有耕地保护的任务，但以土地参与企业经营和土地运营更符合自身利益。因此，产业强镇政府允许、鼓励各类主体开发农村集体土地，用于发展乡镇企业，推动城镇和园区建设。在快速的乡村工业化推动下，产业强镇建设用地快速扩张，呈现集体土地为主、分散布局的空间特征。以苏州市吴中区甪直镇为例，20 世纪 90 年代台资进入和上海辐射推动了工业化发展，1991—2002 年，建成区面积年均增长 91.6 公顷。

8.5.2　建设用地高速扩张阶段（1998—2007 年）

1998 年亚洲金融危机的爆发严重打击了乡村工业化，而大量低效建设用地的存在是引发信贷危机的重要原因。1998 年国家修订《土地管理法》，严禁农村集体土地用于任何非农建设，产业强镇新增建设开始大量使用国有用地；同时，国家仍允许民营经济以“乡镇企业”的名义，占用集体土地开展生产活动（汪晖，2002）。2001 年我国加入世界贸易组织，全球化激发了产业强镇更强的发展动力；同时，2000 年后我国城镇化逐步进入快车道，工业化和城镇化的双重动力使得土地开发获得更快的拓展。地方政府既通过大量征地提供国有非农建设用地，又允许农村集体以发展乡镇企业的途径开发集体土地，同时默许大量集体农用地通过“以租代征”等方式进入非农业建设用地市场。这是产业强镇土地扩张最为迅速的阶段。在此期间，角直镇建成区面积年均增长 166.2 公顷，远超过第一阶段。

8.5.3　建设用地扩张放缓阶段（2008 年至今）

2008 年以来，新增建设用地指标受到越来越严格的控制，产业强镇作为行政体系的最基层，获得的新增建设用地指标更为有限。以“乡镇企业”的名义获得集体土地进行非农业建设也被禁止。根据住房和城乡建设部《产业强镇案例研究（2020）》中的角直镇调研报告，近年来角直镇较少获得增量发展空间，建设用地供应量的 60%～70%靠挖掘白地（原规划建设用地范围内的白地），30%是存量挖掘；工业供地中新增和存量各一半。产业强镇积极推动集体建设用地存量开发，推动低效、无序的存量用地向高效、有序转型。越来越多建设用地指标来自低效城镇空间的再生产，这必然导致土地扩张较为缓慢。2009—2020 年，角直镇建成区面积年均增长 68.8 公顷，不仅远低于第二阶段，也远低于第一阶段的增速（图 8-11）。

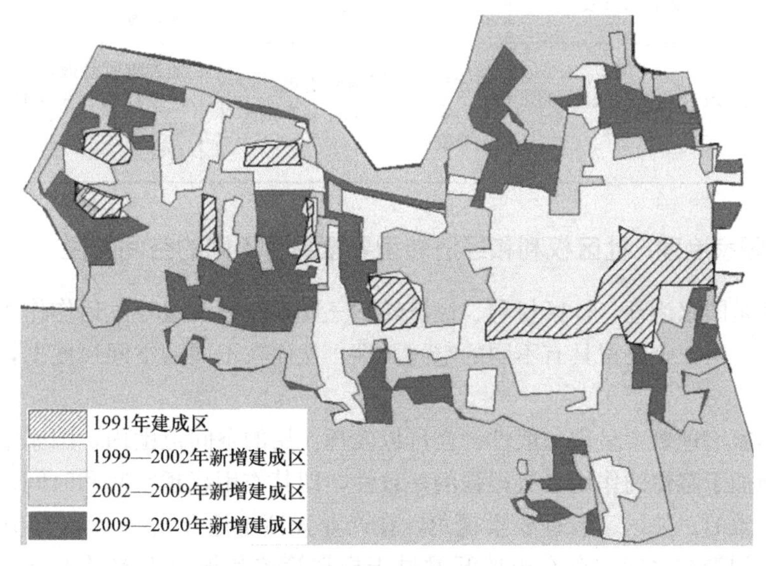

图 8-11　角直镇建成区扩张过程

来源：建成区范围和面积根据 BIgemap 历史影像图描绘和统计。

8.6　土地开发运作视角下的空间生产特征与空间组织机制

8.6.1　产业强镇建设用地开发权分配呈现时空差异

在尊重中央政府权威的前提下，地方政府可以根据实际情况，作出适应性的举措，从而在各地区和不同时期形成差异化的地方治理机制。国有和集体土地参与城镇建设时，地方政府和村社组织如何分配土地的发展权，呈现明显的动态性。一般来说，村集体在政府的允许下，在经济发展早期掌握集体土地的开发权力，在存量开发阶段则获得一定的存量土地开发权力；地方政府在发展早期主要是参与集体土地开发，随着土地管理趋于严格其权限则转向掌握国有土地的开发权力，在存量开发时期积极参与存量集体土地开发权力的竞争。

珠三角、浙江省和苏南地区由于社会结构的差异，具体表现有所不同。进入存量开发时代，珠三角的村集体掌握较大的存量集体建设用地发展权，地方政府要开发存量集体土地必须充分获得村集体的认同。苏南地区地方政府牢牢把控了存量集体建设用地的开发权力，原有权益人主要以物业、货币等方式获得经济补偿。浙江省村集体和原有权益人的存量集体建设用地发展权获得较大尊重（表 8-1）。

产业强镇建设用地开发权分配　　表 8-1

地区	1998 年之前	1998—2007 年	2008 年之后
珠三角	地方政府和农村社区共同参与集体土地开发	地方政府掌握国有土地开发权力，农村社区掌握较大的集体土地发展权	地方政府掌握国有土地开发权力，农村社区掌握较大的存量集体建设用地发展权
浙江省	个体经营者利用农村社区的集体土地进行开发	地方政府掌握国有土地开发权力，个体经营者利用农村社区的集体土地进行开发	地方政府掌握国有土地开发权力，允许农村社区获得存量集体建设用地发展权
苏南地区	地方政府和农村社区共同参与集体土地开发	地方政府掌握国有土地开发权力，农村社区掌握一定的集体土地发展权	地方政府掌握国有土地开发权力，严格控制存量集体建设用地发展权，农村社区主要获得分享收益的权利

8.6.2　国家治理、社区权利和经济转型要素具有不同的空间属性

空间特征是国家治理、社区权利、经济转型三要素通过土地开发运作作用于城镇空间而形成的结果，但三个要素具有不同的空间属性，从而在不同的空间尺度上，影响产业强镇的空间特征。

首先，国家治理要素呈现一般性。在可以发挥作用的空间范围内，国家干预要素具有强制性，其施加于客体的作用具有很强的一致性，即其作用超越空间和时间，产生的影响是普遍的和一致的。从国家治理要素视角，在产业强镇土地开发与 1998 年开始的新增建设用地纳入规划管控之间，存在土地开发早于规划管控和规划管控早于土地开发两种情况。已有研究的产业强镇主要是改革开放之初开始发展的，故普遍存在用地混杂情况。2000 年之后兴起的产业强镇，发展之初就被纳入统一的规划管控，故不同区域之间的产业强镇空间在功能分区和结构合理方面具有很强的相似性，如广东省佛山市三水区大塘镇和江苏省常州市溧阳市天目湖镇。

其次，社区权利要素呈现区域性。作为一个动力机制，社区权利要素属于软权力，反映了一定地域范围内社区因素的认同感和共同价值。由于空间分布的渐变性，社区权利要素的区域性一般体现在较大的空间尺度上，如珠三角、浙江省、苏南地区大尺度层面具有

一定的差异，而珠三角、浙江省、苏南地区内部的社区权利要素则因空间尺度较小而差异较小。

最后，经济转型要素呈现地方性。经济转型要素呈现宏观、微观两重特征。从宏观特征来看，经济转型体现为区域经济发展模式，如“珠三角模式”“苏南模式”“温州模式”，是一个区域内国家治理、社区权利、经济转型等多要素在经济领域的综合反映，区域内经济单元之间具有很强的相似性，其空间生产路径呈现长期性和稳定性。从微观特征来看，经济转型积累体现为产业经济结构变迁，这是具体的企业群体发展的经济特征，区域内经济单元具有很强的个性，其空间生产路径呈现短期性和易变性。因此，即使在国家治理和社区权利要素基本相同的小区域内，也可能因为产业强镇产业经济模式不同，而形成区域内部的地方性差异。

8.6.3　空间生产四要素塑造差异化的空间生产路径和组织机制

国家治理、社区权利、经济转型和土地开发运作四要素共同推动产业强镇空间生产，塑造了城镇空间的差异化特征和空间生产路径。其中，土地开发运作导致国家治理、社区权利、经济转型三要素在不同发展阶段作用有所不同，具有显著的时间性（图 8-12）。

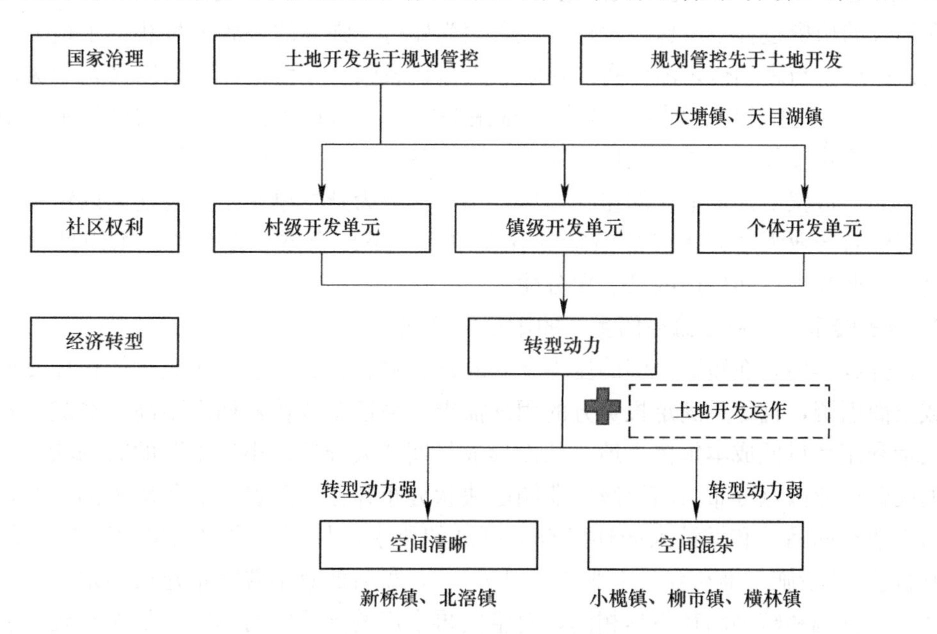

图 8-12　产业强镇空间生产路径与组织机制

1. 规划管控：产业强镇空间生产的第一次分化

国家治理对产业强镇空间生产的影响，最重要的表现是规划管控的作用。一般来说，土地开发与规划管控的时序关系，对产业强镇空间生产逻辑具有举足轻重的影响。1998 年修订的《土地管理法》要求建设主体和个人进行建设，必须申请使用国有土地，地方政府对非农建设统一进行规划管控具有了法理基础。产业强镇经济发展起步时点按早于或晚于 1998 年，分为自下而上型和自上而下型两种类型，规划管控在土地开发中的作用不同导致产业强镇空间生产的第一次分化。

自下而上型。产业强镇工业化启动较早，由于没有规划管控，大量工业企业利用农村集体用地进行开发，甚至利用宅基地、房前屋后用地进行工业生产，从而导致居住功能和生产功能的混杂，造成了普遍存在的空间混杂现象。既有研究的产业强镇多数属于这种类型。

自上而下型。该类产业强镇工业化启动较晚，基本上于2000年之后兴起，发展之初就被纳入统一的规划管控，工业用地通过农转非获得，集中连片形态为主，生产生活功能空间分离较为明显；早期管控较松时可能形成少量零散工业用地，但通过功能转型、“退村进园”、产业转移等治理行动，生产空间与生活空间混杂现象基本消失。不同区域的自上而下型产业强镇空间形态虽不相同，但在空间结构和空间类型的构成方面较为相似，如广东省佛山市三水区大塘镇和江苏省常州市溧阳市天目湖镇。

2. 社区权利：产业强镇空间生产的第二次分化

社区权利要素主要表现为基层社区的作用。基层社区的作用是一定的社会结构的产物，反映了一定地域范围内的社区权利因素的认同感和共同价值。由于社区权利因素的空间分布是渐变的，其空间差异要在较大的尺度上才能体现出来，如珠三角、浙江省、苏南地区，不仅自身地域的空间尺度大，而且相互之间距离的空间尺度也较大。而珠三角、浙江省、苏南地区内部，由于地区之间空间尺度较小，社区权利因素则难以形成显著的差异。

在漫长的历史过程中，珠三角地方主义较为盛行，强大的宗族力量获得了地方事务中的很大话语权；与之相似，浙江省乡村宗族力量也较强。苏南地区长期以来是中央政府强力管控的地方，“强政府、弱社区”的特征最为突出。但在乡村工业化的过程中，由于宗族力量和工业化过程中利益依赖性的强弱不同，各地区基层社区对集体土地使用权的掌控能力也不同，造就了开发单元的差异，珠三角以村级为开发单元，苏南地区以镇级为开发单元，浙江省产业强镇多未形成清晰的开发单元，呈现个体开发为主、组织性很弱的特点。这是产业强镇空间生产的第二次分化。

3. 经济转型：产业强镇空间生产的第三次分化

改革开放早期，在短缺经济的压力下，农户、村、镇、区县等多级主体积极发展乡镇企业或招商引资，且尽量满足投资方的用地需求。乡镇企业普遍档次不高，对成本较为敏感，大量利用乡村低成本集体土地，从而形成早期“大分散、小集中”的布局状态，村镇层面的民营企业散点分布与高等级工业园区块状分布并存。随着工业化水平的提升，各级政府对工业空间品质和城镇人居环境有了更高的要求，从而采取“三集中”“三拆一改”“三旧改造”等措施，推动乡村工业“退村进园”，盘活低效闲置存量建设用地。但产业强镇之间经济基础和转型路径不尽相同，对空间再生产的支撑能力不同，从而导致产业强镇空间生产产生第三次分化。

从微观视角来看，产业强镇的经济转型因素体现为产业经济结构变迁，其发展特征不仅影响了空间类型的构成，更是确定存量空间更新能力的决定力量。产业经济是具体的企业群体发展的经济特征，即使在国家治理要素和社区权利要素基本相同的小区域内，也可能因为产业强镇经济转型动力不同，而形成区域内部的地区差异。因此，对于土地开发早于规划管控的自下而上型产业强镇，其早期形成了混杂空间的形态，能否在空间生产过程中完成存量空间更新，是摆脱路径依赖、形成合理空间的关键，也影响了空间类型的构成。经济转型动力是区内产业强镇空间特征分化的主导因素，导致产业强镇空间生产产生第三次分化。

8.7　小结

20 世纪 80 年代以前，乡村工业化蓬勃发展，在“离土不离乡、进厂不进城”的指导原则下，工业化就地发展，催生了一批自下而上发展起来的产业强镇。2000 年左右，随着全球化和区域一体化的深入，先发地区传统产业普遍开始向外围地区扩散。部分后发地区积极承接全球资本和先发地区的扩散产业，又诞生了部分新的产业强镇。在这一过程中，国家对土地开发的管控经历了从宽到严的转型，衍生了土地开发运作的动态性。

首先，土地开发运作在乡镇层面表现最显著。由于县级以上城市较易获得新增建设用地指标，其发展主要依托于国有土地，在不同发展阶段规划管控的逻辑较为统一。而乡镇层面获得的新增建设用地较少，国有、集体土地共同参与开发，且在不同阶段城镇空间组织逻辑有显著不同。

其次，土地开发运作影响城镇空间组织机制。在土地开发运作的影响下，产业强镇的空间生产经历了农村集体土地开发导致空间利用低效混杂（1978—1997 年）、国有与集体土地双轨导致有序无序开发并存（1998—2007 年）、存量建设用地更新为主的空间再生产推动空间向高效有序转型（2008 至今）三个阶段，不同阶段国家治理、社区权利、经济转型的作用方式不同，导致产业强镇在不同时间、不同空间具有不同的空间组织机制。

最后，土地开发运作影响产业强镇扩张速度。在产业强镇发展过程中，土地开发先后经历了农村集体土地开发为主（1978—1997 年）、国有与集体土地交错扩张（1998—2007 年）、集体建设用地存量开发为主（2008 至今）三个阶段，与相应阶段经济发展状况相互影响，导致建设用地经历了快速扩张、高速扩张和缓慢扩张三个阶段。

第 9 章　新时期产业强镇的空间优化策略

当前，产业强镇受规划管理、社区权利、经济转型等多因素的制约，正在艰难地摆脱功能体系混杂、空间品质不高的状态。随着我国经济发展动力由双循环转向内循环为主，国家制造业升级、生态文明和国家治理现代化的深入推进，产业强镇逐步进入功能转型升级、存量空间更新阶段，客观上要求产业强镇优化空间品质，为实现转型提供关键的空间支撑。

9.1　产业强镇空间生产特征的形成原因

9.1.1　经济基础和政府调控共同塑造空间形态

大多较早开始发展工业的强镇，往往存在土地开发强度较大的现象。如北滘镇、小榄镇、新塘镇等，在改革开放初期就兴起了五金、家电、服装等产业，过早蔓延开发，产业和生活空间混杂，形成了较多村级工业园，土地开发强度大，北滘镇土地开发强度已接近80%，小榄镇土地开发强度达到80%，新塘镇的土地开发强度也已在70%～80%之间。工业起步晚的强镇土地开发强度较小。如大塘镇由传统农业镇发展而来，工业从2002年开始起步，空间格局较为简单清晰，功能分区明确，土地开发强度小，没有村级工业园。

经济发达、调控力弱的镇，空间结构待优化，生活、生产空间混杂。如新塘镇，城镇被整体纳入广州市增城区来统筹管理，甚至在2016年后用地预审权也收至区一级；城镇结构和交通网络不合理，主干路网不成体系，地块大、断头路较多。

经济发达、调控力强的镇，空间格局清晰，生活、生产空间相对分明。如瓜沥镇，2001年萧山改市设区，瓜沥镇进入快速发展期；区政府加强对辖区发展的统筹管理，瓜沥镇则较早编制城镇规划，加强对自身发展的引导，较好与区域发展相适应。

9.1.2　城乡二元的开发机制，塑造了半城半乡的人居环境

苏南、浙北、珠三角等地区强镇建成区已具备一定城市形态和风貌。总体上表现为半城半乡特征明显，建成区风貌差异大、空间无序品质低。大都市区范围内强镇发展起步早且经济基础好，受大都市区辐射，城镇化水平和城镇总体风貌强于远郊独立型强镇。经过多轮整治，浙江省城镇及乡村风貌总体底线较高。新镇建设停留在泛城市化建设手法阶段，旧城镇呈现半城半乡面貌。新城建设突破小城镇尺度，整体风貌与原镇区较为割裂；旧城镇空间破碎、功能混杂，较为混乱，且缺乏对村庄的管控。

9.1.3　路径依赖与经济环境共同影响产业结构转型

发展动力、社会基础、政社关系等，导致地区间形成不同的经济模式，并具有较强的路径依赖性。经济发展的外部环境变迁，是强镇结构转型的根本动力。核心区的强镇，在2008 年经济危机、环保督查等一系列外部环境因素影响下，被迫进行产业升级、淘汰相对落后产能。非核心区的强镇，积极承接发达地区核心区扩散的产业，为核心区进行产业配套是重要的发展动力。

结构转型和经济波动，导致强镇集聚的外来人口也出现一定波动。强镇集聚高端资源的能力有限，难以支撑现代产业发展。高端人才、科创等高端生产要素主要集中在中心城市，强镇由于高端资源不足，发展现代制造业和生产性服务业能力不足。能支撑起高端产业的强镇，基本位于都市区核心区，具有一定的集聚高端要素的能力，或能便捷地从中心城市获取高端要素。

9.1.4　人居环境、公共服务难以留住、吸引人才

生产、生活服务供给不足，多元化就业机会相对缺乏，人居环境、公共服务规模和质量较低，造成中高端人才、专业技术人才引进难。制约人才引进的主要因素是人居环境建设和公共服务水平。调研镇普遍反映人居环境及公共服务、休闲娱乐设施、现代居住空间的供给等制约了人才引进，子女教育问题、住房问题导致部分外来务工人员难以稳定留居（图 9-1）。

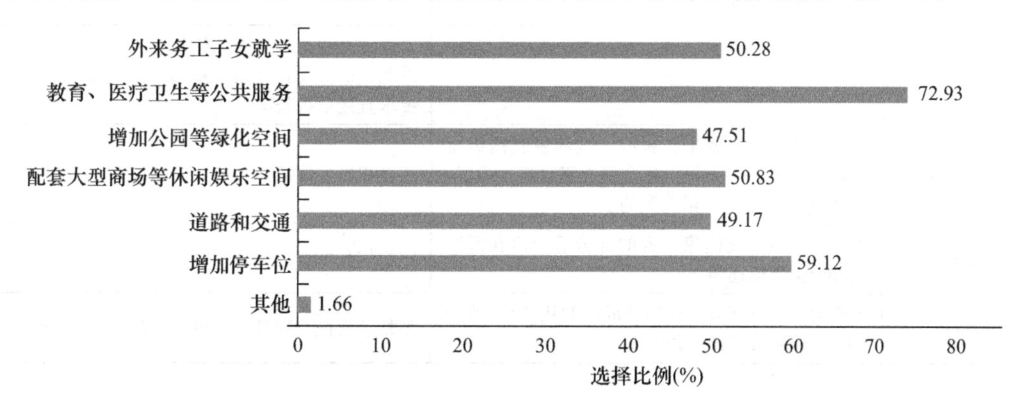

图 9-1　企业员工人居环境需求调查结果

专栏 53　人居环境与人口凝聚力
佛山市顺德区某镇：拥有完善的配套产业链，但受到的公共基础设施、生产服务设施、人才引进、空间等的限制较多，难以进一步发展，导致企业总部、高端人才外流。 惠州市博罗县某镇：整体上基础建设、营商环境、教育医疗等有提升，本地休闲娱乐等城市配套建设还是较为不足，无法满足品质生活需求，对年轻人极其缺乏吸引力。 宁波市慈溪市某镇：工业用地上配套设施建设不能超过20%，对企业而言，难以建设足够的员工宿舍（目前仅能满足60%有需求的员工），而工厂周边村庄出租屋环境较差、难以满足员工居住需求。
资料来源：2020 年 8 月 6 日佛山市顺德区某镇访谈；2020 年 8 月 12 日惠州市博罗县某镇访谈；2020 年 9 月 1—2 日宁波市慈溪市某镇访谈

9.1.5 镇级政府治权不足，事权与财权不匹配问题普遍

产业强镇普遍存在事权财权不匹配问题，多数镇财力处于维持基本运行的状态。事权的差异主要体现在财权、地权、审批权三大核心权力上。一般治理权，基本可以满足日常事务管理。上级政府致力于加强区域平衡和统筹发展，强镇往往获得更少支持，且需承担更多事务。与中心城区联系紧密的近郊型强镇，事权往往被上级政府统筹，远郊型和独立发展型强镇有相对较大的事权。东莞市的两级行政体制一定程度上保障了强镇事权（表 9-1）。

部分调研镇财政体系与事权　　表 9-1

镇名	财政体系	强镇事权
北滘镇	镇级财政收入约 15 亿元。其中，全部税收镇级留存约 6%，约占财政收入的 3/5；其次，非税收入和上级补助金约占 2/5	与一般镇一致，职责更多，事权下放，财权上收，编制不足
小榄镇	镇级财政收入约 12 亿元。其中，全部税收镇级留存约 12%，约占财政收入的 1/2；其次，主要是税收留成、镇属企业及物业收入，土地收入很少	与一般镇一致，事权下放，财权上收
新塘镇	全部税收区级留存 25%。土地出让金的毛利，2019 年前全部留在增城区，镇分 30%。2020 年起，广州市分 30%，镇分剩余 70%的 30%，即 70%×30%＝21%	上级政府统筹管理，整体纳入广州市管理，农村建房镇可以发宅基地证。控制性详细规划、专项规划镇可组织编制
茶山镇	—	市一部分权力直接委托镇行使，大部分事权下放到镇街。项目立项、基本下放到镇，镇按市要求直接审批备案
观海卫镇	镇级财政收入主要来自税收，全部税收镇级留存 30%～35%；土地出让金原上级政府不截留，2020 年起宁波市截留毛利的 6%	审批权能放尽放
瓜沥镇	税收在扣减上交国家、省的部分后，留在区级的部分全部返还镇	审批权基本在区里
新桥镇	财政超收分成部分，市镇分成比例从 5∶5 改为 4∶6，镇级分成比例提升	新桥镇书记为副处级，审批权限相当于县级

9.2 产业强镇空间优化的时代需求

9.2.1 双循环战略下传统产业强镇面临转型发展的压力

产业强镇发端于我国 20 世纪 80 年代计划经济向市场经济转轨时期，在短缺经济的市场环境下，一些乡镇企业提供了丰富的社会产品，填补了当时国有企业的供给不足；在外来投资涌入、内生乡镇企业崛起等因素的共同推动下，部分小城镇率先崛起，形成了各具特色的产业强镇，主要分布在珠三角和长三角以及京津冀和闽鲁川等地区。这些产业强镇形成了特色鲜明的产业集群，如广东省的北滘镇（家电）、小榄镇（灯具）、新塘镇（牛仔服装），浙江省的柳市镇（低压电器）、濮院镇（羊毛衫），江苏省的横林镇（地板）、新桥镇（服装）、锦丰镇（钢铁）等。在这期间，全球化成为我国经济发展的重要力量，也是产业强镇形成与发展的重要动力。

当前，国际政治经济环境发生深刻的变化，国内循环和国际循环双轮驱动模式受到很大冲击，转向内循环为主成为必然要求（江小涓，孟丽君，2021）。在 2020 年 5 月中共中央政治局常委会会议首次提出要构建以国内大循环为主体、国内国际双循环相互促进的新发展格局。发挥国内超大规模市场优势和内需潜力成为促增长的必然选择。产业强镇面临双重历史使命：①更好地承担起产业基地的功能，与更大范围的经济网络实现纵向协作、横向分工，积极推动创新网络建设，接受更多产业和分工环节转移并作为专业化中心（方辰昊，赵民，2022）；②更好地承担起扩张内需的历史使命，不仅要承担城镇软硬件投资带来的内需扩张，更要承担起“人的城镇化”带来的内需扩张。产业强镇面临城镇功能的根本性转型，即由产业基地转型到宜居宜业的综合性城镇，通过集聚人口、提高效率，实现产业和内需的双扩张。

9.2.2　生态文明和高质量发展是新时期强镇发展的基本导向

2015 年，《中共中央　国务院关于加快推进生态文明建设的意见》出台，提出以健全生态文明制度体系为重点，优化国土空间开发格局，全面促进资源节约利用，加大自然生态系统和环境保护力度。2017 年党的十九大立足中国经济由高速增长阶段转向高质量发展阶段现实，首次提出“高质量发展”表述，在破除旧动能和培育新动能、生态环境保护和经济发展、维护公平与讲求效率等方面提出更高的要求。随着生态文明建设和高质量发展战略的深入实施，产业强镇面临转型升级的困境。一方面，产业强镇发展要建设人与自然和谐共生的现代化，充分考虑资源环境承载能力，遵循绿色的城镇发展路径；同时，要推动城镇空间精明增长，提高利用效率和效益，加大自然生态系统和环境保护力度，提倡绿色的生活和消费模式。另一方面，针对人民日益增长的美好生活需要和不平衡不充分的发展之间的矛盾，加快从速度规模型向质量效益型转变，推动城镇化和区域协调发展、高质量发展体制机制建设等方面的创新，为可持续发展培育新动力、拓展新空间。

9.2.3　合理的空间形态是产业强镇转型升级的必要支撑

城镇发展是产业结构转型和空间形态优化的互动过程。一方面，产业结构的转型升级将有力地推动城镇空间转型，增强城镇发展的后劲，产业结构、消费结构、产业转移、现代服务业等变化均不同角度、不同程度影响着城镇要素的流动路径、动力机制、空间形态、用地结构等，其影响程度在工业化阶段最为明显（王福君，2018）。另一方面，城镇空间是资源要素和产业集聚的重要支撑，其空间生产是城镇职能更替和资源要素重组的过程，在很大程度上影响城镇转型升级。产业强镇与一般中小城市和小城镇较为明显的区别是，其空间更加围绕着工业空间来组织，其产业组织与微观空间组织（不仅是宏观的空间分布）紧密关联，从而形成了产业强镇区别于其他一般镇和中小城市的空间特征和空间组织机制。

随着我国经济发展跨上新台阶、国家制造业升级、生态文明和国家治理现代化的深入推进等，产业强镇逐步进入功能转型升级、存量空间更新阶段，客观上要求我国的产业强镇要进行诸多方面的变革，改变低层次的产业结构、低水平的空间效能和低水平的公共服务与治理结构等。其中，城镇空间作为产业和社会经济发展的重要载体，是推动产业强镇实现转型发展的关键支撑，因此需要对产业强镇的空间组织展开深入研究，以服务于转型发展的现实需求。

9.3 健全国家治理方式，优化空间生产品质

9.3.1 推动人居环境整治，建设美丽城镇

以国土空间综合整治为抓手，宏观层面推进特色风貌带和国家公园、农业公园、田园综合体等重要功能区的打造；村域层面推动“旧房、旧村、旧厂”改造，整治废弃闲置土地，整合村庄布局，实施林、田、路、渠综合整治，优化乡村景观；聚落层面推动风貌整治和设施完善，突出地方特色，建设美丽城镇。以人居环境改善为切入点，旧镇新镇同步发展。旧镇更新抓住特色化，传承地方文化。要创新载体，传承文化，量身打造与旧镇息息相关的主题元素，精准改造，做到一片区一方案，一片区一特色。新镇建设要尊重地域风格，与旧镇相协调（表 9-2）。

浙江省美丽城镇建设行动方案　　表 9-2

环境美	开展环境综合整治行动、交通现代化行动、市政及综合防灾设施等保障行动
生活美	开展住房建设水平提升行动、优质公共服务设施供给行动
产业美	开展产业整治优化行动，整治提升“低散乱”，优化产业空间组织，搭建产业发展平台，加快传统企业转型升级，培育新业态
人文美	注重历史文化保护开发与利用，推进文化与旅游融合发展，提升城镇绿化景观品质，完善城乡绿道网
治理美	加强三治融合，推进社会治理，构建基层治理长效机制，倡导文明实践活动志愿服务

9.3.2 统筹各级工业园区的规划建设

以县域为单元，统筹划分“目标园区”和“非目标园区”，实施差异化的绩效考核体系。探索实行县与镇政府联合出资，委托专业机构统一负责工业园区的运作管理、规划建设、招商引资，根据出资比例等因素划分财政收入，协调各级政府的利益。着眼于增强目标工业园区的吸引力，主要应在区位选择、硬件设施、社会服务、财税政策等四方面下功夫。同时，对非目标园区的工业企业适当采取负激励政策，迫使它们向目标园区搬迁或向内地转移，包括检查经营合法性、提高环保成本等手段（田莉，孙玥，2010）。以镇域为单元，整合分散的村级工业园（点），建立基础设施更为完善的现代工业园区，原镇区进行“三旧（旧村、旧厂及旧镇区）”改造（张震宇，魏立华，2011）。

9.3.3 构建多元化的产业保障空间

沿主要交通廊道和产业发展带，建立或改造 4～6km^2“产业社区”单元模块（2km×2km 交通廊道构成），单元内规划设计安排各类用地及空间。推动科创平台＋创新社区＋现代园区＋小微园区联动，提升现有创新载体能级，引进优质科创资源，聚焦创新平台建设。以“众创空间＋科技孵化器＋科研院所平台”为关键载体，打造产业研发新平台、科技产业新空间、产业转型新动能、人才聚集新社区。搭建小微企业孵化平台，探索服务小微企业的新模式（图 9-2）。

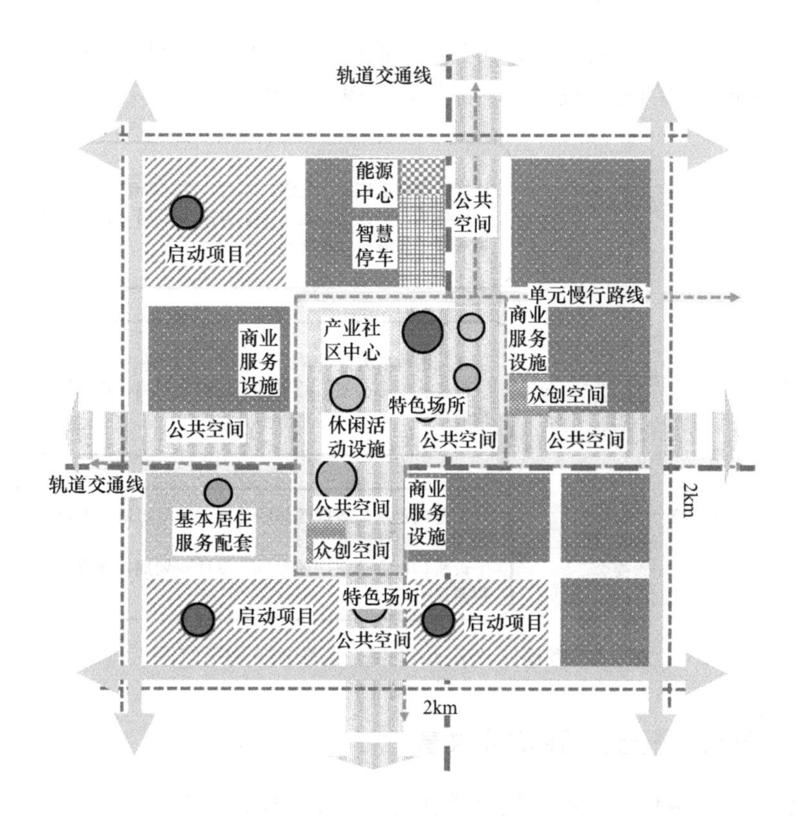

图 9-2　产业社区空间结构示意图

9.3.4　实施扩权强镇，优化城镇治理结构

从“珠三角模式”及“苏南模式”的发展路径可以总结出，强镇后期发展已脱离其“乡镇”本级行政角色，“区镇合一”成为共用手段，国家级、省级、市级开发区，市区成为强镇的产业发展后盾。

因地制宜设定城镇治理路径。避免事权同构，重新审视强镇事权。产业强镇兼有社会治理和经济发展双重职能。理顺各级政府事权关系，避免任务层次下压。属于镇的事权范围内的事项，镇有决定权。落实强镇放权，实行与规模和职能相匹配的强镇治理。下放更多的事权、财权，使强镇政府真正成为一级“权责完备”的自主政府。探索镇级市的运行试点。根据镇的差异性，分类型界定事权。近郊型强镇与中心城区一体发展，可上收重大决策权。除重要项目，赋予远郊型和独立型强镇较多决策权。具有特殊功能的强镇，可灵活设立相关职能部门。日常事务治理权，基于实际需求而设。根据城镇规模，赋予相应的人事权。财力不仅要保障支出责任，还要兼顾激励作用，支持经济发展。扩大强镇的财税提留比例，支持强镇的健康发展。

探索县下设立“副县级市”的方法和路径。设立副县级市后该市仍隶属所在县市，其事权介于县级市和镇之间，主要下放社会管理相关的权限和部分财政及规划建设管理权限。镇设市不是简单地将镇升格为（副）县级市，也不是简单地将镇改为市，而是要建立与大镇相匹配的现代化的治理体系。

搭建跨镇域协调框架，保障跨地域协作机制。在高度发达地区，针对传统村镇各自发展导致的产业空间破碎、交通不畅、公共服务低效、环境污染等问题，搭建村镇协调治理平台，解决功能碎片化问题、提升环境品质，支撑产业转型（图 9-3）。

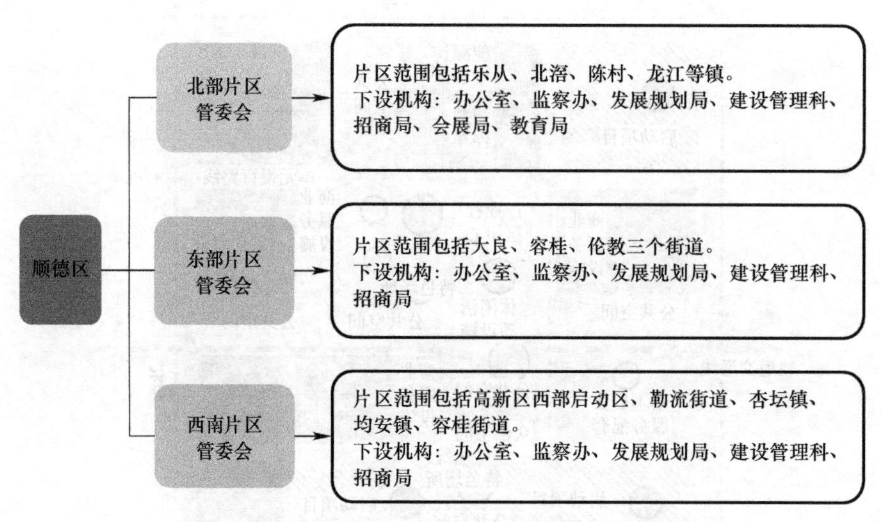

图 9-3　顺德区“区-片区-镇”的管理架构示意图

9.3.5　提升公共服务，强化公平共享

提升城镇公共服务体系。部分强镇通过新建公办学校、民工小学、新市民小学扩大学位规模，并且实行积分入学制度，对小学阶段的户籍和外来人口子女就学实现全覆盖。

完善人才吸引政策。多数产业强镇都积极落实上级人才政策，以吸引人才落户，例如《广州市人才绿卡制度实施办法》《广州市积分制入户管理办法》等。但多数人才政策未能精准结合本镇产业特色和人才需求，尤其是针对产业技术工人和匠人等特殊人才的认定政策不完善。

9.4　提高社区组织能力，降低空间再生产成本

9.4.1　促进农村社区参与空间再生产，促进零散土地统筹开发

深入推进农村集体资产股份制改革，探索成立村级股份经济合作社，采取自主运行、引入第三方等多种方式，创新多元化的农村土地综合整治的市场化运作模式，推动集体建设用地的空间再生产。以“低散乱”用地为重点对象，推动全域土地综合整治工作。保障和实现农民集体成员权利同激活资源要素统一起来，积极落实三权分置改革，切实维护贡献用地指标农民的合法权益，积极把分散在农户手中的集体经营性建设用地集中起来。探索利用集体经营性建设用地建设小微园区、村级工业集聚点，以及进入高等级产业园区统筹开发的政策路径。

9.4.2　多形式实现留用地开发权益，合理保障农村集体收益

传统上珠三角、浙江省等地区广泛采取征地返还留用地的补偿方式，农民的土地开发权益得到较好的尊重，但这种方式受客观条件的制约较多。一方面，建设空间和建设用地

两方面的空间指标限制，使得留用地难以落实，往往只能利用规模偏小、布局分散的用地来落实。另一方面，村集体的产业经济水平和土地开发能力有限，往往难以高效开发留用地，使得土地开发权益难以充分体现。

开发留用地获取物业租金收入是农村社区主要的收入来源。随着经济转型和城镇发展，留用地的收益实现途径将更加多元化。为更好地利用好留用地政策，未来应积极推动留用地开发权益与所有权的剥离，探索将留用地开发权益转化为货币收益、物业权益（吴军，等，2020），既保障农村集体的长远收益，又降低农村社区对特定收益的"执着"。未来可借鉴我国台湾省市地重划和区段征收的做法，进一步完善留地安置补偿制度。

专栏 54　杭州市萧山区某镇留用地政策

2015 年之前征地，村民获得补偿：(1) 村级补偿金＋养老安置指标（1 亩地 1 个人的失地安置）；(2) 省重点项目，返还 10%留用地。

2015 年之后，所有项目返还 10%留用地（不限于省重点），补偿金提高 2 万多元，至 7 万元（原 4.97 万元）。

留用地：只要符合规划，留用地在村里集中建设为主，用于发展三产。传统上指标多、落地难，40%得到落实。留用地跨村落地可由相关村协商决定。

资料来源：2022 年 8 月 18 日某镇访谈。

9.5　推动产业转型升级，增强空间再生产动力

9.5.1　积极主动融入大都市区，承载相应功能

近郊型强镇起步较早，随着大都市的扩展普遍融入发展，并成为大都市功能体系的重要组成部分。远郊型强镇积极面向大都市，承接产业转移或发展配套产业。独立型强镇立足资源禀赋，承接产业转移或发展配套产业（表 9-3）。

典型强镇融入大都市区的产业策略　　表 9-3

近郊型强镇	
新塘镇	发挥大湾区交通枢纽和广州市近郊镇优势，依托凯尔达枢纽，发展总部经济、生产性服务业
石楼镇	作为广州的卫星城，建设广州"卧城"，承接市区大企业扩散（广日、广汽）
瓜沥镇	发挥杭州国际机场的枢纽优势和杭州市萧山区近郊型城镇优势，积极招商引资
远郊型强镇	
大塘镇	承接珠三角核心区产业扩散，形成纺织印染、精细化工、五金机械、塑料皮革、家具五大产业

9.5.2　推动产业向中高端升级转型，积极培育产业集群

产业强镇的外向型劳动密集型产业必须尽快提升到价值链中的高增值环节，同时继续发挥在低增值环节中的优势（张震宇，魏立华，2011）。立足产业基础和发展环境，根据战略性新兴产业培育潜力，择优选择中高端转型或技术升级道路。发挥示范引领带动作用，以培育龙头企业为抓手，优化产业发展环境，加快推进产业集群发展，夯实产业发展根基。根据产业基础、资源禀赋、政策环境和产业发展方向，科学前瞻研判，精准化、差

异化定位主导产业细分方向（表 9-4）。

典型强镇促进集群发展、培育龙头的产业策略　　表 9-4

促进产业集群化发展	
大塘镇	瞄准纺织印染、精细化工、五金机械、塑料皮革、家具五大主导产业
园洲镇	以汉德精密机械为龙头，进行集群招商
培育龙头企业、发挥龙头带动作用	
观海卫镇	积极培育公牛集团、宏一集团等龙头企业，发挥其带动作用
新桥镇	发挥海澜之家、阳光集团的带动作用

9.5.3　优化城镇空间组织，发挥生产和消费双重功能

要实现国内循环，要点是破解国内需求不足的问题。新型城镇化的要点之一，是摆脱投资依赖，走人的城镇化，把人作为城镇化的目标而不是工具，科学谋划产业经济发展路径。立足产业强镇的产业基地功能，产业强镇要参与全球和区域产业链，且处于加工制造环节，或者制造业的成熟技术环节（低技术含量环节），在中心城市进行管理和研发；原来集管理、研发、制造于一身的产业，其管理、研发功能，尤其是研发功能也往往迁往中心城市。立足产业强镇的扩大内需功能，推动城镇空间适度集聚，推动人与生产和消费空间的结合；人的空间集聚应符合生产力水平，避免带来过高的城镇化成本，保障"人"才有余"财"用于消费。

9.6　创新土地开发运作，加强空间再生产的用地保障

9.6.1　统筹安排建设用地支持力度

为解决建设用地紧缺问题，适当给予产业强镇一定新增和周转用地指标，保障合理发展的空间基础。因地制宜明确一个周期（如 3～5 年为一周期）内新增用地指标和减量化用地指标，并综合评估产业强镇用地情况，根据分年度和周期评估结果灵活调整土地保障政策。开发强度太高的产业强镇，可与周边开发强度较低的小城镇合并，为增减挂钩提供腾挪空间。建设用地周转指标主要通过"三集中"和国土综合整治等途径解决，对产业强镇可适当增加新增建设用地占用耕地的周转指标供给，用于实施增减挂钩，从而优化镇域国土空间利用效率和组织体系，解决产业强镇和工业园区建设用地指标不足问题。

9.6.2　推动低效城镇空间再生产

在低效城镇空间再生产方面进行更大探索，通过腾挪空间、整合资源、提高效益实现更高质量发展。坚持正向激励和反向倒逼双向发力，加强政府回购和企业自主更新双向引导，实现低效用地的有序退出、高效盘活。加快对低效率、重污染、高能耗的项目土地收储再开发，乡镇层面从新增建设空间布局、建设用地指标安排等方面入手，企业层面重点实施差别电价、水价等奖励措施，将企业优惠与单位面积产值、税收等效率指标相挂钩（林坚，等，2018）。以集体经营性建设用地再开发为重点，推动集体经营性建设用地指标跨村域使用，在镇域内自由流动。实施积极的激励政策，鼓励企业、村集体和社会力量主

动参与低效用地更新。

专栏 55　佛山市三水区某镇鼓励企业自发提高厂区容积率

希望工业实现转型升级，工业厂房从 1 层变为 7 层，容积率从不到 1.0 提升到 3.0，通过向上发展解决用地不足问题。厂房面积超 300 万 m^2 的企业愿意拆旧做高。

大部分纺织企业，在 3、4 层进行合作研发，在 5～7 层进行生产，在 9 层办公，宿舍楼位于 11 层。重点企业有土地开发计划，40 多家企业申请增容，实施工业上楼。

2017 年广东省出台盘活低效用地文件，2019 年 9 月广东省政策允许企业自持 60% 的工业厂房，工业厂房产权可以分割转让。佛山市还未出台具体政策，还无实际操作。企业自发改造意愿比较高，自己会平衡利益，手续周期不算长。

资料来源：2020 年 8 月 5 日、18—19 日某镇访谈

9.6.3　加强空间再生产专项支持

空间再生产需要上级政府的大力支持，包括财力支持、空间再生产政策创新等，否则，空间再生产难以实现，容易陷入路径锁定。广东省针对“三旧改造”、杭州市针对存量工业用地、江苏省针对“三优三保”均出台专门的支持政策，各地应以此为借鉴，因地制宜地制定地方性措施。针对零散地块开发建设矛盾突出的现状，政府及相关职能部门应进行宏观控制与引导，出台相关政策。在规划编制层面，以控规管理单位为基础进行用地整合引导，建立政府主导联合开发的实施方案；同时推进针对零散地块开发的精细化管理机制，将项目列入政府工作重点、争取专项财政支持、制定精细土地供应计划、建立后续跟踪机制是城镇零散地块开发质量提升的重要保障。

9.6.4　提高用地效率，向土地要效益

总体贯彻土地利用效率原则。按照“亩产论英雄”的思路，加强土地利用效率管理。把土地产出效率作为供地的重要前置条件之一。

根据产业类型实施灵活管理。按照生产工艺、流程要求等，对生产厂房容积率实行分类引导。推动低效产业用地更新改造，提高生产用地效率。例如，濮院镇浙江浅秋针织服饰有限公司把工业厂房盖至 4 层，柳市镇苏吕村小微园区厂房最高 9 层（图 9-4）。

濮院镇浙江浅秋针织服饰有限公司(4层)

柳市镇苏吕村小微园区(最高9层)

图 9-4　案例

9.7 小结

多数产业强镇是快速乡村工业化和自下而上城镇化模式的产物，在快速发展时期往往处于无序发展状态；既取得了巨大的发展成就，也存在发展品质不高的问题。在“村村点火、处处冒烟”的分散乡村工业化起始状态下，产业强镇出现“半城半乡”风貌突出、空间形态分散破碎、生产生活功能混杂、产业结构升级困难、治理效能严重不足等普遍性问题，空间品质普遍与其经济实力不匹配，造成城镇发展陷入粗放、低端的路径锁定。在空间优化转型过程中，各地区产业强镇之间由于社会机制、产业模式、行政效能等因素的差异，形成不同的空间生产路径。这些共性问题迄今尚未根本解决，产业强镇空间优化任重道远。

产业强镇的健康发展需要高品质的空间载体，除了人居环境整治的普适性措施之外，推动产业强镇空间再生产是摆脱空间混杂、提升空间品质的关键。从国家治理来看，应因地制宜加强规划引导，采用统一开发、化零为整、“飞地”园区等灵活开发方式，降低企业“进园”成本。从社区权利来看，应完善集体资产股份权能实现形式，整合农户手中分散的集体经营性建设用地。从经济转型来看，重点是增强产业经济对空间再生产的支撑能力，可从夯实工业基础、培育产业链条、强化龙头企业引领等角度入手。从土地开发运作来看，重点是统筹安排建设用地、推动存量低效建设用地更新、提高土地利用效率等。

参 考 文 献

一、英文文献

[1] Avi Friedman. Fundamentals of sustainable urban renewal in small and mid-sized towns [M]. Berlin: Springer, 2018.

[2] Bartholomae, F. , Woon Nam, C. and Schoenberg, A. Urban shrinkage and resurgence in Germany [J]. Urban Studies, 2017, 54 (12): 2701-2718.

[3] Bruce, Nicole; Lamb, Laura. The case of a home grown high-tech sector in a small Canadian city [J]. Journal of Rural and Community Development, 2019, 14 (3): 61-73.

[4] Borcz, Niedzwiecka-Filipiak. Fortunes of small towns located in the vicinity of large agglomerations [J]. Teka Komisji Urbanistyki I Architektury, 2017, 45: 289-300.

[5] David Bole, Jani Kozina, Jernej Tiran. The variety of industrial towns in Slovenia: a typology of their economic performance [J]. Bulletin of Geography. Socio-economic Series, 2019, 46 (46): 71-83.

[6] Fahmi, Fikri Zul, Hudalah, Delik, Rahayu, Paramita, et al. Extended urbanization in small and medium-sized cities: the case of Cirebon, Indonesia [J]. Habitat International, 2014, 42: 1-10.

[7] Feagin, Joe R. The new urban paradigm: critical perspectives on the city [M]. Lanham and New York: Rowman & Littlefield Publishers, 1998.

[8] Foglesong, Richard E. Planning the capitalist city: the colonial era to the 1920s [M]. Princeton: Princeton University Press, 1986.

[9] Harvey David. The urbaniztion of capital [M]. Oxford UK: Blackwell Publishers, 1985.

[10] Harvey David. Social Justice and the City [M]. Oxford UK: Blackwell Publishers, 1973.

[11] Harvey David. The urban experience [M]. Oxford UK & Cambridge USA: Blackwell Publishers, 1989.

[12] Harvey David. Consciousness and the urban experience [M]. Blackwell Publishers. 1985.

[13] Henderson, J. V. Cities and development [J]. Journal of Regional Science, 2010, 50 (1): 515-540.

[14] Kevin R. Cox, R. J. Johnston. Conflict, politics and the urban scene [M]. London: Longman, 1982.

[15] Kieran McKeown. Marxist political economy and marxist urban sociology [M]. London: Martin's Press, 1987.

[16] Kirsch, S. The incredible shrinking world-technology and the production of space [J]. Environment and Planning D-Society & Space, 1995, 13 (5): 529-555.

[17] Lau Joseph Cho-Yam, Chiu Catherine C. H. Dual-track urbanization and co-location travel behavior of migrant workers in new towns in Guangzhou, China [J]. Cities, 2013, 30: 89-97.

[18] Marasco, Matteo. Henri Lefebvre on space: architecture, urban research, and the production of theory [J]. Urban Studies, 2013, 50 (2): 443-445.

[19] Meili R. , Mayer H. Small and medium-sized towns in Switzerland: economic heterogeneity, socioeconomic performance and linkages [J]. Erdkunde, 2017, 71 (4): 313-332.

[20] Meyer-Stamer J. Clustering and the creation of an innovation-oriented environment for industrial competitiveness: beware of overly optimistic expectations [J]. International Small Business Journal,

2002，20（3）.
[21] Nigro，Antonio；Bertolini，Luca；Moccia，Francesco Domenico. Land use and public transport integration in small cities and towns：assessment methodology and application [J]. Journal of Transport Geography，2019，74：110-124.
[22] Mike Savage，Alan Warde. Urban sociology，capitalism and modernity [M]. London：Macmillan，1993.
[23] Paradis，TW. Conceptualizing small towns as urban places：the process of downtown redevelopment in Galena，Illinois [J]. Urban Geography，2000，21（1）：61-82.
[24] Peng Gong，et al. Mapping essential urban land use categories in China（EULUC-China）：preliminary results for 2018 [J]. Science Bulletin，2020，65（3）.
[25] Runge，Anna. Urban agglomerations and transformations of medium-sized towns in Poland [J]. Environmental & Socio-economic Studies，2016，4（3）：41-55.
[26] Servillo，et al. Small and medium-sized towns in Europe：conceptual，methodological and policy issues [J]. Tijdschrift voor Economische en Sociale Geografie，2017，108（4）：365-379.
[27] Smart A，Hsu J Y. The Chinese diaspora，foreign investment and economic development in China [J]. The Review of International Affairs，2004，3（4）：544-566.
[28] Stefan Bendiks，Aglaée Degros. Traffic space is public space：a handbook for transformation [M]. Park Books，2020.
[29] Teixeira，Carlos；Drolet，Julie L. Settlement and housing experiences of recent immigrants in small- and mid-sized cities in the interior of British Columbia（Canada）[J]. Journal of Housing and The Built Environment，2018，33（1）：19-43.
[30] Yang C. Overseas Chinese investments in transition：the case of Dongguan [J]. Eurasian Geography and Economics，2006，47（5）：604-621.
[31] Song Yan，Yves Zenou，Ding Chengri. Let's not throw the baby out with bath water：the role of urban villages in housing rural migrants in China [J]. Urban Studies，2008，45（2）：313-330.
[32] Vinit Mukhija. An analytical framework for urban upgrading：property rights，property values and physical attributes [J]. Habitat International，2002，26：553-570.
[33] Zhang L，Zhao Simon X B，Tian J P. Self-help in housing and chengzhongcun in China's urbanization [J]. International Journal of Urban and Regional Research，2003，27（4）：912-937.

二、中文文献

[1] 包蓉，罗小龙，吉玫成，等. 解读权力变迁下的新城空间生产——以南京市为例 [J]. 地域研究与开发，2015，34（1）：60-64.
[2] 鲍伶俐. 空间性交易成本：产业组织空间形态的演变 [J]. 学术研究，2010（5）：80-83.
[3] 蔡红辉. 浙江省中心镇人口集聚问题与影响因素研究——基于嘉兴与绍兴的实证分析 [D]. 杭州：浙江大学，2011.
[4] 陈白磊，齐同军. 城乡统筹下大城市郊区小城镇发展研究——以杭州市为例 [J]. 城市规划，2009，33（5）：84-87.
[5] 陈波. 城镇化过程中农村集体建设用地使用权流转问题探析 [D]. 北京：中国社会科学院，2014.
[6] 陈柏峰. 行政嵌入自治：乡村治理的"苏南模式" [J]. 上海师范大学学报（哲学社会科学版），2020，49（4）：5-20.
[7] 陈春生. 中小城镇发展与城乡一体化 [M]. 北京：中国社会科学出版社，2018.
[8] 陈建华. 中国城市空间生产与空间正义问题的资本逻辑 [J]. 学术月刊，2018，50（7）：60-69.

[9] 陈立群，张雪原. 共享经济与共享住房——从居住空间看城市空间的转变 [J]. 规划师，2018，34 (5)：24-29.

[10] 陈品宇，李鲁奇，孔翔. 尺度重组理论视角下的粤港澳大湾区建设研究 [J]. 人文地理，2019，34 (1)：54-62.

[11] 陈前虎，龚强，董翊明，等. 浙江特色小镇战略背景与空间组织——以嘉善巧克力甜蜜小镇为例 [J]. 浙江工业大学学报（社会科学版），2017，16 (1)：10-16.

[12] 陈前虎，王岱霞，武前波，等. 特色之谜——改革开放以来浙江小城镇发展转型研究 [M]. 北京：中国建筑工业出版社，2020.

[13] 陈前虎. 浙江城镇空间形态演化研究 [D]. 杭州：浙江大学，2001.

[14] 陈前虎. 浙江小城镇工业用地形态结构演化研究 [J]. 城市规划汇刊，2000 (6)：48-49，55.

[15] 陈前虎，寿建伟，潘聪林. 浙江省小城镇发展历程、态势及转型策略研究 [J]. 规划师，2012，28 (12)：86-90.

[16] 陈曦，翟国方. 物联网发展对城市空间结构影响初探——以长春市为例 [J]. 地理科学，2010，30 (4)：529-535.

[17] 陈晓华. 乡村转型与城乡空间整合研究——基于“苏南模式”到“新苏南模式”过程的分析 [M]. 合肥：安徽人民出版社，2008.

[18] 陈秀梅. 珠三角产业集群发展现状及对策研究 [J]. 时代经贸（学术版），2008，6 (12)：111-112.

[19] 陈耀，贺勇，王珂. 浙北小城镇公共空间特性与活力研究 [J]. 建筑与文化，2018 (9)：94-96.

[20] 陈作任，李郇. 经济韧性视角下城镇产业演化的路径依赖与路径创造——基于东莞市樟木头、常平镇的对比分析 [J]. 人文地理，2018，33 (4)：113-120.

[21] 陈艳文. 新中国成立以来我国农地所有权制度变迁的特点及绩效分析 [D]. 成都：西南财经大学，2007.

[22] 程蓉. 15 分钟社区生活圈的空间治理对策 [J]. 规划师，2018，34 (5)：115-121.

[23] 仇叶. 乡村工业化模式与农村土地制度变迁——一项对沿海地区集体经营性建设用地制度的研究 [J]. 中国农村经济，2020 (4)：101-123.

[24] 崔曙平，赵青宇. 苏南就地城镇化模式的启示与思考 [J]. 城市发展研究，2013，20 (10)：47-51.

[25] 大卫·哈维. 资本的城市化：资本主义城市化的历史与理论研究 [M]. 董慧，译. 苏州：苏州大学出版社，2017.

[26] 戴德胜，姚迪. 新加坡新镇空间结构层级变化及其适应性分析 [J]. 规划师，2013，29 (S2)：70-73.

[27] 戴继锋. 人性化的城市交通空间规划设计实践 [J]. 城市规划，2016，40 (10)：74-80.

[28] 邓骥中，于涛，冯静. 制度变迁视角下的强镇扩权地域空间效应研究——以江苏省戴南镇为例 [J]. 规划师，2014 (10)：39-45.

[29] 邓沁雯. 顺德城镇化中地方政府的角色与行为研究 [D]. 广州：华南理工大学，2019.

[30] 邓世文，阎小培，朱锦成. 珠江三角洲城镇建设用地增长分析 [J]. 经济地理，1999，19 (4)：80-84.

[31] 邓宇，邹鹏. 南海狮山镇空间转型的机制研究 [C] //新常态：传承与变革——2015 中国城市规划年会论文集（15 小城镇规划）. 北京：中国建筑工业出版社，2015：869-880.

[32] 丁俊，王开泳. 珠三角城市群工业生产空间的时空演化及驱动机制 [J]. 地理研究，2018，37 (1)：53-66.

[33] 杜传忠. 市场集中与空间集聚：现代产业组织演进的两条基本路径 [J]. 中国工业经济，2009 (7)：142-151.

[34] 杜宁，赵民. 发达地区乡镇产业集群与小城镇互动发展研究 [J]. 国际城市规划，2011，26 (1)：28-36.

[35] 范凌云. 社会空间视角下苏南乡村城镇化历程与特征分析——以苏州市为例 [J]. 城市规划学刊，2015 (4)：27-35.

[36] 方辰昊，赵民. “双循环”新格局下的城市发展趋势及规划应对 [J]. 城市规划学刊，2022 (1)：18-26.

[37] 费孝通. 各具特色的吴江小城镇 [J]. 瞭望周刊，1984 (2)：18-20.

[38] 符正平，常路. 产业集群升级与转型：珠江三角洲地区的实践与启示 [M]. 北京：社会科学文献出版社，2016.

[39] 付伟，焦长权. “协调型”政权：项目制运作下的乡镇政府 [J]. 社会学研究，2015，30 (2)：98-123，243-244.

[40] 高鉴国. 城市规划的社会政治功能——西方马克思主义城市规划理论研究 [J]. 国外城市规划，2003，18 (1)：64-67.

[41] 高鉴国. 新马克思主义城市理论 [M]. 北京：商务印书馆，2007.

[42] 高捷. 英国用地分类体系的构成特征及其启示 [J]. 国际城市规划，2012，27 (6)：16-21.

[43] 高中亚. 山东省新型农村合作医疗制度研究——基于山东省 17 市的调查 [D]. 青岛：中国海洋大学，2012.

[44] 葛立成. 产业集聚与城市化的地域模式——以浙江省为例 [J]. 中国工业经济，2004 (1)：56-62.

[45] 耿健，产业发展与村镇空间结构组织的关系分析 [J]. 小城镇建设，2011 (11)：57-61.

[46] 谷人旭，钱志刚. 苏南镇域企业空间集聚问题实证研究 [J]. 经济地理，2001，21 (S1)：191-195.

[47] 管兵. 农村集体产权的脱嵌治理与双重嵌入——以珠三角地区 40 年的经验为例 [J]. 社会学研究，2019，34 (6)：164-187.

[48] 郭敏燕. 浙江省城市化战略演变及理论探索 [D]. 杭州：浙江大学，2013.

[49] 郭明. 从“政权经营者”到“服务供给者”：地方政府行为演进的历史脉络——广东省佛山市顺德区容桂街道的个案分析 [J]. 理论导刊，2014 (11)：4-7，14.

[50] 郭新力. 中国农地产权制度研究 [D]. 武汉：华中农业大学，2007.

[51] 郭旭，严雅琦，田莉. 法团主义视角下珠三角存量建设用地治理研究——以广州市番禺区为例 [J]. 国际城市规划，2018，33 (2)：82-87.

[52] 郭占恒. 浙江 70 年发展的历史变革（之二）[J]. 浙江经济，2019 (15)：32-35.

[53] 何兴华. 城市规划下乡六十年的反思与启示 [J]. 城市发展研究，2019，26 (10)：1-11.

[54] 何雪松. 空间、权力与知识：福柯的地理学转向 [J]. 学海，2005 (6)：44-48.

[55] 贺雪峰. 能人治村与基层治理现代化的方向——以苏州望亭镇调研为讨论起点 [J]. 长白学刊，2018 (3)：57-61.

[56] 贺雪峰. 村庄类型及其区域分布 [J]. 中国乡村发现，2018 (5)：79-83.

[57] 亨利·列斐伏尔. 空间、空间的生产和空间政治经济学 [J]. 李春，译. 城市与区域规划研究，2012，5 (2)：159-177.

[58] 洪北頔. 劳动的空间分工与地方 [D]. 南京：南京大学，2018.

[59] 洪波. 试析区域城镇群发展的过程与基础 [J]. 南京社会科学，2004 (3)：59-63.

[60] 洪燕妮. 倡导重构一种整合型的“国家理论”——巴罗基于马克思主义国家观念的谱系学考察 [J]. 当代国外马克思主义评论，2019 (1)：183-197，541-542.

[61] 胡博成，朱忆天. 从空间生产到空间共享：新中国 70 年城镇化发展道路的嬗变逻辑 [J]. 西北农林科技大学学报（社会科学版），2019，19 (4)：28-35.

[62] 胡健，董春诗. 政府财政补贴与自然资源产业集聚——对克鲁格曼 CP 模型的拓展 [J]. 当代经济科学，2012，34 (4)：43-48，125.
[63] 胡志刚. 市场结构理论分析范式演进研究 [J]. 中南财经政法大学学报，2011 (2)：68-74，143.
[64] 华晨，曹康. 城市空间发展导论 [M]. 北京：中国建筑工业出版社，2018.
[65] 黄耿志，薛德升，徐孔丹，等. 中国大城市非正规公共空间治理——对城市流动摊贩空间疏导模式的后现代反思 [J]. 国际城市规划，2019，34 (2)：47-55.
[66] 黄慧明. 城乡土地产权关系视角下的空间形态研究——以佛山顺德为例 [J]. 规划师，2010，26 (7)：107-112.
[67] 黄辉祥，刘骁. 论社会治理共同体的构建："结构"与"行动"的互动——基于"结构—行动"框架的分析 [J]. 社会主义研究，2021 (6)：133-139.
[68] 黄继坤. 中国烟草专卖制度研究 [D]. 长春：吉林大学，2010.
[69] 黄军林. 产权激励——面向城市空间资源再配置的空间治理创新 [J]. 城市规划，2019，43 (12)：78-87.
[70] 黄良伟，李广斌，王勇. "时空修复"理论视角下苏南乡村空间分异机制 [J]. 城市发展研究，2015，22 (3)：108-112，118.
[71] 黄先海. 内源主导型：浙江的开放模式 [M]. 杭州：浙江大学出版社，2008.
[72] 黄颖敏，薛德升，黄耿志. 改革开放以来珠江三角洲基层非正规土地利用实践与制度创新——以东莞市长安镇为例 [J]. 地理科学，2017，37 (12)：1831-1840.
[73] 黄颖敏，薛德升. 地方政府企业化视角下的半城市化地区社区转型——以东莞市厚街镇赤岭社区为例 [J]. 热带地理，2016，36 (5)：795-805.
[74] 黄勇，董波，沈洁莹，等. 特大镇培育为新生中小城市的初步设想——以浙江特大镇为例 [J]. 城市发展研究，2016，23 (8)：8-13.
[75] 黄勇. 浙江"块状经济"现象分析 [J]. 中国工业经济，1999 (5)：58-60.
[76] 黄忠庆. 佛山市南庄镇工业用地集约利用研究 [D]. 广州：华南理工大学，2013.
[77] 冀福俊，宋立. 资本的空间生产与中国城镇化的内在逻辑——基于新马克思主义空间生产理论的视角 [J]. 上海经济研究，2017 (10)：3-12.
[78] 江金启，陈婧文，张锦梅. 现代产业集聚理论研究及其重要启示 [J]. 沈阳农业大学学报（社会科学版），2015，17 (5)：513-516.
[79] 江小涓，孟丽君. 内循环为主、外循环赋能与更高水平双循环——国际经验与中国实践 [J]. 管理世界，2021，37 (1)：1-18.
[80] 蒋新岐. 苏南地区镇村关系研究——以无锡市×区为例 [D]. 上海：复旦大学，2012.
[81] 克劳兹·昆斯曼，尼尔斯·莱伯. 德国中小城镇在国土开发中扮演的重要角色 [J]. 刘源，译. 国际城市规划，2013，28 (5)：29-35.
[82] 赖妙华. "城""镇"化态势下广东省小城镇人口集聚能力区域比较研究 [D]. 昆明：云南大学，2014.
[83] 郎晓波. "链合"视角下的新型城镇化道路与农村社区转型——基于浙江 J 村的考察 [J]. 农业经济问题，2014，35 (5)：42-48，111.
[84] 雷诚，孙萌忆，丁邹洲，等. 产镇融合演化路径及规划策略探讨——江苏省小城镇发展 40 年 [J]. 城市规划学刊，2020 (1)：93-101.
[85] 李丹，刘春红，李康. 区域环境对时尚创意产业集群创新绩效的影响研究——创新网络的中介作用 [J]. 华东经济管理，2019，33 (3)：72-78.
[86] 李德华. 城市规划原理（第三版）[M]. 北京：中国建筑工业出版社，2002：83.
[87] 李广斌，王勇. 新型集体经济发展与乡村居住空间转型耦合机制——以苏州为例 [J]. 城市发展

研究，2016，23（12）：84－90.

［88］ 李红波，吴江国，张小林，等．“苏南模式”下乡村工业用地的分布特征及形成机制——以常熟市为例［J］．经济地理，2018，38（1）：152-159.

［89］ 李极恒，龚岳，李贵才．珠三角村镇建成区的空间型态：特征，类型和产业影响因素［J］．地理科学进展，2019，38（6）：829-839.

［90］ 李君．创新发展时期苏南工业小城镇的转型路径探索——以常州市武进区横林镇为例［J］．北京规划建设，2019（5）：102-105.

［91］ 李俊峰，柏晶菁，王淑婧．镇域传统产业集群创新网络演进特征及形成机理——以安徽高沟镇电缆产业为例［J］．地理科学．2021，41（6）：1039-1049.

［92］ 李粼粼，汤燕良，范诗彤，等．人地协调视角下广东省建设用地资源配置研究［J］．规划师，2022，38（5）：34-40.

［93］ 李凌月，李曼雪，肖扬．中国城市空间生产中的企业主义——上海世博园土地再开发机制研究［J］．国际城市规划，2022，37（3）：67-72.

［94］ 李鲁奇，马学广，鹿宇．飞地经济的空间生产与治理结构——基于国家空间重构视角［J］．地理科学进展，2019，38（3）：346-356.

［95］ 李明超．大城小镇：城市化进程中城市病治理与小城镇发展［M］．北京：经济管理出版社，2018.

［96］ 李王鸣，王纯彬．“温州模式”主导下城市化地区弱中心现象分析——乐清市个案研究［J］．城市规划，2006，30（3）：45-47.

［97］ 李王鸣，翁莉，朱珊．温州民营企业组织创新与空间布局演变研究［J］．经济地理，2004，24（3）：403-406，411.

［98］ 李文彬，陈浩．产城融合内涵解析与规划建议［J］．城市规划学刊，2012（S1）：99-103.

［99］ 李晓乐，王志刚．列斐伏尔视域中的都市革命：性质、对象与界限［J］．华中科技大学学报（社会科学版），2019，33（6）：8-12.

［100］ 李永刚．民营企业群落式聚集演进与浙江城市化发展［J］．中共浙江省委党校学报，2004，20（1）：71-75.

［101］ 梁晶，罗小龙，殷洁．空间生产中的权力与资本——以南京高新区转型为例［J］．现代城市研究，2014（5）：84-89.

［102］ 梁励韵，刘晖．工业化视角下的小城镇形态演变——以顺德北滘镇为例［J］．城市问题，2014（4）：48-52.

［103］ 梁琦．产业集聚论［M］．北京：商务印书馆，2004.

［104］ 林坚，周琳，杜长育．乡村振兴视角下集体建设用地利用策略思考［J］．农业经济与管理，2018（5）：5-10.

［105］ 林善泉．超大城市边缘区小城镇发展规划探索——以广州市白云区太和镇为例［J］．规划师，2019，35（13）：54-61.

［106］ 林毅夫．关于制度变迁的经济学理论：诱致性变迁与强制性变迁［M］//财产权利与制度变迁——产权学派与新制度学派译文集．上海：上海三联书店，1991：384.

［107］ 林永新．乡村治理视角下半城镇化地区的农村工业化——基于珠三角、苏南、温州的比较研究［J］．城市规划学刊，2015，（3）：101-110.

［108］ 刘传江，李雪．西方产业组织理论的形成与发展［J］．经济评论，2001（6）：104-106，110.

［109］ 刘德海，刘西忠．改革开放以来江苏区域发展的历史进程与经验启示［J］．现代经济探讨，2018（12）：1-6.

［110］ 刘怀玉．城市马克思主义的问题域、空间话语与中国实践［J］．理论视野，2017（2）：8-11.

[111] 刘婕，胡剑双．大都市边缘地区小城镇空间特征研究——以广州市新塘镇为例［C］//中国城市规划学会．2011中国城市规划年会论文集．2011：6930-6937.

[112] 刘铭秋．空间生产与治理融合——社会排斥的理论进路及现实关怀［J］．新视野，2020（6）：122-128.

[113] 刘鹏飞．大卫·哈维空间政治哲学中的地理不均衡发展理论研究［D］．长春：吉林大学，2017.

[114] 刘盛和，王雪芹，戚伟．中国城镇人口"镇化"发展的时空分异［J］．地理学报，2019，38（1）：85-101.

[115] 刘守刚．奥康纳与国家的财政危机理论［J］．财经论丛（浙江财经学院学报），2020（12）：108-112.

[116] 刘卫，凌筱舒．基于产城融合理念的专业镇新型城镇化发展研究——以广东新塘镇为例［J］．小城镇建设，2015（1）：73-77.

[117] 刘玉亭，朱晓灿，李嘉靖．珠三角小城镇社区转型与居住空间重组策略［J］．城市规划，2013，37（6）：57-62.

[118] 楼健辉．桐乡市农村土地综合整治研究［D］．杭州：浙江大学，2015.

[119] 卢道典，黄金川，王俊．广州小城镇发展的现状、问题及对策研究［J］．规划师，2011（11）：57-63.

[120] 卢现祥．西方新制度经济学［M］．北京：中国发展出版社，2003.

[121] 陆波，方世南．绿色发展理念的演进轨迹［J］．重庆社会科学，2016（9）：24-30.

[122] 陆淳鸿．企业竞争优势理论演进评述［J］．经济问题，2007，332（4）：23-25.

[123] 陆丽．新型城镇化背景下苏州镇村空间发展模式研究［D］．苏州：苏州科技大学，2015.

[124] 罗小龙，张京祥，殷洁．制度创新：苏南城镇化的"第三次突围"［J］．城市规划，2011，35（5）：51-55，68.

[125] 罗瑜斌．论产业集群对珠江三角洲中心镇发展的影响［J］．城市规划，2008，32（3）：75-78.

[126] 罗震东，何鹤鸣．全球城市区域中的小城镇发展特征与趋势研究——以长江三角洲为例［J］．城市规划，2013，37（1）：9-16.

[127] 罗震东，胡舒扬．从分权化、市场化到全球化——改革开放以来江苏省城镇化的历程与特征［J］．上海城市规划，2014（1）：31-36.

[128] 吕明洁．大卫·哈维地理不均衡发展理论的二元维度［J］．社会科学战线，2020（3）：243-247.

[129] 吕日．中国证券市场制度变迁与创新研究［D］．长春：吉林大学，2006.

[130] 马克·戈特迪纳，雷·哈奇森．新城市社会学（第四版）［M］．黄怡，译．上海：上海译文出版社，2018.

[131] 马长山．法治进程中的"民间治理"——民间社会组织与法治秩序关系的研究［M］．北京：法律出版社，2006.

[132] 闵继胜．改革开放以来农村环境治理的变迁［J］．改革，2016（3）：84-93.

[133] 缪军．中国城市化的约束［J］．城市规划，2003，27（7）：17-21.

[134] 牛丽贤，张寿庭．产业组织理论的发展与中国化［J］．经济导刊．2010（3）：74-75.

[135] 欧阳俊，张岳恒．广东专业镇发展的现状及与国内外比较研究［J］．科技管理研究，2009（8）：193-195，203.

[136] 欧阳鹏，卢庆强，汪淳，等．乌镇3．0：面向互联网时代的智慧小城镇规划思路探讨［J］．规划师，2016，32（4）：37-42.

[137] 潘泽泉，刘丽娟．空间生产与重构：城市现代性与中国城市转型发展［J］．学术研究，2019（2）：46-53.

[138] 丘海雄，于永慧．中国制造的腾飞——珠三角产业转型升级的实证研究［M］．北京：人民出版

社，2018.

[139] 邱芳荣. 基层管理视角下的农村土地制度改革——浙江省德清县的探索与实践 [J]. 中国土地，2017 (6)：4-8.

[140] 曲桡泳. 加快小榄镇城镇化进程研究 [D]. 重庆：重庆大学，2008.

[141] 曲艺. 国内国际双循环新发展格局探索——基于共同富裕视角 [J]. 商展经济，2023 (2)：26-28.

[142] 饶传坤，韩烨子. 新型城镇化背景下工业型城镇空间规划引导初探——以慈溪市观海卫镇为例 [J]. 浙江大学学报（理学版），2018，45 (3)：373-378.

[143] 邵祁峰，朱喜钢，宋伟轩. 苏南小城镇城乡一体化空间演化的新趋势——以太仓市璜泾镇为例 [J]. 城市问题，2011 (9)：32-37.

[144] 沈芳. 濮院：中国羊毛衫之乡 [J]. 进出口经理人，2009 (1)：29.

[145] 沈洋，杨新海，彭锐. 乡镇存量工业用地再利用的分析框架：基于苏南 W 市 D 镇的实证 [J]. 城市发展研究，2015，22 (3)：101-107.

[146] 史晋川，郎金焕. 中国的民营经济与区域经济发展 [J] 山东大学学报（哲学社会科学版），2018 (1)：7-17.

[147] 史晋川，钱陈. 空间转型：浙江的城市化进程 [M]. 杭州：浙江大学出版社，2008.

[148] 司亮，钟玉姣. 资本与权力：我国体育小镇空间生产的主要动力 [J]. 沈阳体育学院学报，2018，37 (3)：60-65，95.

[149] 宋劲松. 珠江三角洲小城镇的结构调整与体制创新 [J]. 城市规划，2004，28 (9)：31-35.

[150] 宋雁. 特大城市边缘区城镇住区发展规划探索——以广州增城市新塘镇为例 [C] //中国城市规划学会. 城市规划和科学发展——2009 中国城市规划年会论文集. 北京：中国建筑工业出版社，2009.

[151] 孙春晓. 双城市城市空间结构演变与发展策略研究 [D]. 沈阳：沈阳建筑大学，2013.

[152] 孙江. “空间生产”——从马克思到当代 [M]. 北京：人民出版社，2008.

[153] 孙江. 全球空间生产的新自由主义转向及其历史后果 [J]. 苏州大学学报（哲学社会科学版），2012，33 (2)：67-70.

[154] 孙明洁，林炳耀. 珠江三角洲地区农村城市化进程中的问题及对策——以深圳市龙岗区平湖镇为例 [J]. 经济地理，2000，20 (4)：46-49.

[155] 孙全胜. 城市空间生产批判对中国城镇化的现实意义 [J]. 城市发展研究，2017，24 (2)：33-39.

[156] 孙施文. 现代城市规划理论 [M]. 北京：中国建筑工业出版社，2007.

[157] 孙秀林，周飞舟. 土地财政与分税制：一个实证解释中国社会科学 [J]. 2013 (4)：40-59，205.

[158] 孙允铖. 新马克思主义城市政治理论的源流变 [D]. 天津：天津师范大学，2014.

[159] 谈静华. 制度变迁与苏南小城镇近期发展研究——以常熟市为例 [D]. 南京：南京师范大学，2006.

[160] 唐婧娴. 城市更新治理模式政策利弊及原因分析——基于广州、深圳、佛山三地城市更新制度的比较 [J]. 规划师，2016，32 (5)：47-53.

[161] 唐仁健，陈良彪. “温州模式”再审视——浙东南农村经济发展调查 [J]. 改革，2000 (4)：109-115.

[162] 陶文铸. 空间生产视角下的城市设计控制研究 [D]. 武汉：华中科技大学，2018.

[163] 田莉，罗长海. 土地股份制与农村工业化进程中的土地利用——以顺德为例的研究 [J]. 城市规划，2012，36 (4)：25-31.

[164] 田莉，孙玥. 珠三角农村地区分散工业点整合规划与对策——以广州市番禺工业园区整合规划为

例 [J]. 城市规划学刊，2010 (2)：21-26.

[165] 田雯婷. 特色小城镇的产业发展与城镇空间的耦合关系研究——以制造业型为例 [D]. 成都：西南交通大学，2018.

[166] 汪晖. 城市化进程中的土地制度研究 [D]. 杭州：浙江大学，2002.

[167] 王成军，赵维清，费喜敏. 新农村建设中浙江社区（土地）股份合作经营实践及启示 [J]. 安徽农业科学，2008，36 (3)：1249-1251.

[168] 王佃利，于棋. 空间生产与新型城镇化差异空间的塑造 [J]. 福建论坛（人文社会科学版），2017 (9)：148-156.

[169] 王飞. 国有林产权制度变迁路径研究 [D]. 哈尔滨：东北林业大学，2008.

[170] 王丰龙，刘云刚. 异端空间的生产——福柯对中国政治地理学研究的启示 [J]. 人文地理，2017，32 (2)：1-8.

[171] 王福君. 城市产业结构升级与空间结构演变互动发展——以辽宁省鞍山市为例 [J]. 学术交流，2018 (3)：101-108.

[172] 王海平. 从苏南模式到新苏南模式 [J]. 社会观察. 2012 (3)：28-31.

[173] 王海滔，陈雪，雷诚. 苏南城镇产镇融合发展模式及策略研究——以昆山市千灯镇为例 [J]. 规划师，2017 (5)：82-89.

[174] 王红阳. 空间正义：我国城市空间生产的基本价值取向 [J]. 青海社会科学，2017 (4)：92-97.

[175] 王华桥. 空间社会学：列斐伏尔及以后 [J]. 晋阳学刊，2014 (2)：142-145.

[176] 王卉. 美国城市用地分类体系的构成和启示 [J]. 现代城市研究，2014 (9)：104-109.

[177] 王会. 沿海发达地区农村集体经济发展的内在性质——从珠三角和苏南农民的地权问题谈起 [J]. 甘肃社会科学，2020 (4)：204-211.

[178] 王缉慈. 创新的空间——产业集群与区域发展（修订版）[M]. 北京：科学出版社，2019.

[179] 王缉慈，童昕. 论全球化背景下的地方产业群——地方竞争优势的源泉 [J]. 战略与管理. 2001 (6)：28-36.

[180] 王缉慈. 超越集群——中国产业集群的理论探索 [M]. 北京：科学出版社，2010.

[181] 王缉慈. 创新的空间——企业集群与区域发展 [M]. 北京：北京大学出版社，2001.

[182] 王珺. 经济全球化条件下产业组织理论的发展与趋势——评杨蕙馨等新著《经济全球化条件下产业组织研究》[J]. 东岳论丛，2013，34 (9)：191-192.

[183] 王珺. 珠三角产业集群发展模式与转型升级 [M]. 北京：社会科学文献出版社，2013.

[184] 王梦迪，袁中金，汪亚静. 苏南“土地红利”开发模式演进研究 [J]. 城市发展研究，2016，23 (4)：74-79.

[185] 王秋艳，汪斌锋. 从“全球化”到“逆全球化”：资本空间生产的限度及超越 [J]. 宁夏社会科学，2019 (2)：33-40.

[186] 王文录，赵培红. 改革开放 30 年我国小城镇的发展 [J]. 城市发展研究. 2009，16 (11)：34-38.

[187] 王翔，戴桂斌. 新型城镇化背景下的专业镇可持续发展研究——基于珠三角产业社区的视角 [J]. 贵州社会科学. 2014 (3)：75-79.

[188] 王银飞. 从社队企业到乡镇企业的转变：浙江省诸暨市店口镇小五金业研究（1970-1989）[D]. 上海：复旦大学，2012.

[189] 王永仪，魏衡，魏清泉. 广东虎门镇服装加工产业集群发展研究 [J]. 经济地理，2011，31 (1)：97-101.

[190] 王勇，李广斌，曹恒德. 试论苏南地区乡村城市化转型——以苏州为例 [J]. 城市规划，2006，21 (7)：9-14.

[191] 王宇彤，张京祥，何鹤鸣．符号介入：后消费时代的文化空间生产研究——以故宫紫禁书院为例［J］．城市发展研究，2020，27（5）：58-64.
[192] 王忠宏．哈佛学派、芝加哥学派竞争理论比较及其对我国反垄断的启示［J］．经济评论．2003（1）：72-74，85.
[193] 韦亚平．二元建设用地管理体制下的城乡空间发展问题——以广州为例［J］．城市规划，2009，33（12）：32-38.
[194] 卫龙宝，史新杰．浙江特色小镇建设的若干思考与建议［J］．浙江社会科学，2016（3）：28-32.
[195] 魏崇辉，王岩．制度变迁理论的比较与启示——基于理论预设视角［J］．经济问题，2009（6）：16-19.
[196] 魏开，许学强．城市空间生产批判——新马克思主义空间研究范式述评［J］．城市问题，2009（4）：83-87.
[197] 魏立华，刘玉亭，黎斌．珠江三角洲新农村建设的路径辨析——渐次性改良还是彻底的重构［J］．城市规划，2010，34（2）：36-41.
[198] 吴军，闫永涛，叶宝源，等．广州市村集体留用地政策演变及实施思考［J］．城市发展研究，2020，27（11）：80-86.
[199] 吴康，方创琳．新中国成立 60 年来小城镇的发展历程与新态势［J］．经济地理，2009，29（10）：1605-1611.
[200] 吴丽娟．改革开放以来新塘镇工业发展与空间布局演变研究［J］．小城镇建设，2015（2）：75-79.
[201] 吴丽娟．新塘镇产业发展对城镇空间演变的影响研究［D］．广州：华南理工大学，2012.
[202] 吴敏一，朱家良，李建中．浙江农村工业化的实践及宏观启示——有中国特色的农村工业化道路的成功探索［J］．浙江经济，1994（12）：10-15.
[203] 吴宁．列斐伏尔的资本主义观［J］．山东社会科学，2008（10）：23-30.
[204] 吴宁．列斐伏尔的城市空间社会学理论及其中国意义［J］．社会，2008（2）：112-127，222.
[205] 吴细玲．西方空间生产理论及我国空间生产的历史抉择［J］．东南学术，2011（6）：19-25.
[206] 吴一洲，陈前虎，郑晓虹．特色小镇发展水平指标体系与评估方法［J］．规划师，2016，32（7）：123-127.
[207] 夏柱智．土地制度和中国特色城市化模式——对“地方政府公司化”理论的反思［J］．华中农业大学学报（社会科学版），2019（5）：112-118.
[208] 肖长耀．重联城市与创造消费：现代城市中心步行空间设计策略研究［D］．重庆：重庆大学，2009.
[209] 谢加封，沈文星．空间生产理论与城市户外广告监管［J］．城市问题，2012（7）：73-78.
[210] 邢振华．常熟市辛庄镇工业分布特征及形成机制研究［D］．上海：同济大学，2008.
[211] 熊国平．新转型背景下城市空间结构优化［M］．北京：中国建筑工业出版社，2016.
[212] 熊小果，李建强．空间生产的资本化与“加速”资本化——基于资本逻辑的历史演绎［J］．当代经济研究，2016（6）：53-58.
[213] 徐邦友．改革开放四十年来地方治理体系的现代嬗变——基于浙江省地方治理实践的分析［J］．中共浙江省委党校学报，2018，35（3）：71-81.
[214] 徐剑光．温州产业区重构：空间、演化与网络［D］．上海：华东师范大学，2014.
[215] 徐强．小城镇密集区空间演变研究—以温州为例［J］．规划师，2007，23（8）：66-70.
[216] 徐维祥．浙江“块状经济”地理空间分布特征及成因分析［J］．中国工业经济，2001（12）：55-60.
[217] 薛德升，李川，陈浩光，等．珠江三角洲乡镇工业空间分布的分散性研究——以顺德市北滘镇为例［J］．人文地理，2001，16（3）：31-36，56.

[218] 薛德升，许学强，陈浩光．珠江三角洲镇域乡镇工业生产组织与发展研究——以民乐、人和、北滘三镇为例［J］．热带地理，1999，19（1）：11-17.

[219] 严亮．基于GIS技术的城市用地适宜性评价［D］．重庆：重庆大学，2004.

[220] 闫婧．空间的生产与国家的世界化进程——列斐伏尔国家与空间思想研究［J］．马克思主义与现实，2020（5）：127-134.

[221] 杨洁莹，张京祥，张逸群．市场资本驱动下的乡村空间生产与治理重构——对婺源县Y村的实证观察［J］．地理科学进展，2020，35（3）：86-92，114.

[222] 杨莉，刘霓．大都市区治理——以交通规划与空间规划为例［J］．国外社会科学，2015（9）：53-61.

[223] 杨廉，袁奇峰．基于村庄集体土地开发的农村城市化模式研究——佛山市南海区为例［J］．城市规划学刊，2012（6）：34-41.

[224] 杨林静．沃勒斯坦的现代世界体系理论研究［D］．长春：吉林大学，2021.

[225] 杨明俊，赵雪琪．2000年以来我国小城镇建设政策与实施绩效——四大区域的比较研究［J］．小城镇建设，2022（10）：102-109.

[226] 杨荣南，张雪莲．城市空间扩展的动力机制与模式研究［J］．地域研究与开发，1997，16（2）：1-4，21.

[227] 杨善华，苏红．从“代理型政权经营者”到“谋利型政权经营者”——向市场经济转型背景下的乡镇政权［J］．社会学研究，2002，16（1）：17-24.

[228] 杨丽华，文雁兵．浙江省民间融资管理研究：现实困境、阳光模式与制度构建［J］．浙江金融，2013（8）：66-70.

[229] 杨小凯，张永生．新兴古典经济学与超边际分析［M］．北京：社会科学文献出版社，2003：111-122.

[230] 杨怡雯．西方马克思主义的国家自主性理论研究［D］．北京：北京外国语大学，2021.

[231] 姚如青．农村土地非农开发和集体经济组织重构——基于浙江两种留地安置模式的比较［J］．中国经济问题，2015（6）：37-48.

[232] 叶超，柴彦威，张小林．“空间的生产”理论、研究进展及其对中国城市研究的启示［J］．经济地理．2011，31（3）：409-413.

[233] 叶建亮，钱滔．阶段转型与模式转换：温州经济社会发展的困境与对策［J］．浙江社会科学，2008（1）：55-59.

[234] 易千枫，徐强，项志远．改革开放30年温州城镇化发展回顾与思考［J］．城市规划，2009，33（11）：18-21.

[235] 殷洁，罗小龙，肖菲．国家级新区的空间生产与治理尺度建构［J］．人文地理，2018，33（3）：89-96.

[236] 于涛方，吴志强，蔚芳．“战略转折点”与中小城市的发展战略研究——以济南章丘战略研究为实证［J］．城市规划，2005，29（5）：22-28.

[237] 余斌，冯娟，曾菊新．产业集群网络与武汉城市圈产业发展的空间组织［J］．经济地理．2007，27（3）：427-432.

[238] 余建忠，江勇．基于高质量发展理念的浙江美丽城镇特色化发展路径探索［J］．小城镇建设，2020，38（12）：106-114.

[239] 袁大昌，何邕健．城市产业结构转型与可持续空间结构构建［J］．天津大学学报（社会科学版），2009，11（5）：411-414.

[240] 袁奇峰，钱天乐，郭炎．重建“社会资本”推动城市更新——联滘地区“三旧”改造中协商型发展联盟的构建［J］．城市规划，2015，39（9）：64-73.

[241] 袁奇峰，易品，吴婷婷，等. 从工业园区到产业社区——以南昌经开区白水湖片区城市设计为例 [J]. 城市建筑，2019，16 (16)：136-142，148.
[242] 袁庆明. 新制度经济学 [M]. 北京：中国发展出版社，2005.
[243] 岳芙. 城乡一体化发展背景下苏南乡村产业空间优化策略研究 [D]. 苏州：苏州科技大学，2016.
[244] 曾永和. 当下中国社会组织的发展困境与制度重建 [J]. 求是学刊，2013，40 (3)：99-106.
[245] 占思思，盛鸣. 双转型背景下东莞二次城市化发展的规划应对——以常平镇为例 [J]. 现代城市研究，2014 (9)：77-83.
[246] 张斌，张宏斌. 广东制造发展四十年 [M]. 北京：中国社会科学出版社，2018.
[247] 张丹. 苏南小城镇产镇融合评价及优化策略研究——以常州金坛区为例 [D]. 苏州：苏州大学，2017.
[248] 张红宇，王锋. 市场经济是推动小城镇发展的真正动力——以温州为重点的浙江小城镇调查 [J]. 改革，2001 (2)：71-75，111.
[249] 张静. 基层政权：乡村制度诸问题 [M]. 杭州：浙江人民出版社，2000.
[250] 张立，董舒婷. 国家治理现代化趋向下中国特色的市制体系建构——暨关于"镇设市"的讨论 [J]. 城市规划学刊，2019 (6)：50-55.
[251] 张立，何莲. 村民和政府视角审视镇村布局规划及延伸探讨——基于苏中地区×镇的案例研究 [J]. 城市规划，2017，41 (1)：55-62.
[252] 张美亮，王剑笠，易海军. 美丽城镇建设的体检模式及纠偏机制研究 [J]. 小城镇建设，2020，38 (9)：110-115.
[253] 张敏，石爱华，孙明洁，等. 珠江三角洲大城市外围流动人口聚居与分布——以深圳市平湖镇为例 [J]. 城市规划，2002，26 (5)：63-65.
[254] 张庭伟. 1990年代中国城市空间结构的变化及其动力机制 [J]. 城市规划，2001，25 (7)：7-14.
[255] 张琰. "腾笼换鸟"之后还要"凤凰涅槃"——专访佛山市委书记刘悦伦 [EB/OL]. (2014-08-13) [2022-01-14]. http://www.banyuetan.org/chcontent/sz/wzzs/szft/2014812/108936.shtml.
[256] 张威，刘佳燕，王才强. 新加坡社区服务设施体系规划的演进历程、特征及启示 [J]. 规划师，2019，35 (3)：18-25.
[257] 张震宇，魏立华. 转型期珠三角中小城镇产业发展态势及规划对策研究 [J]. 城市规划学刊，2011 (4)：46-50.
[258] 张洲. 集体建设用地流转价格评估方法应用研究 [D]. 北京：首都经济贸易大学，2014.
[259] 章晶晶. 住房拆迁运动中上海老产业工人群体"翻身感"的重构 [D]. 上海：华东师范大学，2012.
[260] 赵博，欧阳鹏，王辰琛，等. 互联网时代乌镇融合共生发展的规划策略 [J]. 规划师，2016，32 (4)：31-36.
[261] 赵民，钟睿，吴志城. 以"产城融合"为导向，促进新时期的产业社区发展——以西宁市为例 [J]. 西部人居环境学刊，2014，29 (5)：1-6.
[262] 赵新平，周一星，曹广忠. 小城镇重点战略的困境与实践误区 [J]. 城市规划，2002，26 (10)：36-40.
[263] 赵莹. 我国长三角地区小城镇发展研究 [D]. 福州：福建师范大学，2013.
[264] 赵之枫，张建，郭玉梅. 郊区化和城镇化背景下北京郊区小城镇住宅建设的博弈——北京郊区重点镇住宅建设调研与分析 [J]. 城市发展研究，2007，14 (6)：58-61.
[265] 甄峰，曹小曙，姚亦锋. 信息时代区域空间结构构成要素分析 [J]. 人文地理，2004，19 (5)：40-45.

[266] 郑国. 城市发展阶段与阶段性空间结构模式 [M]. 北京：中国建筑工业出版社，2017.

[267] 郑恒. 长江三角洲地区产业同构根源剖析 [J]. 嘉兴学院学报，2005，17 (1)：56-61.

[268] 郑卫，邢尚青. 我国小城镇空间碎化现象探析 [J]. 城市发展研究，2012，19 (3)：96-100.

[269] 郑永年，黄彦杰. 制内市场：中国国家主导型政治经济学 [M]. 杭州：浙江人民出版社，2021.

[270] 郑永年. 中国的“行为联邦制”：中央-地方关系的变革与动力 [M]. 邱道隆，译. 北京：东方出版社，2013.

[271] 周灿，曹贤忠，曾刚. 中国电子信息产业创新的集群网络模式与演化路径 [J]. 地理研究. 2019，38 (9)：2212-2225.

[272] 周春山，代丹丹. 珠江三角洲城镇化转型研究 [J]. 热带地理，2015，35 (3)：343-353.

[273] 周春山. 城市空间结构与形态 [M]. 北京：科学出版社，2007.

[274] 周大鸣. 广东农村改革开放四十年——以珠江三角洲为例 [J]. 西北民族研究，2019 (1)：5-14.

[275] 周飞舟. 大兴土木：土地财政与地方政府行为 [J]. 经济社会体制比较研究，2010 (3)：77-89.

[276] 周飞舟. 从汲取型政权到“悬浮型”政权——税费改革对国家与农民关系之影响 [J]. 社会学研究，2006，(3)：1-38.

[277] 周璞，王昊. 顺德推进新型城镇化的土地流转政策机制研究 [J]. 南方农村，2012，28 (11)：4-8.

[278] 周善乔. 夯实城镇化发展的产业根基——兼论加速苏南产业转型升级 [J]. 江苏师范大学学报(哲学社会科学版)，2013，39 (6)：125-129，146.

[279] 周尚意，许伟麟. 时空压缩下的中国乡村空间生产：以广州市域乡村投资为例 [J]. 地理科学进展，2018，37 (5)：647-654.

[280] 周文兴. 田肥地沃 水清河畅 丽水市莲都区谋划推进碧湖全域土地综合整治工作 [J]. 浙江国土资源，2022 (2)：57-58.

[281] 周扬，朱喜钢，郭紫雨，冯建喜. 从“三集中”到“有机集中”：对苏南小城镇工业用地集聚集约发展的再思考——以常州市礼嘉镇为例 [J]. 城市发展研究，2018，25 (4)：18-26.

[282] 周宇英. 广东专业镇产业协同创新 [M]. 广州：华南理工大学出版社，2018.

[283] 朱东风. 大城市郊区重点中心镇的空间发展规划研究——以无锡市华庄镇为例 [J]. 城市规划，2001 (8)：58-61.

[284] 朱桂龙，钟自然. 从要素驱动到创新驱动——广东专业镇发展及其政策取向 [J]. 科学研究，2014，32 (1)：29-33.

[285] 朱华晟，盖文启. 产业的柔性集聚及其区域竞争力实证分析——以浙江大唐袜业柔性集聚体为例 [J]. 经济理论与经济管理，2001 (11)：70-74.

[286] 朱华晟，王玉华，彭慧. 政企互动与产业集群空间结构演变——以浙江省为例 [J]. 中国软科学，2005 (1)：107-113.

[287] 朱焕. 我国证券投资基金业的结构—行为—绩效（SCP）研究 [D]. 上海：复旦大学，2004.

[288] 朱建达. 我国镇（ 乡）域小城镇空间形态发展的阶段模式与特征研究 [J]. 城市发展研究，2012，19 (12)：33-37.

[289] 朱建达. 小城镇空间形态发展规律：未来规划设计的新理念、新方法 [M]. 南京：东南大学出版社出版，2014.

[290] 朱介鸣. 城乡统筹发展：城市整体规划与乡村自治发展 [J]. 城市规划学刊，2013 (1)：10-17.

[291] 朱金，李强，王璐妍. 从被动衰退到精明收缩——论特大城市郊区小城镇的“收缩型规划”转型趋势及路径 [J]. 城市规划，2019，43 (3)：34-40，49.

[292] 朱文晖. 走向竞合——珠三角与长三角经济发展比较 [M]. 北京：清华大学出版社，2003.

[293] 朱旭辉．珠江三角洲村镇混杂区空间治理的政策思考［J］．城市规划学刊，2015（2）：77-82．
[294] 朱战辉．农村青年就地城镇化实践机制分析——基于珠三角 D 镇的经验调研［J］．中国青年研究，2019，(4)：75-81，118．
[295] 朱战辉．苏南水镇农民城市化的实践机制［J］．城市问题，2019（6）：30-36．
[296] 庄友刚．西方空间生产理论研究的逻辑、问题与趋势［J］．马克思主义与现实，2011（6）：116-121．
[297] 庄友刚，解笑．空间生产的市场化与当代城市发展批判［J］．社会科学，2017（8）：112-119．
[298] 邹薇，庄子银．制度变迁理论的线索与发展［J］．财经科学，1995（4）：54-59．